高等职业教育计算机类专业系列教材

ASP.NET 网站开发技术
（第2版）

朱　珍　徐丽新　熊国华　主　编
刘达成　王跃胜　黄　玲　副主编

U0217892

电子工业出版社
Publishing House of Electronics Industry
北京·BEIJING

内 容 简 介

本书根据.NET 程序员岗位能力要求，面向实际项目的开发过程，以一个完整的图书馆管理系统项目为中心，采用"项目引导"、"任务驱动"方法将内容分为 5 个部分，并从系统分析与规划设计、开发环境搭建、数据库设计、功能模块实现，以及项目的发布和部署 5 个步骤展开，引领读者完成项目开发，了解 ASP.NET 动态网站开发过程以及掌握 ASP.NET 动态网站开发技术、数据库设计方法，熟练掌握 HTML 服务器控件、Web 服务器控件、验证控件、数据绑定控件、导航技术、内置对象、ADO.NET 技术、三层架构、MVC 企业级开发等技术。本书项目选自企业真实案例，通俗易懂，注重任务拓展及拓展训练，便于读者学以致用，举一反三。

本书可作为高职高专、职业本科及应用型本科.NET 开发课程的教材和实训指导，也可作为计算机培训学校、.NET 程序开发人员、网站开发人员及相关技术爱好者的入门书籍和参考书。

本书的编写团队既有具备丰富教学经验的老师，又有具备丰富项目开发经验的企业技术行家，在编写过程中高校教师与企业工程师全程参与，使内容不仅符合《高等职业学校专业教学标准（试行）》，而且也符合实际企业项目开发标准。

图书在版编目（CIP）数据

ASP.NET 网站开发技术 / 朱珍，徐丽新，熊国华主编. --2 版. --北京：电子工业出版社，2024.2

ISBN 978-7-121-47996-0

Ⅰ. ①A… Ⅱ. ①朱… ②徐… ③熊… Ⅲ. ①网页制作工具—程序设计—高等职业教育－教材　Ⅳ.

①TP392.092.2

中国国家版本馆 CIP 数据核字（2024）第 110805 号

责任编辑：贺志洪

印　　刷：三河市鑫金马印装有限公司
装　　订：三河市鑫金马印装有限公司
出版发行：电子工业出版社
　　　　　北京市海淀区万寿路 173 信箱　邮编：100036
开　　本：787×1092　1/16　印张：20.5　字数：524.8 千字
版　　次：2019 年 6 月第 1 版
　　　　　2024 年 2 月第 2 版
印　　次：2024 年 2 月第 1 次印刷
定　　价：59.80 元

凡所购买电子工业出版社图书有缺损问题，请向购买书店调换。若书店售缺，请与本社发行部联系，联系及邮购电话：（010）88254888，88258888。

质量投诉请发邮件至 zlts@phei.com.cn，盗版侵权举报请发邮件至 dbqq@phei.com.cn。

本书咨询联系方式：（010）88254609，hzh@phei.com.cn。

前　言

ASP.NET 是.NET Framework 的一部分，是微软公司推出的 Web 开发平台，也是目前先进、功能强大的 Web 开发平台。ASP.NET 具有方便、灵活、性能优越、生产效率高、安全性好、完整性强等优点，是目前主流的网络编程环境之一。

本书采用课上课下双项目并行，以任务驱动方式展开，前 10 个项目课上以一个完整项目"图书馆管理系统"为中心，采用"任务引导"将内容分为五大部分：分析与规划设计、项目开发环境搭建、数据库设计、功能模块实现、发布和部署。课后通过"网上购物系统"使学生巩固所学知识。每个部分都将知识点转换为要完成的任务，使任务"驱动"每一单元教学内容的组织，并将其应用于任务的实施。

本书积极贯彻二十大报告精神，落实德育教育，为深入实施科教兴国战略、人才强国战略、创新驱动发展战略提供服务支撑。本书中的案例，主要围绕信息技术领域的新技术新产业，案例内容积极向上，让学生在学习过程中，充分认识到我国发展独立性、自主性、安全性的重要性，激发学生爱国情怀。

本书共分 11 个项目，前 10 个项目以两个项目"图书馆管理系统"和"网上购物系统"作为案例背景，前者用作知识讲解的案例背景，后者则可用作拓展实践。以 ASP.NET+SQL Server 应用技术为主线，以实践操作为主体，以形成软件产品为目的，引领读者完成项目开发，注重任务拓展及拓展训练，便于读者学以致用，举一反三。项目 11 采用 ASP.NET MVC 企业级开发技术完成"网上购物商城"项目，让用户掌握企业流行的 Web 应用架构技术。本书的具体内容如下。

项目 1：图书馆管理系统分析与规划设计。主要讲述网站开发的模式及流程、系统需求分析的方法和总体设计的方法。

项目 2：图书馆管理系统项目开发环境搭建。主要讲述 ASP.NET 基础知识及工作原理、Visual Studio 2022 的安装和使用，使读者学会搭建项目开发环境方法。

项目 3：图书馆管理系统数据库设计。主要讲述数据库设计步骤、数据库设计报告格式、E-R 图的画法以及将 E-R 图转化为数据表的方法，使读者学会利用 SQL Server 创建图书馆管理系统数据库。

项目 4：实现规章制度管理模块。主要讲述网页设计原则、网页排版技术、母版页及应用、站点地图及应用、站点导航实现技术及框架的用法，使读者学会设计图书馆管理系统首页、排版，学会二级页面设计，以及实现站点导航及实现图书馆管理系统规章制度模块。

项目 5：用户管理模块页面效果实现。主要讲述 ASP.NET 中的 HTML 服务器、Web 服务器控件和验证控件的属性与使用方法，能实现学生基本信息提交页（HTML 版）、学生基本信息提交页（Web 版）和学生基本信息验证页面的功能。

项目 6：实现在线聊天功能。主要讲述 ASP.NET 内置对象及应用，能实现用户管理中的用户信息数据传递、在线留言、统计在线人数功能。

项目 7：实现用户管理功能。主要讲述 ADO.NET 数据访问技术，能运用 ADO.NET 技术实现对数据库的访问，实现用户登录、修改用户以及查询用户功能。

项目 8：实现图书管理功能。主要讲述数据绑定控件和数据源控件，能实现前台"图书浏览及搜索"功能、后台"图书信息维护"功能和实现首页上"更多图书信息"功能。

项目 9：实现图书借阅管理功能。主要讲述 ASP.NET 应用程序使用的三层结构，能够利用 ASP.NET 网站开发技术搭建"图书馆管理系统"网站三层结构系统框架并实现图书借阅管理功能。

项目 10：图书馆管理系统项目的发布与部署。主要讲述创建虚拟目录的过程、Web 应用程序的发布过程以及 ASP.NET 应用程序手工安装部署，使读者学会发布及部署"图书馆管理系统"项目。

项目 11：ASP.NET MVC 实现网上购物商城。主要讲述 ASP.NET MVC 基础、MVC 组成及应用，使读者能使用 ASP.NET MVC 企业级开发技术完成网上购物商城等 Web 系统的开发。

本书的编写和整理工作由广东工程职业技术学院、广东建设职业技术学院、广州阿拉丁物联网络科技股份有限公司共同完成。本书参与编写的有朱珍、徐丽新、熊国华、刘达成、王跃胜、黄玲。全书由朱珍、徐丽新统稿，熊国华、刘达成审稿。

由于编者水平有限，文中难免有不妥之处，恳请广大读者批评指正。

编　者

2023 年 9 月

目　　录

项目 1　图书馆管理系统分析与规划设计

学习目标

在开发基于 Web 应用程序项目时，必须经过项目的可行性分析、需求分析、总体设计、数据库设计、界面设计、详细设计、测试等过程。本项目主要通过讲解需求分析和总体设计的理论和方法、网站开发模式、网站开发的基本过程等内容，让读者掌握系统需求分析和总体设计的方法。

知识目标

- 掌握网站开发的模式。
- 掌握系统需求分析的方法。
- 掌握网站开发的流程。
- 掌握系统总体设计的方法。

技能目标

- 能对系统进行需求分析。
- 能对系统进行总体设计。

素质目标

- 培养独立思考能力。
- 培养良好文档撰写习惯。
- 培养沟通和交流的能力。

项目背景

随着计算机技术的不断应用和提高，计算机已经深入到社会生活的各个角落，计算机软件也在各方面得到广泛的应用。但是，很多图书馆仍采用手工管理图书的方法，不仅效率低、易出错、手续烦琐，而且耗费大量的人力。为了满足图书馆管理人员对图书馆书籍、读者资料、借/还书等进行高效的管理，并结合广东工程职业技术学院图书馆管理现状，在工作人员具备一定的计算机操作能力的前提下，特编此图书馆管理系统软件，以提高图书馆的管理效率。

项目成果

要制作一个图书馆管理系统，首先要进行系统的需求分析和总体设计。本项目包含 4 个任务，完成图书馆管理系统的设计流程分析、需求设计和总体设计。

任务 1.1　网站开发流程设计

任务描述

本任务通过介绍网站开发模式和开发流程，完成图书管理系统的需求分析，让读者掌握网站开发的流程，同时认识该课程对应的工作岗位等。

知识准备

1.1.1　网站开发模式

C/S 与 B/S 架构介绍如下。

Client/Server（客户机/服务器），比如 QQ，最大的问题是不易于部署，每台要使用的机器都要进行安装。另外，软件对于客户机的操作系统也有要求。一旦升级或机器重装，必须重装系统。

Browser/Server（浏览器/服务器），易于部署，但处理速度慢，且有烦琐的界面刷新。B/S 架构是基于 HTTP 协议的，没有 HTTP，就不会有浏览器存在。

1.1.2　开发流程及规范

每个开发人员都必须按照一个共同的规范去设计、沟通、开发、测试、部署，才能保证整个开发团队协调一致地工作，从而提高开发工作效率，提升工程项目质量。下面介绍几个项目开发的规范。

1. 项目的角色划分

如果不包括前、后期的市场推广和产品销售人员，开发团队一般可以划分为项目负责人、程序员、美工三个角色。

项目负责人在我国习惯称为"项目经理"，负责项目的人事协调、时间进度等安排，以及处理一些与项目相关的其他事宜。程序员主要负责项目的需求分析、策划、设计、代码编写、网站整合、测试、部署等环节的工作。美工负责网站的界面设计、版面规划，把握网站的整体风格。如果项目比较大，就可以按照三种角色将人员进行分组。

角色划分是 Web 项目技术分散性甚至地理分散性特点的客观要求，分工的结果还可以明确工作责任，最终保证了项目的质量。分工带来的负效应就是增加了团队沟通、协调的成本，给项目带来一定的风险。所以项目经理的协调能力显得十分重要，程序员和美工在项目开发的初期和后期，都必须有充分的交流，共同完成项目的规划、测试和验收。

2. 项目开发流程

项目确定后，根据需求分析、总体设计，程序员进行数据库设计。美工根据内容表现的需要，设计静态网页和其他动态页面界面框架，同时，程序员着手开发后台程序代码，做一些必要的测试。美工界面完成后，由程序员添加程序代码，整合网站。由项目组共同联调测试，发现错误（Bug），完善一些具体的细节，制作帮助文档、用户操作手册，向用户交付必要的产品设计文档。然后进行网站部署、客户培训。最后进入网站维护阶段。

任务实施与测试

本项目是一个动态网站的开发项目，网站开发流程图如图 1-1 所示。

图 1-1　网站开发流程图

在动态网站开发中详细设计包括数据库设计与界面设计。

任务拓展

分组讨论系统开发的流程。

任务 1.2　图书馆管理系统需求分析

任务描述

对广东工程职业技术学院图书馆管理现状进行调查分析，得到系统的功能需求分析，要求系统实现图书管理、图书借阅、用户管理等功能于一体，其中读者、图书馆管理员、系统维护员具有不同权限，具有的功能也不同。

知识准备

1.2.1　需求分析的定义

所谓"需求分析"，是指对要解决的问题进行详细的分析，弄清楚问题的要求，包括需要输入什么数据，要得到什么结果，最后应输出什么。可以说，在软件工程当中的"需求分析"就是确定要计算机"做什么"，要达到什么样的效果。因此需求分析是开发系统之前必做的。

在软件工程中，需求分析指的是在建立一个新的或改变一个现存的计算机系统时描写新系统的目的、范围、定义和功能所要做的所有的工作。需求分析是软件工程中的一个关键过程。在这个过程中，系统分析员和软件工程师确定用户的需要。只有在确定了这些需求后他们才能够分析和寻求新系统的解决方法。需求分析阶段的任务是确定软件系统功能。

在软件工程的历史中，很长时间里人们一直认为需求分析是整个软件工程中最简单的一个步骤，但在过去十年中越来越多的人认识到它是整个过程中最关键的一个过程。假如在需求分析时分析者未能正确地认识到用户的需要，那么最后的软件实际上不可能达到用户的需要，或者软件无法在规定的时间内完工。

1.2.2 需求分析的特点

需求分析是一项重要的工作，也是最困难的工作。该阶段工作有如下特点。

1. 供需交流困难

在软件生存周期中，其他四个阶段都面向软件技术问题，只有本阶段是面向用户的。需求分析是对用户的业务活动进行分析，明确在用户的业务环境中软件系统应该"做什么"。但是在开始时，开发人员和用户双方都不能准确地提出系统要"做什么？"。因为软件开发人员不是用户问题领域的专家，不熟悉用户的业务活动和业务环境，又不可能在短期内搞清楚；而用户不熟悉计算机应用的有关问题。由于双方互相不了解对方的工作，又缺乏共同语言，所以在交流时存在着隔阂。

2. 需求动态化

对于一个大型而复杂的软件系统，用户很难精确完整地提出它的功能和性能要求。一开始只能提出一个大概、模糊的功能，只有经过长时间的反复认识才逐步明确。有时进入设计、编程阶段才能明确，更有甚者，到开发后期还在提新的要求。这无疑给软件开发带来困难。

3. 后续影响复杂

需求分析是软件开发的基础。假定在该阶段发现一个错误，解决它需要用 1 小时的时间，到设计、编程、测试和维护阶段解决，则要花 2.5、5、25、100 倍的时间。

因此，对于大型复杂系统而言，首先要进行可行性研究。开发人员对用户的要求及现实环境进行调查、了解，从技术、经济和社会因素三个方面进行研究并论证该软件项目的可行性，根据可行性研究的结果，决定项目的取舍。

1.2.3 需求分析的任务

需求分析的任务是通过详细调查现实世界要处理的对象，充分了解原系统的工作概况，明确用户的各种需求，然后在此基础上确定新系统的功能，确定对系统的综合要求。虽然功能需求是对软件系统的一项基本需求，但却并不是唯一的需求，通常对软件系统有如下几方面的综合要求：①功能需求；②性能需求；③可靠性和可用性需求；④出错处理需求；⑤接口需求；⑥约束；⑦逆向需求；⑧将来可能提出的要求。

1.2.4 数据要求

任何一个软件本质上都是信息处理系统，系统必须处理的信息和系统应该产生的信息很大程度上决定了系统的面貌，对软件设计有着深远的影响，因此，必须分析系统的数据要求，这是软件分析的一个重要任务。分析系统的数据要求通常采用建立数据模型的方法。

复杂的数据由许多基本的数据元素组成，数据结构表示数据元素之间的逻辑关系。利用数据字典可以全面地定义数据，但是数据字典的缺点是不够直观。为了提高可理解性，常常利用图形化工具辅助描述数据结构。用的图形工具有层次方框图和 Warnier 图。

1．逻辑模型

综合上述两项分析的结果可以导出系统的详细的逻辑模型，通常用数据流图、E-R 图、状态转换图、数据字典和主要的处理算法描述这个逻辑模型。

2．修正计划

根据在分析过程中获得的对系统的更深入的了解，可以比较准确地估计系统的成本和进度，修正以前制订的开发计划。

3．方法

需求分析的传统方法有：面向过程（自上向下分解）；

信息工程（数据驱动），即数据流分析结构化分析方法；面向对象（对象驱动）。

4．步骤

需求分析一般按如下步骤完成：

（1）首先调查组织机构情况。包括了解该组织的部门组成情况、各部门的职能等，为分析信息流程做准备。

（2）然后调查各部门的业务活动情况。包括了解各个部门输入和使用的是什么数据，如何加工处理这些数据，输出什么信息，输出到什么部门，输出结果的格式是什么。

（3）协助用户明确对新系统的各种要求。包括信息要求、处理要求、完全性与完整性要求。

（4）确定新系统的边界。确定哪些功能由计算机完成或将来准备让计算机完成，哪些活动由人工完成。由计算机完成的功能就是新系统应该实现的功能。

（5）分析系统功能。

（6）分析系统数据。

（7）编写分析报告。

5．常用类型

需求分析的常用类型介绍如下：

（1）跟班作业。通过亲身参加业务工作来了解业务活动的情况。这种方法可以比较准确地理解用户的需求，但比较耗费时间。

（2）开调查会。通过与用户座谈来了解业务活动情况及用户需求。座谈时，参加者之间可以相互启发。

（3）请专人介绍。

（4）询问。对某些调查中的问题，可以找专人询问。

（5）设计调查表请用户填写。如果调查表设计得合理，则这种方法很有效，也很易于为用户所接受。

（6）查阅记录。即查阅与原系统有关的数据记录，包括原始单据、账簿、报表等。通过调查了解用户的需求后，还需要进一步分析和表达用户的需求。分析和表达用户需求的方法主要包括自顶向下和自底向上两种方法。

1.2.5　需求分析的原则

用户与开发人员交流需要有好的方法。下面建议 20 条法则，用户和开发人员可以通过评审如下内容并达成共识。如果遇到分歧，将通过协商达成对各自义务的相互理解，以便减少以后的摩擦（如一方要求而另一方不愿意或不能够满足要求）。

1. 分析人员要使用符合用户语言习惯的表达

需求讨论集中于业务需求和任务，因此要使用术语。用户应将有关术语（如采价、印花商品等采购术语）教给分析人员，而用户不一定要懂得计算机行业的术语。

2. 分析人员要了解用户的业务及目标

只有分析人员更好地了解用户的业务，才能使产品更好地满足需要。这将有助于开发人员设计出真正满足用户需要并达到期望的优秀软件。为帮助开发和分析人员，用户可以考虑邀请他们观察自己的工作流程。如果切换新系统，那么开发人员和分析人员应事先使用旧系统，有利于他们明白系统是怎样工作的，以及理解其流程情况及可供改进之处。

3. 分析人员必须编写软件需求报告

分析人员应将从用户那里获得的所有信息进行整理，以区分业务需求及规范、功能需求、质量目标、解决方法和其他信息。通过这些分析，用户就能得到一份"需求分析报告"，此份报告使开发人员和用户之间针对要开发的产品内容达成协议。报告应以一种用户认为易于翻阅和理解的方式组织编写。用户要评审此报告，以确保报告内容准确完整地表达其需求。一份高质量的"需求分析报告"有助于开发人员开发出真正需要的产品。

4. 要求得到需求工作结果的解释说明

分析人员可能采用了多种图表作为文字性"需求分析报告"的补充说明，因为工作图表能很清晰地描述出系统行为的某些方面，所以报告中各种图表有着极高的价值；虽然它们不难于理解，但用户可能对此并不熟悉，因此用户可以要求分析人员解释说明每个图表的作用、符号的意义和需求开发工作的结果，以及怎样检查图表有无错误及不一致等。

5. 开发人员要尊重用户的意见

如果用户与开发人员之间不能相互理解，那么关于需求的讨论将会有障碍。共同合作能使大家"兼听则明"。参与需求开发过程的用户有权要求开发人员尊重他们并珍惜他们为项目取得成功所付出的时间和精力，同样，用户也应对开发人员为项目取得成功这一共同目标取得所做出的努力表示尊重。

6. 开发人员要对需求及产品实施提出建议和解决方案

通常用户所说的"需求"是一种实际可行的实施方案，分析人员应尽力从这些解决方法中了解真正的业务需求，同时还应找出已有系统与当前业务不符之处，以确保产品不会无效或低效；在彻底弄清业务领域内的事情后，分析人员就能提出相当好的改进方法，有经验且有创造力的分析人员还能增加一些用户没有发现的很有价值的系统特性。

7. 描述产品使用特性

用户可以要求分析人员在实现功能需求的同时注意软件的易用性，因为这些易用特性或质量属性能使用户更准确、高效地完成任务。例如，用户有时要求产品要"界面友好"或"健壮"或"高效率",但对于开发人员来讲,太主观了并无实用价值。正确的做法是,分析人员通过询问和调查了解用户所要的"界面友好、健壮、高效率"所包含的具体特性,具体分析某种特性对哪些特性有负面影响,在性能代价和所提出解决方案的预期利益之间做出权衡,以确保做出合理的取舍。

8. 允许重用已有的软件组件

需求通常有一定灵活性,分析人员可能发现已有的某个软件组件与用户描述的需求很相符。在这种情况下,分析人员应提供一些修改需求的选择以便开发人员能够降低新系统的开发成本和节省时间,而不必严格按原有的需求说明开发。所以说,如果想在产品中使用一些已有的商业常用组件,而它们并不完全适合用户所需的特性,这时一定程度上的需求灵活性就显得极为重要。

9. 要求对变更的代价提供真实可靠的评估

有时用户会有不同的选择。而这时,对需求变更的影响进行评估从而对业务决策提供帮助,是十分必要的。所以,用户有权利要求开发人员通过分析给出一个真实可信的评估,包括影响、成本和得失等。开发人员不能由于不想实施变更而随意夸大评估成本。

10. 获得满足用户功能和质量要求的系统

每个人都希望项目成功,但这不仅要求用户要清晰地告知开发人员关于系统"做什么"所需的所有信息,而且还要求开发人员能通过交流来了解清楚取舍与限制,一定要明确说明用户的假设和潜在的期望,否则,开发人员开发出的产品很可能无法让用户满意。

11. 用户给分析人员讲解其业务

分析人员要依靠用户讲解业务概念及术语,但用户不能指望分析人员会成为该领域的专家,而只能让他们明白其问题和目标;不要期望分析人员能把握用户业务的细微潜在之处,他们可能不知道那些对于用户来说是"常识"的知识。

12. 抽出时间清楚地说明并完善需求

用户很忙,但无论如何有必要抽出时间参与"头脑高峰会议"的讨论,接受采访或参加其他获取需求的活动。有些分析人员可能一时明白了用户的观点,而过后发现还需要用户的讲解。这时用户应耐心对待一些需求和需求的精化工作过程中的反复,因为它是人们交流中很自然的现象,何况这对软件产品的成功极为重要。

13. 准确而详细地说明需求

编写一份清晰、准确的需求文档是很困难的。由于处理细节问题烦琐且耗时,因此会很容易使分析人员得到模糊不清的需求。但在开发过程中,必须解决这种模糊性和不准确性,而用户恰恰是为解决这些问题做出决定的最佳人选,否则,就只好靠开发人员去合理猜测。

在需求分析中可以暂时加上"待定"标志。用该标志可指明哪些是需要进一步讨论、分析或增加信息的地方,有时也可能因为某个特殊需求难以解决或没有人愿意处理它而标注上"待定"。用户要尽量将每项需求的内容都阐述清楚,以便分析人员能准确地将它们写进"软件需求报告"中去。如果用户一时不能准确表达,通常就要求用原型技术,通过原型开发,用户可以同开发人员一起反复修改,不断完善需求定义。

14. 及时做出决定

分析人员会要求用户做出一些选择和决定，这些决定包括来自多个用户提出的处理方法或在质量特性冲突和信息准确度中选择折中方案等。有权做出决定的用户必须积极地对待这一切，尽快做处理、做决定，因为开发人员通常只有等用户做出决定才能行动，而这种等待会延误项目的进展。

15. 尊重开发人员的需求可行性及成本评估

所有的软件功能都有其成本。用户所希望的某些产品特性可能在技术上行不通，或者实现它要付出极高的代价，而某些需求试图达到在操作环境中不可能达到的性能，或试图得到一些根本得不到的数据。开发人员会对此做出负面的评价，用户应该尊重他们的意见。

16. 划分需求的优先级

绝大多数项目没有足够的时间或资源来实现功能性的每个细节。决定哪些特性是必要的，哪些是重要的，是需求开发的主要部分，这只能由用户负责设定需求优先级，因为开发人员不可能按照用户的观点决定需求优先级；开发人员将为用户确定优先级提供有关每个需求的花费和风险的信息。

在时间和资源的限制下，关于所需特性能否完成或完成多少应尊重开发人员的意见。尽管没有人愿意看到自己所希望的需求在项目中未被实现，但用户还是要面对现实，业务决策有时不得不依据优先级来缩小项目范围或延长工期，或增加资源，或在质量上寻找折中。

17. 评审需求文档和原型

用户评审需求文档，是给分析人员带来反馈信息的一个机会。如果用户认为编写的"需求分析报告"不够准确，就有必要尽早告知分析人员并为改进提供建议。更好的办法是先为产品开发一个原型。这样用户就能提供更有价值的反馈信息给开发人员，使他们更好地理解其需求；原型并非是一个实际应用产品，但开发人员能将其转化、扩充成功能齐全的系统。

18. 需求变更要立即联系

不断地变更需求，会给在预定计划内完成的产品质量带来严重的不利影响。变更是不可避免的，但在开发周期中，变更越在晚期出现，其影响越大；变更不仅会导致代价极高的返工，而且工期将被延误，特别是在大体结构已完成又需要增加新特性时。所以，一旦用户发现需要变更需求，应立即通知分析人员。

19. 遵照开发小组处理需求变更的过程

为将变更带来的负面影响减少到最低限度，所有参与者必须遵照项目变更控制过程。这要求不放弃所有提出的变更，对每项要求的变更进行分析、综合考虑，最后做出合适的决策，以确定应将哪些变更引入项目中。

20. 尊重开发人员采用的需求分析过程

软件开发中最具挑战性的莫过于收集需求并确定其正确性，分析人员采用的方法有其合理性。也许用户认为收集需求的过程不太划算，但应相信花在需求开发上的时间是非常有价值的；如果用户理解并支持分析人员为收集、编写需求文档和确保其质量所采用的技术，那么整个过程将会更为顺利。

1.2.6　需求确认

在"需求分析报告"上签字确认，通常被认为是用户同意需求分析的标志行为，然而实际操作中，用户往往把"签字"看作毫无意义的事情。"他们要我在需求文档的最后一行下面签名，于是我就签了，否则这些开发人员不开始编码。"

这种态度将带来麻烦，譬如用户想更改需求或对产品不满时就会说："不错，我是在需求分析报告上签了字，但我并没有时间去读完所有的内容，我是相信你们的，是你们非让我签字的。"

同样问题也会发生在仅把"签字确认"看作完成任务的分析人员身上，一旦有需求变更出现，他便指着"需求分析报告"说："您已经在需求分析报告上签字了，所以这些就是我们所开发的，如果您想要别的什么，您应早些告诉我们。"

这两种态度都是不对的。因为不可能在项目的早期就了解所有的需求，而且毫无疑问的是，需求将会出现变更，在"需求分析报告"上签字确认是终止需求分析过程的正确方法，所以用户必须明白签字意味着什么。

对"需求分析报告"的签名应建立在一个需求协议的基线上，因此用户对签名应该这样理解："我同意这份需求文档表述了我们对项目软件需求的了解，进一步的变更可在此基线上通过项目定义的变更过程来进行。我知道变更可能会使我们重新协商成本、资源和项目阶段任务等事宜。"对需求分析达成一定的共识会使双方易于忍受将来的摩擦，这些摩擦来源于项目的改进和需求的误差或市场和业务的新要求等。需求确认将迷雾拨散，显现需求的真面目，给初步的需求开发工作画上了双方都明确的句号，并有助于形成一个持续良好的用户与开发人员关系。

任务实施与测试

根据上述知识点调查分析图书馆管理系统的功能需求，系统主要实现图书查询、图书借阅、用户管理、在线聊天等功能。主要模块有图书信息管理模块、图书借阅管理模块、用户管理模块、在线聊天模块、规章制度管理模块等。系统分为前台和后台两部分，包括读者、图书管理员、系统管理员三种类型用户，不同类型用户权限不同，功能不同。

下面介绍系统前台功能，具体如下。

（1）图书信息管理模块：该模块主要实现图书的浏览和查询。用户进入本系统可以浏览图书信息，可以按图书 ISBN、图书名、作者等快速查询所需的图书信息的功能。

（2）图书借阅管理模块：该模块包含三个子模块，分别是借阅图书、归还图书和图书借阅查询。其中借阅图书用于输入读者信息及所借阅的图书的信息，并实现图书借阅；归还图书用于在读者所借阅的图书信息基础上实现图书归还；图书借阅查询用于根据读者编号查询出其所有已借阅但还未归还的图书。

（3）用户管理模块：该模块分为用户登录、用户资料修改以及用户查询三个功能。不同用户具有不同功能，读者只能浏览和查询图书及自己的借阅信息。图书馆管理员可以完成图书借阅管理模块的功能及图书的管理。系统管理员可以进行全部信息的管理。

（4）在线聊天模块：本模块实现在线聊天功能，主要实现用户在线留言及在线聊天的功能，为图书馆管理提供一个信息反馈的平台。

（5）规章制度管理模块：该模块用于读者查询开馆时间、入馆须知、图书馆借阅规则、读者文明守则、书刊遗失、损坏规定等规章制度，方便图书管理。

后台功能主要介绍如下。

（1）图书信息管理模块：为了确保馆藏图书信息的时效性，系统管理人员可以借助该模块随时增加新的图书信息，同时也可以对原有的图书进行修改及删除等操作。通过图书信息管理模块可以根据需要增加新的图书类别也可以对已有的图书分类进行修改、删除等操作。

（2）图书借阅管理模块：系统管理人员可以借助该模块查询图书借阅信息，对借阅信息进行管理。

（3）用户信息管理模块：系统管理人员可以在该模块中查询用户信息、添加用户、删除指定用户的相关信息。该模块也可实现用户权限的管理。

任务拓展

（1）分组讨论，细化并分析每个功能模块的需求。

（2）查阅文献、资料，分组讨论前台、后台功能的区别。

（3）对不同类型用户进行需求分析。

任务 1.3　撰写需求规格说明书

任务描述

本任务是撰写《图书馆管理系统需求规格说明书》，并掌握相关方法。需求规格说明书的重点是阐述"做什么"。在撰写时应当力求正确、清楚、无二义性、一致、完备、可实现及可验证。

知识准备

1.3.1　需求规格说明书简介

曾经有项目组拿着用户编写的原始需求就开始开发，随后状况不断。这是一个令人崩溃的研发过程。根据用户编写的原始需求来编写需求规格说明书，之所以重要，就在于用户编写的原始需求是脱离了技术实现而编写的一份十分理想的业务需求。理想与现实总是有差距的，但开发人员在编写需求规格说明书时，还是要本着实事求是、切实可行的态度，去描述用户的业务需求，将那些不可行的需求摒弃，或者换成更加可行的解决方案。

从理论上讲，需求规格说明书（Requirement Specification）分为用户需求规格说明书和产品需求规格说明书。用户需求规格说明书是站在用户角度描述的系统业务需求，用于与用户签字确认业务需求；产品需求规格说明书是站在开发人员角度描述的系统业务需求，是指导开发人员完成设计与开发的技术性文档。用户需求规格说明书与产品需求规格说明书的差别并不大。领域驱动设计所提倡的就是要让用户、需求分析员、开发人员站在一个平台，使用统一的语言（一种混合语言），来表达大家都明白的概念。从这个角度讲，需求规格说明书就应当不区分用户需求规格说明书和产品需求规格说明书。

那么怎样撰写需求规格说明书呢？不同的公司、不同的人、不同的项目，特别是在需求分析中采用不同的方法，写出来的需求规格说明书的格式都是不一样的。下面以图书馆管理系统为例介绍需求规格说明书的写法。

任务实施与测试

图书馆管理系统需求规格说明书如下。

1. 引言

1.1　目的

该需求规格说明书对图书馆管理系统软件进行了全面细致的用户需求分析，明确所要开发的软件应具有的功能、性能与界面，清楚地表达用户提出的需求，让用户看了文档后确认本文档的表达和描述符合他的需求，从而使开发人员与用户就最后的软件做成什么样子达成一致，为软件开发范围、业务处理范围提供依据。概要设计说明书和完成后续设计与编程工作将在此基础上进一步提出。此文档将成为最终验收的依据。

1.2　预期的读者和阅读建议

本需求规格说明书的预期读者是广东工程职业技术学院图书馆管理员、部分学员，与图书馆管理系统软件开发有联系的决策人、开发组成人员、辅助开发者和软件验证者。

1.3　产品范围

本图书馆管理系统为用户、管理员及数据库之间提供了一个很好的桥梁，方便不同的使用者进行相关操作。

1.4　参考文献

编号	版本	资料名称	描述	来源
1	GB8567--88	软件开发文档模板国家标准	文档	网络
2	V1	ASP.NET 3.5 项目开发实战	高职计算机类规划教材	电子工业出版社

2. 综合描述

2.1　系统目标

图书馆管理系统是一个基于 Web 的 B/S 系统，面向学校、图书馆等部门的书籍管理、浏览和发布系统，通过将海量资源、信息管理和网络发布系统进行有机结合，不仅能够充分满足读者对知识的渴求，充实学校的教育资源，而且不受时间和空间限制，让读者随时随地地获取知识，所以图书馆管理系统的应用要达到能快速查找到书籍的索书号，能查询图书的借阅情况等目的，从而方便读者借阅图书。

2.2　产品前景

本系统通过强大的计算机技术给图书馆管理人员和读者借、还书带来便利。本系统除图书馆内管理的一般功能外，还包括网上在线查询图书信息、查询本人的借阅情况和续借等功能。系统的功能相对比较完善，根据以后不同的需要，还要对系统进行更新。

2.3　产品功能

本系统的最终用户有三种：一是图书馆管理员（图书管理员和其他管理人员）。他们可以删除图书信息、删除或增加学生信息等；二是读者（老师和同学等），可以查看他们的借阅信息；三是系统管理人员（简称系统管理员），主要对系统进行日常维护。图书馆管理员和读者为经常性用户，系统管理人员为间隔性用户。读者功能需求已在"功能需求"中描述，图书馆管理员和系统管理人员的功能需求介绍如下。

系统管理人员功能介绍如下：

通过身份验证可以直接进行服务器管理。服务器管理分为开启服务器和关闭服务器。另外系统管理人员还可以进行图书馆管理员的管理，完成对图书馆管理员的增、删、改、查操作。

图书馆管理员功能介绍如下：

（1）读者所具有的功能。

（2）用户信息管理模块。用户信息管理又可分为如下内容。

● 确认用户注册信息：管理员接收到用户所发送的注册请求之后，可根据具体情况予以确认或拒绝，若确认，则会在系统中注册一个普通用户。用户信息由普通用户自己输入。

● 更新用户信息：管理员可根据具体情况更改普通用户的某些信息。比如，用户信息错误需要更改。

● 查看用户信息：管理员登录之后可以查询所有的用户信息。

● 注销用户：管理员根据普通用户的异常情况注销某些用户，注销之前需要把用户的书籍信息处理好。比如已借书籍要进行归还，欠交费用需要补交。需要退给用户的费用也要结算清楚。

● 用户赔偿管理：当用户丢失某些书籍时，用户需要进行赔偿。不管用户选择账户充值进行赔偿还是现金支付，管理员都要对之进行处理。当确认支付信息后管理员需要更改用户信息及该丢失书籍在数据库中的信息，即删除普通用户借书栏中的此书记录和此书在数据库中的信息。

● 用户挂失管理：当普通用户丢失自己的账号时，管理员要对用户的挂失请求进行处理。管理员对已申请挂失的账号进行冻结。在三天后若用户还未找回自己账号，则管理员会重新分配账号给此用户，并将此用户原账号的信息完全移植到此账号。

● 处理用户现场借还：当普通用户选择通过现场还书时，管理员可直接输入用户账号和书籍编号从而修改该用户已借信息和该书籍状态。

（3）书籍管理模块：管理员可对书籍进行添加、删除、修改、查看等操作。

2.4 运行环境

该系统为 B/S 三层结构。

环境因素	运行环境	备注
硬件平台	服务器 CPU×2；4GB 内存；146GB×3；SAS 硬盘；Raid5	
操作系统/版本	Windows Server 2019/2022 标准版/企业版	
其他硬件系统	初次安装至少需要 10MB 可用空间	
其他软件系统	IIS 6.0 以上 MS SQL Server 2019/2022 标准版/企业版 JavaScript 1.5 版本（安装 IE 5.5 以上版本即可获得）	
其他	对 SQL Server 数据库具有建表、备份的权限	

2.5 其他需求

（1）支持多浏览器。

（2）系统安装方便，易于维护。

2.6 外部接口需求

2.6.1 用户接口

本系统采用 B/S 架构，所有界面使用 Web 风格。用户界面的具体细节将在概要设计文档中描述。

2.6.2 硬件接口

服务器端建议使用专用服务器。

2.6.3 软件接口

无特殊需求。

2.6.4 通信接口

无特殊需求。

任务拓展

（1）分组讨论需求规格说明书撰写要点。

（2）如何撰写需求规格说明书。

任务 1.4 图书馆管理系统总体设计

任务描述

本任务是完成图书馆管理系统总体设计。根据图书馆管理系统的需求分析进行系统总体设计，画出系统总体功能结构图和系统流程图。

知识准备

1.4.1　总体设计的任务

系统总体设计的基本目的就是回答"若需要概括，系统该如何实现？"这个问题。在这个阶段主要完成两个方面的工作：

（1）划分出组成系统的物理元素——程序、文件、数据库、人工过程和文档等。

（2）设计系统的结构，确定系统中每个程序由哪些模块组成，以及这些模块相互间的关系。制作出系统总体功能结构图。

1.4.2　总体设计的工作步骤

系统总体设计阶段的工作步骤主要有如下几个方面：

（1）寻找实现系统的各种不同的解决方案，参照需求分析阶段得到的数据流图来做。

（2）分析人员从这些供选择的方案中选出若干个合理的方案进行分析，为每个方案都准备一份系统流程图，列出组成系统的所有物理元素，进行成本/效益分析，并且制订这个方案的进度计划。

（3）分析人员综合分析比较这些合理的方案，从中选择一个最佳方案向用户和使用部门负责人推荐。

（4）对最终确定的解决方案进行优化和改进，从而得到更合理的结构，进行必要的数据库设计，确定测试要求并且制订测试计划。

由此可见在详细设计之前先进行总体设计的必要性。总体设计可以站在全局的高度进行系统设计，花较少成本，从较抽象的层次上分析对比多种可能的实现方案和软件结构，从中选择最佳方案和最合理的软件结构，从而用较低成本开发出较高质量的软件系统。

1.4.3　总体设计的原则

下面介绍在进行系统总体设计时的几个原则。

1. 模块化设计的原则

模块是由边界元素限定的相邻程序元素的序列。模块是构成程序的基本构件。模块化是把复杂的问题分解成许多容易解决的小问题，原来的问题也就容易解决了。

在软件设计中进行模块化设计可以使软件结构清晰，不仅容易设计也容易阅读和理解。模块化的设计方法容易测试和调试，从而提高软件的可靠性和可修改性，有助于软件开发工程的组织管理。

2. 抽象设计的原则

人们在认识复杂现象的过程中一个最强有力的思维工具就是抽象。人们在实践中认识到，在现实世界中一定事物、状态和过程之间存在某些相似的方面（共性）。把这些相似的方面集中和概括起来，暂时忽略它们之间的差异，这就是抽象。或者说抽象就是考虑事物间被关注的特性而不考虑它们其他的细节。

　　由于人的思维能力的限制，如果每次面临的因素太多，则不可能做出精确思维。处理复杂系统的唯一有效的方法是用层次的方法构造和分析它。软件工程的每一步都是对软件解法的抽象层次的一次精化。

　　3．信息隐藏和局部化设计的原则

　　开发人员在设计模块时应尽量使得一个模块内包含的信息对于不需要这些信息的模块来说，是不能访问的。局部化是指把一些关系密切的软件元素在物理上放得彼此靠近。局部化的概念和信息隐藏概念密切相关。

　　如果在测试期间和以后的软件维护期间需要修改软件，那么信息隐藏原理作为模块化系统设计的标准就会带来极大好处。它不会把影响扩散到别的模块。

　　4．模块独立设计的原则

　　模块独立是模块化、抽象化、信息隐藏和局部化概念的直接结果。模块独立有两个明显的好处：一是有效的模块化的软件比较容易开发出来，而且适于团队进行分工开发。二是独立的模块比较容易测试和维护。

　　模块的独立程度可以由两个定性标准度量：内聚和耦合。耦合是指不同模块彼此间互相依赖的紧密程度；内聚是指在模块内部各个元素彼此结合的紧密程度。

　　在软件设计中应该追求尽可能松散的系统。这样的系统中可以研究、测试和维护任何一个模块，不需要对系统的其他模块有很多了解。模块间的耦合程度强烈影响系统的可理解性、可测试性、可靠性和可维护性。

　　开发人员在系统设计时力争做到高内聚、低耦合。通过修改设计提高模块的内聚程度、降低模块间的耦合程度，从而获得较高的模块独立性。

　　5．优化设计的原则

　　开发人员要在设计的早期阶段尽量对软件结构进行精化，既要做到设计风格优雅，又要做到效率高。设计优化应该力求做到在有效的模块化的前提下使用最少量的模块，以及在能够满足信息要求的前提下使用最合适的数据结构。开发人员可以设计出不同的软件结构，然后对其进行评价和比较，力求得到"最好"的结果。

任务实施与测试

1．根据上述知识点对图书馆管理系统进行总体设计，制作系统总体功能结构图

　　本系统分为前台、后台两部分。系统主要模块包括图书信息管理、借阅管理、用户管理、在线留言、规章制度五大模块，其前台功能结构图如图1-2所示。前台功能主要包括如下内容：

- 图书浏览、图书查询。
- 图书借阅管理。
- 用户登录、用户注册、用户信息修改。
- 在线留言。
- 规章制度查询。

　　后台主要方便管理员对系统信息进行增、删、改、查操作，其功能结构图如图1-3所示。

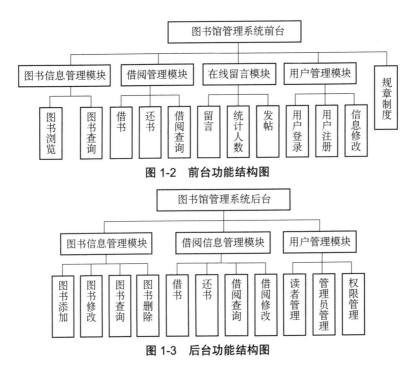

图 1-2　前台功能结构图

图 1-3　后台功能结构图

2. 根据系统总体功能结构图，制作系统流程图

本系统用户包括读者、图书馆管理员、系统管理员三种。系统管理员主要进行后台信息的管理，读者主要浏览前台页面、查询自己的借阅信息。图书馆管理员主要进行图书的管理与借阅。网站开发流程图如图 1-4 所示。

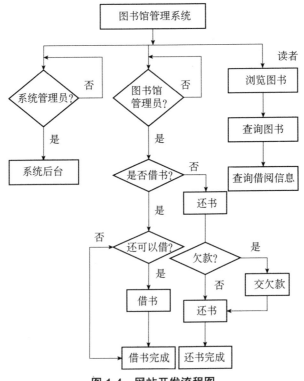

图 1-4　网站开发流程图

3. 运行环境

本系统为 B/S 三层结构，环境因素和运行环境如表 1-1 所示。

表 1-1　系统运行环境

环境因素	运行环境
服务器	Windows Server 2019 以上版本
操作系统/版本	Windows Server 2019/WIN11
数据库	SQL Server 2019 或以上版本
其他硬件系统	初次安装至少需要 512MB 以上可用空间

4. 系统界面效果设计

图书馆管理系统前台页面主要包括图书浏览、图书搜索、图书借阅等内容，如图 1-5 所示。

图 1-5　图书馆管理系统前台页面

图书馆管理系统后台页面主要包括图书信息管理、图书借阅管理、用户管理等内容，如图 1-6 所示。

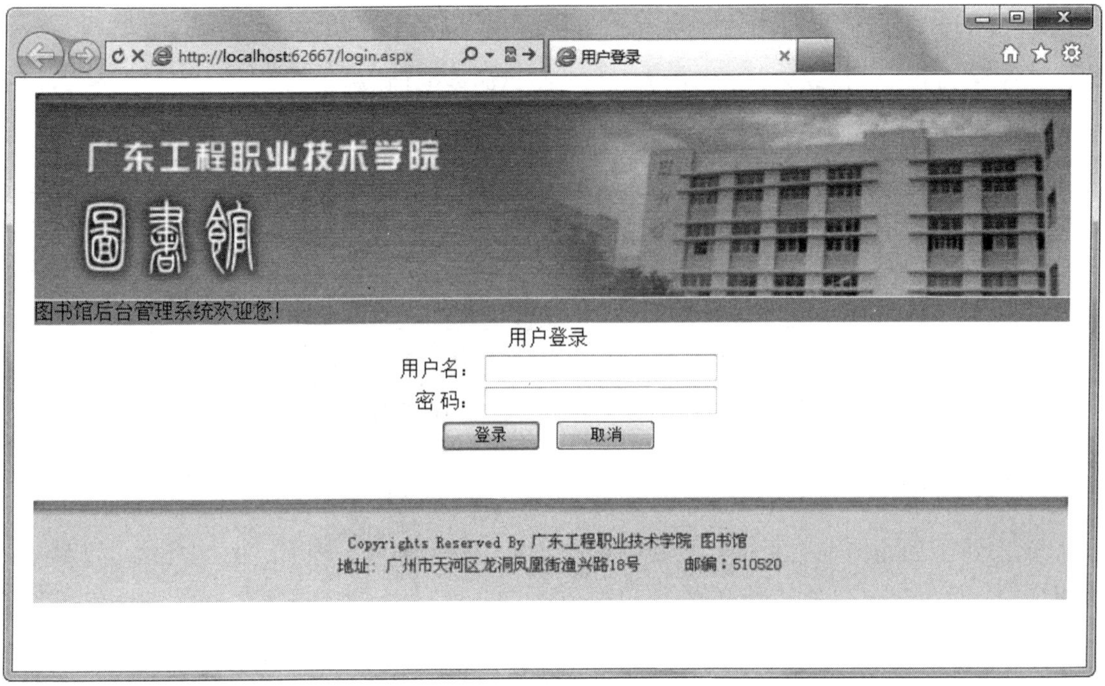

图 1-6　图书馆管理系统后台页面

任务拓展

（1）分组讨论系统总体设计的原则。

（2）撰写系统总体设计说明书。

项目重现

完成网上购物系统需求分析

1. 项目目标

完成本项目后，读者能够：

● 进行项目需求分析。

● 进行撰写项目需求规格说明书。

2. 相关知识

完成本项目后，读者应该熟悉：

● 需求分析流程。

● 需求规格说明书撰写要点。

3. 项目介绍

近年来，随着 Internet 的迅速崛起，互联网已日益成为收集与提供信息的最佳、最快渠道，并快速进入传统的流通领域。互联网的跨地域性、可交互性、全天候性使其在与传统媒体行业和传统贸易行业的竞争中具有不可抗拒的优势，因而发展十分迅速。在电子商务在中国逐步兴起的大环境下，越来越多的消费者开始选择在网上购物，这其中包括所有日常生活用品及食品、服装等。在网上订购商品，可以由商家直接将商品运送给收货人，节省了顾客亲自去商店挑选商品的时间。因此网上购物具备省时、省事、省心等特点，让顾客足不出户就可以购买到自己满意的商品。本项目就是对网上购物系统进行需求分析和总体设计。

4. 项目内容

（1）根据需求分析的方法和原则对网上购物系统进行需求分析。

（2）根据需求分析规格说明书的要求编写网上购物系统的需求规格说明书。

（3）根据系统总体设计的方法和原则对网上购物系统进行总体设计。

（4）根据系统总体设计说明书的要求编写网上购物系统的总体设计说明书。

项目 2　图书馆管理系统项目开发环境搭建

学习目标

本项目主要通过讲解 Web 应用基础知识、ASP.NET 工作原理、Visual Studio 2022 的安装和使用等内容，让读者掌握 ASP.NET 项目管理环境的方法。

知识目标

- 掌握 ASP.NET 的基础知识及工作原理。
- 掌握搭建项目开发环境的方法。
- 掌握 Visual Studio 2022 的安装和使用。

技能目标

- 能安装和使用 Visual Studio 2022。
- 会搭建项目开发环境。

素质目标

- 培养分析、解决问题的基本能力。
- 培养耐心细致的工作态度。

项目背景

在项目 1 中分析了系统的需求和总体设计，现在开始开发项目，首要任务是为系统进行开发环境的搭建。这就要求读者学会利用自己的操作系统搭建一个适合 ASP.NET 开发的环境。当前的操作系统主要是 Windows 10、Windows 11、Windows Server 2019 等，从操作角度上来说，在这几个操作平台上搭建 ASP.NET 开发环境都可以。下面将讲解如何进行 ASP.NET 开发环境的配置。

项目成果

本项目创建图书馆管理系统项目开发环境。

任务 2.1　Visual Studio 2022 安装

任务描述

本任务通过介绍 Web 开发的基础知识及工作原理，让读者掌握 Visual Studio 2022 的安装方法，实现搭建图书馆管理系统开发环境。在环境搭建的过程中，能让读者了解 ASP.NET 的相关知识，并能锻炼其独立搭建环境的能力，为以后开发网站做好准备。

知识准备

2.1.1　Web 基础知识

万维网（World Wide Web，WWW）技术是电子商务的核心技术。Web 体系结构的基本元素有 Web 服务器、Web 浏览器、HTTP 协议、HTML 等。Web 技术迅速成长为全球范围内的信息宝库。下面介绍 Web 基础知识。

1. 静态网页与动态网页

早期的 Web 网站以提供信息为主要功能，设计者事先将固定的文字及图片放入网页中，这些内容只能由人手工更新。这种类型的页面称为静态网页。静态网页文件的扩展名通常为 htm 或 html（前面介绍的例子就是静态网页）。

然而，随着应用的不断增强，网站需要与浏览者进行必要的交互，从而为浏览者提供更为个性化的服务。因此 HTML 3.2 提供了一些表现动态内容的标记，如<form>标签和其他一些表单控件标签就是此类标记。例如，<input></input>标签可以提供一个文本框或按钮。有了这些基本元素，Web 服务器就能通过 Web 请求了解用户的输入操作，从而对此操作做出相应的响应。由于整个过程中页面的内容会随着操作的不同而变化，因此通常将这种交互式的网页称为动态网页。

2. 客户端动态技术

在客户端模型中，附加在浏览器上的模块（如插件）完成创建动态页的全部工作。采用的主要技术如下。

（1）JavaScript：一种脚本语言，主要控制浏览器的行为和内容。它是一种动态类型、弱类型、基于原型的语言，内置支持类型。它的解释器被称为 JavaScript 引擎，为浏览器的一部分，广泛用于客户端的脚本语言。

（2）VBScript：与 JavaScript 类似，但仅 IE 支持。

（3）ActiveX 控件：是一个组件，用高级语言编写，可以嵌入网页并提供特殊的客户端功能，如计时器、条形图、数据库访问、客户端文件访问、网络功能等。ActiveX 控件依赖于浏览器中安装的 ActiveX 插件，IE 默认安装该插件，但 Netscape 需另外安装插件。

（4）Java 小应用程序（JavaApplet）：它与 ActiveX 控件类似，比 JavaScript 的功能更强大，支持跨平台。JavaApplet 依赖于浏览器中安装的 Java 虚拟机（Java Visual Machine，JVM）

才能运行。

3．服务器端客户技术

1）CGI

公共网关接口（Common Gateway Interface，CGI），是添加到 Web 服务器的模块，提供了在服务器上创建脚本的机制。CGI 允许用户调用 Web 服务器上的另一个程序（如 Perl 脚本）来创建动态 Web 页，且 CGI 的作用是将用户提供的数据传递给该程序进行处理，以创建动态 Web 应用程序。CGI 可以运行于许多不同的平台（如 UNIX 等）。不过 CGI 存在不易编写、消耗服务器资源较多的缺点。

2）JSP

JSP 页面（Java Server Pages），是一种允许用户将 HTML 或 XML 标记与 Java 代码相组合，从而动态生成 Web 页的技术。JSP 允许 Java 程序利用 Java 平台的 JavaBeans 和 Java 库，运行速度比 ASP 快，具有跨平台特性，已有允许用户在 IIS 服务器中使用 JSP 的插件模块。

3）PHP

该技术是指 PHP 超文本预处理程序（Hyper Text Processor）。它起源于个人主页（Personal Home Pages），使用一种创建动态 Web 页的脚本语言，语法类似 C 语言和 Perl 语言。PHP 是开放源代码和跨平台的，可以在 Windows NT 和 UNIX 上运行。PHP 的安装较复杂，会话管理功能不足。

4．Web 工作原理

Web 服务器的工作流程是：用户通过 Web 浏览器向 Web 服务器请求一个资源，当 Web 服务器接收到该请求后，将替用户查找该资源，然后将结果返回给 Web 浏览器。所请求的资源的内容多种多样，可以是普通的 HTML 页面、音频文件、视频文件或图片等。Web 服务器的工作流程如图 2-1 所示。

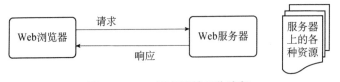

图 2-1　Web 服务器的工作流程

首先，用户单击超链接或在浏览器地址栏中输入网页的地址，此时浏览器将该信息转换成标准的 HTTP 请求并发送给 Web 服务器。其次，当 Web 服务器接收到 HTTP 请求后，根据请求的内容，查找所需的信息资源。找到相应的资源后，Web 服务器将该部分资源通过标准的 HTTP 响应发送回浏览器。最后，浏览器接收到响应后，将 HTML 文档显示出来。一个基本的请求过程如图 2-2 所示。

图 2-2　一个基本的请求过程

2.1.2　ASP.NET 的工作原理

1.　ASP.NET 简介

ASP.NET 是用于创建动态 Web 应用程序的一项技术。它是 Microsoft 公司推出的基于通用语言的新一代的编制企业网络程序的平台，开发者可以使用任何.NET 兼容的语言。所有的.NET Framework 技术在 ASP.NET 中都是可用的。.NET Framework 体系结构如图 2-3 所示。

ASP.NET 是.NET Framework 的一部分，可以采用大多数与.NET 兼容的语言编写应用程序，其中包括 Visual Basic、C#和 J#。ASP.NET 页面（Web 窗体）要经过编译，与使用脚本编写语言相比，具有更好的性能。Web 窗体允许构建强大的基于窗体的 Web 页面。构建这些页面时，可以使用 ASP.NET 服务器控件创建常用的 UI 元素并对其进行编程以执行常见的任务。这些控件允许从可重用的内置组件（如新 GridView 和 DetailsView）或自定义组件快速构建 Web 窗体，从而简化页面代码。

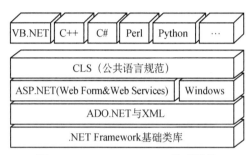

图 2-3　.NET Framework 体系结构

在多数场合下，可以将 ASP.NET 页面简单地看成一般的 HTML 页面，页面包含标记有特殊处理方式的一些代码段。当安装.NET 时，本地的 IIS Web 服务器自动配置成查找扩展名为.ASPx 的文件，且用 ASP.NET 模块（名为 ASPnet_isapi.dll 的文件）处理这些文件。

从技术上讲，ASP.NET 模块分析 ASPX 文件的内容，并将文件内容分解成单独的命令以建立代码的整体结构。完成此工作后，ASP.NET 模块将各命令放置到预定义的类定义中（不需要放在一起，也不需要按编写顺序放置）。然后使用这个类定义一个特殊的 ASP.NET 对象 Page。该对象要完成的任务之一就是生成 HTML 流，这些 HTML 流可以返回到 IIS，再从 IIS 返回到客户。简言之，在用户请求 IIS 服务器提供一个页面时，IIS 服务器就根据页面上的文本、HTML 和代码（这是最重要的）建立该页面。

2.　ASP.NET 的优势

由此可见，ASP.NET 是一种建立在通用语言上的程序架构，能被用于一台 Web 服务器来建立强大的 Web 应用程序。与使用先前的 Web 技术相比，用 ASP.NET 来创建可伸缩、安全而又稳定的应用程序会变得更快、更容易。ASP.NET 提供了如下强大的优势。

（1）更好的性能，有较高的执行效率。

（2）语言特性：可使用符合 CLS 的任意一种语言。

（3）易于开发，开发速度极快。

（4）有强大的 IDE 支持。

（5）配置简单，易于扩展。

（6）更加安全。

任务实施与测试

2021 年 11 月 8 日，微软官方推出最新的集成开发环境 Visual Studio 2022，它为开发人员提供了许多新的功能和改进，让编程变得更加高效、便捷和有趣。相比以往的版本，主要有以下 5 个新特性。

1. 64 位的 Visual Studio 2022

Visual Studio 2022 是微软推出的第一个 64 位版本的 Visual Studio，这意味着它可以利用更多的内存和处理器资源，打开、编辑、运行和调试更大和更复杂的解决方案，程序员无须担心内存不足或卡顿的体验。

2. 热重载

热重载可以让程序员在应用程序运行时修改代码，并立即看到效果，无须重新启动或手动恢复状态。

3. InteliCode

InteliCode 是 Visual Studio 2022 中一个智能化的代码完成工具，它可以根据代码上下文、变量名、函数和类型来提供最合适的建议。

4. Git 工具

Visual Studio 2022 中对 Git 工具进行了大幅改进，提高了性能和用户体验。程序员可以在一个 Visual Studio 实例中管理多个 Git 存储库，并在解决方案资源管理器中轻松切换；也可以在代码编辑器中暂存文件中的单行或区块更改，并在不同的提交中拆分它们。此外，Visual Studio 2022 还集成了 GitHub Copilot 功能，它是一个基于人工智能的编程助手，可以根据输入的注释或测试用例来生成代码。

5. UI 改进

Visual Studio 2022 对 UI 进行了一系列改进，使其更加现代化、美观和易用。例如，新增了深色主题和专注模式，减少视觉干扰和眼睛疲劳；更新了图标、颜色对比度和字体，提高了可读性和辨识度；支持与 Windows 主题同步功能等。Visual Studio 2022 目前分为 3 个版本，分别是社区版、专业版和企业版，其中企业版的功能最全，但专业版和企业版需要付费使用，而社区版对学生、开源贡献者和个人免费，所以对于学习者来说社区版是个不错的选择，下面以社区版为例讲解下载与安装过程。

（1）进入 Visual Studio 官网，选择 Visual Studio 2022 社区版进行下载，如图 2-4 所示。

（2）双击"VisualStudioSetup.exe"安装程序，弹出如图 2-5 所示的窗口。

（3）单击【继续(O)】按钮出现如图 2-6 所示的窗口，此时计算机需要处于联网状态，否则安装程序下载不成功。

（4）下载完毕后出现如图 2-7 所示的窗口，可以根据自己的需求勾选需要安装的应用，本书选择"ASP.NET 和 Web 开发"，同时可以在"安装详细信息"栏中勾选可选组件，如果需更改安装位置则单击"位置"选项中的"更改"链接进行更改，设置完成后单击【安装(I)】按钮。

图 2-4　安装程序下载页面

图 2-5　安装程序窗口（一）

图 2-6　安装程序窗口（二）

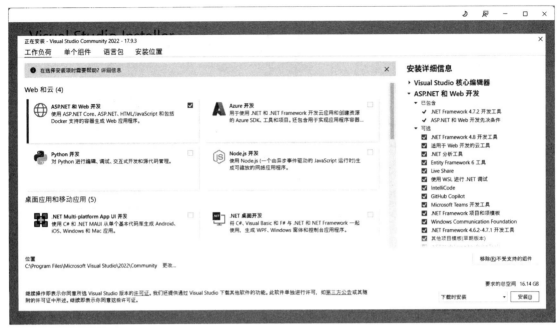

图 2-7　安装程序窗口（三）

（5）接下来等待下载相应的程序包并安装（注意下载过程有可能因为网络原因导致部分组件下载失败，所以要尽量保持网络正常），如图 2-8 所示。

图 2-8　安装程序窗口（四）

（6）当下载完所有组件后会自动安装，安装完毕弹出如图 2-9 所示的窗口，单击【确定(O)】按钮关闭弹出窗口，此时再关闭安装界面或单击安装界面上的【启动(L)】按钮启动 Visual Studio 2022。

图 2-9　安装程序窗口（五）

任务拓展

（1）自行安装 Visual Studio 2022 和 SQL Server 2019 数据库。
（2）总结安装心得。

任务 2.2　创建图书馆管理系统欢迎页面

任务描述

本任务通过介绍 Visual Studio 2022 的文件及窗口，让读者掌握 Visual Studio 2022 建站的方法，同时让读者学会创建第一个 ASP.NET 网站。

知识准备

2.2.1　Visual Studio 2022 的文件及窗口

在安装完成后，即可以进行.NET 应用程序的开发。Visual Studio 2022 中包括【工具箱窗口】、【解决方案资源管理器】窗口、【属性】窗口等，可从【视图】菜单中进行选择。

在 ASP.NET 网站创建的 Web 站点中，包括一些特殊的文件夹，这些文件夹都具有特殊功能，不允许在应用程序中随意创建同名文件夹，也不允许在这些文件夹中添加无关文件，表

2-1 中列出了每个文件夹的类型及描述。

表 2-1 文件夹类型及描述

文件夹	文件类型	描述
App_Browsers	.browser	包含用于标识个别浏览器，并确定其功能的浏览器定义文件
App_Code	.cs,.vb,.xsd	自定义的文件类型。当对应用程序发出首次请求时，ASP.NET将编译该文件夹中的代码，该文件夹中的代码在应用程序中自动地被引用
App_Data	.mdb，.mdf，.xml	包含应用程序的数据文件
App_GlobalResources	.resx，.resources	包含在本地化应用程序中以编程方式使用的资源文件
App_LocalResources	.resx，.resources	包含与应用程序中的特定页、用户控件或母版页相关联的资源
App_Themes 主题	.skin，.css	包含用于定义 ASP.NET 网页和控件外观的文件集合
App_WebReferences	.wsdl	包含用于生成代理类的wsdl文件，以及与在应用程序中使用Web服务器相关的其他文件
Bin	.dll	包含要在应用程序中引用的控件、组件或其他代码的已编译程序集

任务实施与测试

下面使用 Visual Studio 2022 来创建图书馆管理系统的网站，制作首页的欢迎信息。

1. 创建"图书馆管理系统"项目开发欢迎页面

初次启动 Visual Studio 2022 会出现如图 2-10 所示的【登录 Visual Studio】对话框，可以单击"暂时跳过此项"，有兴趣的话也可以单击【创建账户】去注册一个账户后登录。

图 2-10 【登录 Visual Studio】对话框

接下来出现【个性化 Visual Studio 体验】设置界面，如图 2-11 所示，主要有【开发设

置】和【选择您的颜色主题】，【开发设置】默认为"常规"，本书选择"Web 开发"，
【选择您的颜色主题】使用默认的"深色"，单击【启动 Visual Studio】按钮即可进入常规
使用界面，如图 2-12 所示。

图 2-11　【个性化 Visual Studio 体验】设置界面

图 2-12　Visual Studio 常规使用界面

在图 2-12 中单击【创建新项目(N)】，进入【添加新项目】界面，如图 2-13 所示。在右
侧已安装的模板列表中选择【ASP.NET Web 应用程序(.NET Framework)】，单击【下一步(N)】
按钮。

图 2-13　【添加新项目】界面

　　　进入【配置新项目】界面，如图 2-14 所示。将【项目名称(J)】设置为"Web"，【位置 (L)】设置为"D:\图书馆管理系统"，单击【创建(C)】按钮进入【创建新的 ASP.NET Web 应用程序】界面，如图 2-15 所示，选择【Web Forms】选项，最后单击【创建】按钮即进入该 Web 网站的默认界面，如图 2-16 所示。

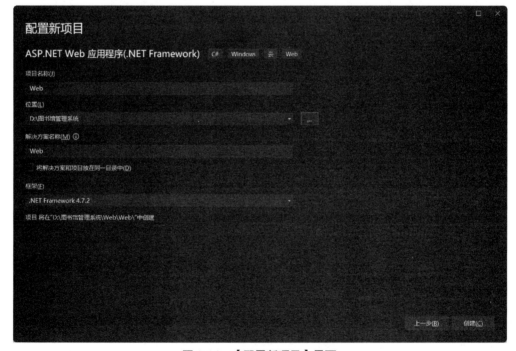

图 2-14　【配置新项目】界面

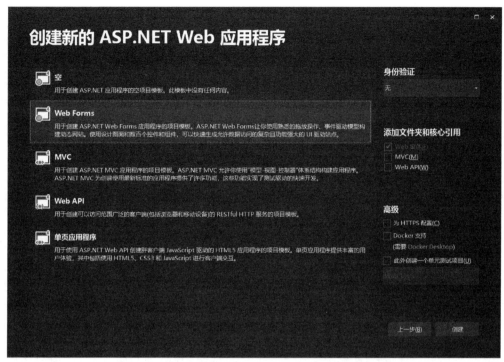

图 2-15　【创建新的 ASP.NET Web 应用程序】界面

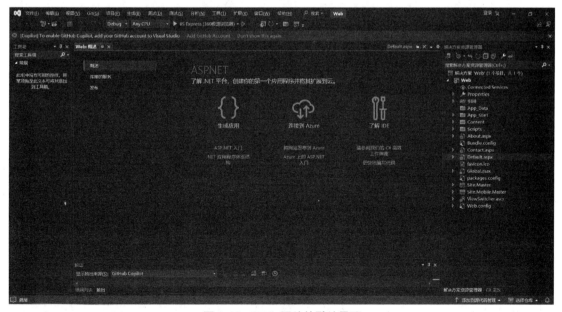

图 2-16　Web 网站的默认界面

2. 制作欢迎页面

在"解决方案资源管理器"窗口中找到"Web"并在其上面单击右键，在弹出的右键菜单中选择【添加(D)】|【新建项(W)...】，弹出如图 2-17 所示的窗口，选择"Web 窗体"，将【名称】设置为"index.aspx"。单击【添加(A)】按钮，打开 index.aspx 页面代码编写界面如图 2-18 所示。

图 2-17 【添加新项-Web】窗口

图 2-18 index.aspx 页面代码编写界面

在新页面 index.aspx 中编写如下代码：

```
<html xmlns="http://www.w3.org/1999/xhtml">
<head runat="server">
```

```
        <title>图书馆管理系统首页</title>
</head>
<body>
    <form id="form1" runat="server">
    <div>
    <h1>欢迎来到图书馆管理系统</h1>
    </div>
    </form>
</body>
</html>
```

然后在工具栏中单击【开始执行】按钮或按快捷键"Ctrl+F5"或在 index.aspx 代码空白处单击右键，在弹出的右键菜单中选择【在浏览器中查看】命令，如图 2-19 所示，最终网页运行结果如图 2-20 所示。

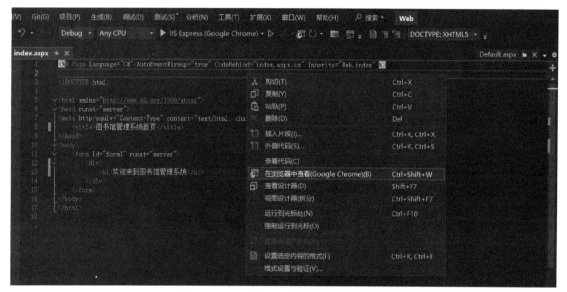

图 2-19　【在浏览器中查看】命令

图 2-20　网页运行结果

项目重现

完成网上购物系统的欢迎页面

1. 项目目标

完成本项目后，读者能够完成网上购物系统的欢迎页面。

2. 知识目标

完成本项目后，读者应该：

- 掌握 ASP.NET 的基础知识及工作原理。
- 掌握 Visual Studio 2022 的安装及使用的方法。
- 掌握搭建项目开发环境的方法。

3. 项目介绍

网上购物系统欢迎页面的制作。

4. 项目内容

制作网上购物系统欢迎页面。

项目 3　图书馆管理系统数据库设计

数据库设计是动态网站开发和建设中的核心，其设计不可能一蹴而就，而只能是一种"反复探寻，逐步求精"的过程。ASP.NET 支持多种数据库系统，如 SQL Server、MySQL 和 Oracle 等。本项目主要讲解如何设计图书馆管理系统的数据库及如何使用 SQL Server 数据库完成数据库的制作。

知识目标

● 数据库设计的方法。　　　　　　● SQL Server 的使用。

● E-R 的制作方法。

技能目标

● 会绘制图书馆管理系统 E-R 图。

● 会将 E-R 图转化为数据表。

● 会编写数据库设计报告。

● 会利用 SQL Server 创建图书馆管理系统数据库。

素质目标

● 培养团队精神和协作能力。　　　　● 培养良好文档撰写习惯。

为了能够使图书馆管理系统构造出最优的数据库模式，建立数据库及其应用系统，使之能够有效地存储数据，满足各种用户的应用需求，开发人员需要根据系统的需求分析进行数据库设计，最终撰写出数据库设计报告。本项目将按照需求分析、概念设计、逻辑设计、物理设计、数据库实施、数据库运行与维护六个步骤来介绍数据库设计流程，让读者掌握如何进行系统的数据库设计，如何操作数据库及数据表。

为图书馆管理系统设计数据库及使用 SQL Server 数据库完成数据库及表的制作。

任务 3.1　完成图书馆管理系统 E-R 图

任务描述

经过反复的需求调研后，我们得到了一个准确的用户需求和系统的总体设计，接下来就需要根据需求及总体设计对图书馆管理系统进行数据库设计。要完成数据库设计，就要根据总体设计图将现实生活表示为概念模型。E-R（实体-属性-关系）图是有效的方法。本任务完成图书馆管理系统 E-R 图的设计。

知识准备

3.1.1　E-R 图概念

数据模型是现实世界中数据特征的抽象。数据模型应该满足三个方面的要求：

（1）能够比较真实地模拟现实世界。

（2）容易为人所理解。

（3）便于计算机实现。

概念数据模型也称为信息模型，它以实体-联系（Entity-RelationShip，E-R）理论为基础，并对这一理论进行了扩充。它从用户的观点出发对信息进行建模，主要用于数据库的概念及设计。通常人们先将现实世界抽象为概念世界，然后再将概念世界转化为机器世界。换句话说，就是先将现实世界中的客观对象抽象为实体（Entity）和联系（Relationship），它并不依赖于具体的计算机系统或某个 DBMS 系统。

概念数据模型，用矩形表示实体型，在矩形框内写明实体名；用椭圆表示实体的属性，并用无向边将其与相应的实体型连接起来；用菱形表示实体型之间的联系，在菱形框内写明联系名，并用无向边分别与有关实体型连接起来，同时在无向边旁标上联系的类型（1:1、1:N 或 M:N）。E-R 图是数据库应用系统设计人员和普通非计算机专业用户进行数据建模和沟通与交流的有力工具，使用起来非常直观易懂。

3.1.2　实体

实体（Entity），也称为实例，对应现实世界中可区别于其他对象的"事件"或"事物"。例如，学校中的每个学生，医院中的每台手术，图书馆中的每本图书等都是实体。

实体集（Entity Set）是具有相同类型及相同性质实体的集合。例如，图书馆所有图书的集合可定义为"图书"实体集，"图书"实体集中的每个实体均具有图书编号、图书名称、出版日期、作者、出版社、单价等性质。

实体类型（Entity Type）是实体集中每个实体所具有的共同性质的集合，例如，"图书"实体类型为：图书｛图书编号、图书名称、出版日期、作者、出版社、单价……｝。实体是实体类型的一个实例，在含义明确的情况下，实体、实体类型通常互换使用。

实体值（Entity Value）符合实体类型定义，它是对一个实体的具体描述。例如，假设图书的实体类型用图书编号、图书名称、出版日期、作者、出版社、单价定义，则"2019006、PHP 网站开发实战项目式教程、2019-06-01、朱珍、电子工业出版社、43"就是该实体类型的一个实体值，它描述的是一个具体的图书信息。

在 E-R 图中实体一般用矩形框表示，矩形框内写明实体的名称，例如，表示一本图书的实体，如图 3-1 所示。

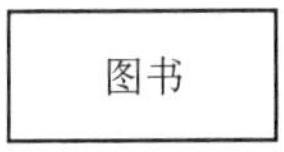

图书

图 3-1　图书实体的表示

3.1.3　属性

实体所具有的某一特性都可以称为一个属性（Attribute），一个实体可由若干个属性组成，如描述"图书"这个实体需要使用图书编号、图书名称、出版日期、作者、出版社、单价等属性。在 E-R 图中一般用椭圆形表示属性，并用无向边将其与相应的实体连接起来。例如，给如图 3-1 所示的"图书"实体加上图书编号、图书名称、出版日期、作者、出版社、单价 6 个属性，如图 3-2 所示。

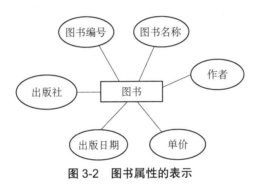

图 3-2　图书属性的表示

3.1.4　联系

联系（Relationship）是指实体之间的相互关系，它通常表示一种活动，如一次选课、一次借书、一场比赛、一张订单等都是联系。

在一次选课中涉及学生、课程、教师之间的关系，即某个学生选择某个教师所讲的某门课程，这就涉及三个实体之间的关系。

在一次借书中涉及读者和图书之间的关系，即某个读者何时借阅了某本图书。若考虑到一个读者可能借阅多本图书，这就是一个实体对多个实体的联系。按照一个实体型中的实体个数与另一个实体型中的实体个数的对应关系，可分为一对一关系、一对多关系、多对多关系这三种类型，即 1:1、1:N 和 $M:N$。在 E-R 图中关系用菱形框表示，菱形框内写明关系名，并用无向边分别与有关实体连接起来，同时在无向边旁标上关系的类型。

（1）一对一（1:1）：是指对于实体集 A 与实体集 B，A 中的每一个实体至多与 B 中一个实体有关系；反之，在实体集 B 中的每个实体至多与实体集 A 中的一个实体有关系。例如，学校里一个教师只能作为一个班的班主任，一个班只能有一个班主任，则班级与班主任之间具有一对一关系，用图形表示如图 3-3 所示。

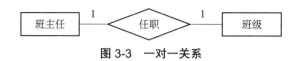

图 3-3　一对一关系

（2）一对多（1:N）：是指实体集 A 与实体集 B 中至少有 N（N>0）个实体有关系；并且实体集 B 中的每一个实体至多与实体集 A 中的一个实体有关系。例如，"图书"实体和"图书类别"实体之间的关系，每本图书只能属于一种图书类别，一种图书类别拥有多本图书，用图形表示如图 3-4 所示。

图 3-4　一对多关系

（3）多对多（M:N）：是指实体集 A 中的每一个实体与实体集 B 中至少 M（M>0）个实体有关系，并且实体集 B 中的每一个实体与实体集 A 中的至少 N（N>0）个实体有关系。例如，"图书"实体和"读者"实体之间的关系，一个读者可以借阅多本图书，每本图书也可以被多个读者借阅，用图形表示如图 3-5 所示。

图 3-5　多对多关系

任务实施与测试

下面绘制图书馆管理系统数据结构图——E-R 图。本系统分析主要涉及图书、读者、图书管理员等多个实体。下面分别绘制每个实体属性图并在最后绘制一个整体的 E-R 图。

（1）图书实体。如图 3-6 所示为图书实体-属性表示。

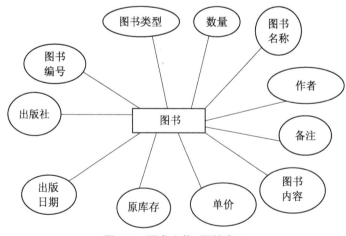

图 3-6　图书实体–属性表示

（2）读者实体。如图 3-7 所示为读者实体-属性表示。

（3）除图书、读者实体外，还有读者类型实体、图书类型实体、书架实体、班级实体、系部实体，分别制作实体-属性图。

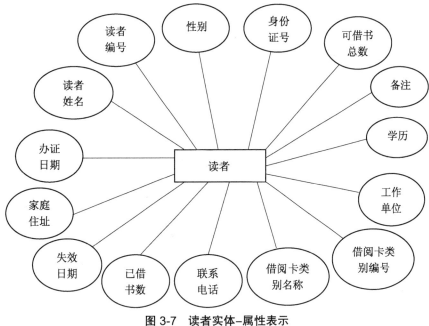

图 3-7　读者实体–属性表示

（4）图书馆管理系统 E-R 图。

图书和读者之间的关系是多对多的关系，1 本图书可以被多个读者借阅，1 个读者可以借阅多本图书。

图书管理员和图书之间的关系是 1 对多的关系，1 个图书管理员可以管理多本图书，同时，1 本图书只能被 1 个图书管理员管理。

图书管理员和读者之间的关系是 1 对多的关系，1 个图书管理员可以管理多个读者，同时，1 个读者只能被 1 个图书管理员管理。

图书与读者之间的实体-属性-关系图如图 3-8 所示。

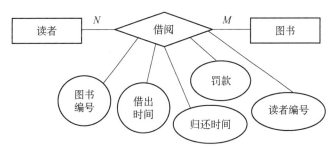

图 3-8　图书与读者之间的实体–属性–关系图

任务拓展

（1）找出图书馆管理系统中各个实体及属性。

（2）完善图书馆管理系统的 E-R 图。

任务 3.2　系统数据库设计

任务描述

根据需求分析，完成图书馆管理系统的数据库设计。本任务通过介绍数据库及数据库设计的相关知识，带领读者逐步完成图书馆管理系统的数据库设计，让读者掌握数据库设计的步骤，并且读者能根据实际需求独立设计出数据库，在 SQL Server 中实现数据库的创建。

知识准备

3.2.1　数据库设计的定义

数据库设计（Database Design）是指根据用户的需求，在某一具体的数据库管理系统上，设计数据库的结构和建立数据库的过程。数据库系统需要操作系统的支持。

数据库设计是建立数据库及其应用系统的技术，是信息系统开发和建设中的核心技术。由于数据库应用系统的复杂性，为了支持相关程序运行，数据库设计就变得异常复杂，因此最佳设计不可能一蹴而就，它是一个规划和结构化数据库中的数据对象以及这些数据对象之间关系的过程。

从使用者角度看，信息系统是提供信息、辅助人们对环境进行控制和进行决策的系统。一个信息系统的各个部分能否紧密地结合在一起以及如何结合，关键在于数据库。因此，数据库是信息系统的核心和基础。

3.2.2　数据库设计的内容

数据库设计包括数据库的结构设计和行为设计两方面的内容。

1. 数据库的结构设计

数据库的结构设计是指根据给定的应用环境，进行数据库的模式或子模式的设计。它包括数据库的概念设计、逻辑设计和物理设计。数据库模式是静态的、稳定的，所以结构设计又称为静态模型设计。

2. 数据库的行为设计

数据库的行为设计是指确定数据库用户的行为和动作。在数据库系统中，用户的行为和动作指用户对数据库的操作，而这要通过应用程序来实现，所以行为设计就是应用程序的设计。行为设计是动态的，所以行为设计又称为动态模型设计。

数据库设计应该和应用系统的设计相结合，也就是说整个设计过程中要把结构设计和行为设计紧密结合起来，如图 3-9 所示。

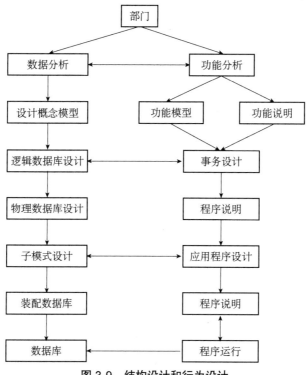

图 3-9 结构设计和行为设计

3.2.3 数据库设计的基本步骤

在数据库设计之前，需要选定参加设计的人员，主要包括：数据库设计人员、系统分析员、用户和数据库管理员及程序员。

数据库设计一般分为六个阶段：需求分析、概念结构设计、逻辑结构设计、物理结构设计、数据库实施、数据库运行和维护。

1. 需求分析

需求分析要对数据库系统的使用情况进行全面、详细的调查，充分了解原系统（手工系统或计算机系统）的工作概况，明确用户的各种需求，并把这些需求写成用户和数据库设计者都能接受的文档，作为数据库设计的依据。需求分析是设计数据库的起点。

2. 概念结构设计

将需求分析得到的用户需求通过对其中诸内容的分类、聚集和概括，建立抽象的概念数据模型。这个概念模型应反映现实世界各部门的信息结构、信息流动情况、信息间的互相制约关系以及各部门对信息储存、查询和加工的要求等。概念结构设计是整个数据库设计的关键。它的任务是将需求分析的结果进行概念化抽象，获得系统的实体——（E-R 图）联系模型。

在概念结构设计阶段，用户可以参与和评价数据库的设计，从而有利于保证数据库的设计与用户的需求相吻合。

3. 逻辑结构设计

逻辑结构设计的任务是把概念结构设计阶段设计好的基本 E-R 图转换为与选用 DBMS 产

品所支持的数据模型相符合的逻辑结构，并对其进行优化。逻辑结构设计中，与概念结构设计中涉及的 4 个数据描述术语：实体、实体集、属性和实体标识符相对应的 4 个数据描述的术语分别为记录、文件、字段和关键值。逻辑结构设计一般分为三步。

（1）从 E-R 图向关系模式转化：数据库的逻辑结构设计主要是将概念模型转换成一般的关系模式，也就是将 E-R 图中的实体、实体的属性和实体之间的关系转化为关系模式。

● 一个实体型转换为一个关系模式。例如，图书实体可以转换为如下关系模式：图书（图书编号、图书名称、出版日期、作者、出版社、单价）。

● 一个 $M:N$ 关系转换为一个关系模式。例如，"借阅"关系是一个 $M:N$ 关系，可以将它转换为如下关系模式，其中读者编号与图书编号为关系的组合键：借阅（读者编号，图书编号，借阅时间）。

● 一个 1:1 关系可以转换为一个独立的关系模式，也可以与任意一端对应的关系模式合并。例如，班主任"管理"班级关系为 1:1 关系，可以转换为如下关系模式：教师（职工号，姓名，性别，职称，班级号）。

● 一个 1:N 关系可以转换为一个独立的关系模式，也可以与 N 端对应的关系模式合并。例如，"图书管理"关系为 1:N 关系，可以将它转换为如下关系模式：图书管理员（管理员编号，姓名，出生日期，身份证号，……，图书编号）。

（2）数据模型的优化：数据库逻辑结构设计的结果不是唯一的。为了进一步提高数据库应用系统的性能，还应该适当修改数据模型的结构，提高查询的速度。

（3）关系视图设计：关系视图设计又称为外模式设计，也称为用户模式设计，是用户可直接访问的数据模式。同一系统中，不同用户可有不同的关系视图。关系视图来自逻辑模式，但在结构和形式上可能不同于逻辑模式，所以它不是逻辑模式的简单子集。

例如，图书关系模式中包括图书编号、图书名称、出版日期、作者、出版社、单价、图书类别、数量、原库存等属性。

借阅管理应用只能查询图书的图书编号、图书名称、出版日期、作者、出版社数据；图书管理应用能查询图书的全部数据。

可以定义一个外模式：图书_借阅管理（图书编号、图书名称、出版日期、作者、出版社）。

授权借阅管理应用只能访问图书_借阅管理视图；授权图书管理应用能访问图书表。

4. 物理结构设计

数据库的物理结构设计以逻辑结构设计的结果作为输入，结合具体 DBMS 的特点与存储设备特性进行设计，对于给定的逻辑数据模型，选取一个最适合应用环境的物理结构。

数据库的物理结构设计分为两个部分，首先是确定数据库的物理结构，在关系数据库中主要指数据的存取方法和存储结构。其次是对所设计的物理结构进行评价，评价的重点是系统的时间和空间效率。如果评价结果满足原设计要求，则可以进入数据库实施阶段，否则，需要重新设计或修改物理结构，有时甚至要返回到逻辑结构设计阶段修改数据模型。

5. 数据库实施

在进行概念结构设计和物理结构设计之后，设计者对目标系统的结构、功能已经分析得较为清楚了，但这还只是停留在文档阶段。数据系统设计的根本目的，是为用户提供一个能够实际运行的系统，并保证该系统的稳定和高效。要做到这点，还需要数据库的实施、运行和维护。

　　数据库的实施主要是根据逻辑结构设计和物理结构设计的结果，在计算机系统上建立实际的数据库结构、导入数据并进行程序的调试。它相当于软件工程中的代码编写和程序调试的阶段。

　　具体来讲，数据库实施阶段需要完成如下工作：

　　（1）建立实际数据库结构。

　　用具体的 DBMS 提供的数据定义语言（DDL），把数据库的逻辑结构设计和物理结构设计的结果转化为程序语句，然后经 DBMS 编译处理和运行后，实际的数据库便建立起来了。目前很多 DBMS 系统除提供传统的命令行方式外，还提供数据库结构的图形化定义方式，极大地提高了工作的效率。

　　（2）试运行。

　　当有部分数据装入数据库以后，就可以进入数据库的试运行阶段，数据库的试运行也称为联合调试。数据库的试运行对于系统设计的性能检测和评价十分重要，因为某些 DBMS 参数的最佳值只有在试运行中才能确定。

　　由于在数据库设计阶段，设计者对数据库的评价多是在简化了的环境条件下进行的，因此设计结果未必是最佳的。在试运行阶段，除对应用程序做进一步的测试外，重点执行对数据库的各种操作，实际测量系统的各种性能，检测是否达到设计要求。如果在数据库试运行时，所产生的实际结果不理想，则应回过头来修改物理结构，甚至修改逻辑结构。

　　（3）装入实际数据并建立实际的数据库。

　　此时的数据库系统就如同刚竣工的大楼，内部空空如也。要真正发挥它的作用，还必须装入各种实际的数据。

6. 数据库运行和维护

　　数据库系统投入正式运行，意味着数据库的设计与开发阶段的基本结束，运行与维护阶段的开始。数据库的运行与维护是一项长期的工作，是数据库设计工作的延续和提高。

　　在数据库运行阶段，完成对数据库的日常维护，工作人员需要掌握 DBMS 的存储、控制和数据恢复等基本操作，而且要经常性地涉及物理数据库甚至逻辑数据库的再设计，因此数据库的维护工作仍然需要具有丰富经验的专业技术人员（主要是数据库管理员）来完成。

　　数据库的运行和维护阶段的主要工作如下：

　　（1）对数据库性能的监测、分析和改善。

　　（2）数据库的转储和恢复。

　　（3）维持数据库的安全性和完整性。

　　（4）数据库的重组和重构。设计一个完善的数据库应用系统往往是上述六个阶段的不断反复的过程。

任务实施与测试

　　下面按照设计步骤分析图书馆管理系统的数据库。

1. 需求分析

经过前期的可行性分析和初步需求调查，图书馆管理系统由读者管理信息子系统、图书

管理信息子系统、图书借阅管理子系统等组成。

其中进一步对图书管理信息子系统进行需求调查，明确该子系统的主要功能是对图书进行增加、删除、修改和查询的管理。通过详细的信息流程分析和数据收集后，生成了该子系统的数据流图，如图 3-10 所示。

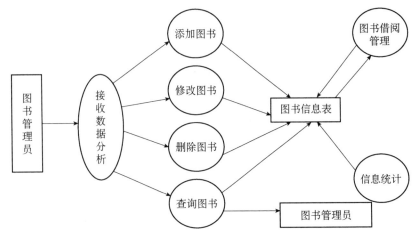

图 3-10　图书管理信息子系统数据流图

通过对上述数据流图进一步分析，得到图书管理信息子系统的数据字典如下："图书编号"数据项如表 3-1 所示。

表 3-1　"图书编号"数据项

名称	内容
数据项	图书编号
含义说明	唯一标识每本图书
别名	图书 ID
类型	字符型
长度	6
取值范围	A00-00 至 Z00-00
取值含义	前两位标明该图书所在图书类别

"图书"数据结构如表 3-2 所示。

表 3-2　"图书"数据结构

名称	内容
数据结构	图书
含义说明	图书管理信息子系统的主体数据结构，定义了一本图书的有关信息
组成	图书编号、书名、类别、作者、价格、出版社、借出数量、剩余数量、书号

"图书添加结果"数据流如表 3-3 所示。

表 3-3　"图书添加结果"数据流

名称	内容
数据流	添加图书
含义说明	将新增图书添加到图书信息中
续数据流来源	接收的图书信息
数据流去向	图书信息表
组成	图书编号、书名、类别、作者、价格、出版社、借出数量、剩余数量、书号

"图书信息表"数据存储如表 3-4 所示。

表 3-4　"图书信息表"数据存储

名称	内容
数据存储	图书信息表
含义说明	记录图书的基本情况
流入数据流	图书信息管理
流出数据流	图书借阅管理
组成	图书编号、书名、类别、作者、价格、出版社、借出数量、剩余数量、书号

"添加图书"处理过程如表 3-5 所示。

表 3-5　"添加图书"处理过程

名称	内容
处理过程	添加图书
含义说明	将所有新书信息添加到图书信息表
输入	图书、类别
输出	图书查询、图书借阅
处理	新书购买后，将新书信息添加到图书信息表中

2. 概念结构设计

以图书管理信息子系统为例，根据其需求分析，可以得到对应的 E-R 图。

3. 逻辑结构设计

例如，借阅关系。

（1）属性：读者编号、图书编号、借出日期、归还日期、应罚款总额。

（2）主键：读者编号、图书编号。

4. 物理结构设计

建立索引：为提高在表中搜索元组的速度，在实际应用中应该创建各表的索引项。

（1）读者信息（读者图书证号）。

（2）图书信息（图书编号）。

（3）图书管理员—图书（管理员编号，图书编号）。

（4）图书管理员（管理员编号）。

（5）借阅信息（读者图书证号，图书编号）。

5. 数据库实施

根据前面的分析，系统设计共有 9 张表。

（1）管理员表：用于存储网站管理员的相关信息，如表 3-6 所示。

表 3-6　管理员表

表名	Admin（管理员表）			
列名	数据类型	允许 null 值	主键/索引	中文备注
UserName	nvarchar(20)	否	主键	管理员姓名
UserPassword	nvarchar(20)			账号密码
IsAdmin	bit			是否管理员

（2）书架表：用于存储书架的相关信息，如表 3-7 所示。

表 3-7　书架表

表名	BookAddress（书架表）			
列名	数据类型	允许 null 值	主键/索引	中文备注
BookAddressID	nvarchar（5）	否	主键	书架编号
BookAddressName	nvarchar(50)	否		书架位置

（3）图书类型表：用于存储图书类型的相关信息，如表 3-8 所示。

表 3-8　图书类型表

表名	BookType（图书种类表）			
列名	数据类型	允许 null 值	主键/索引	中文备注
BookTypeID	nvarchar(20)	否	主键	图书种类编号
BookTypeName	nvarchar(50)	否		图书种类名称
BookAddressID	nvarchar（5）		外键	书架编号

（4）图书表：用于存储图书的相关信息，如表 3-9 所示。

表 3-9　图书表

表名	Book（图书表）			
列名	数据类型	允许 null 值	主键/索引	中文备注
BookID	nvarchar(20)	否	主键	图书编号
BookName	nvarchar(20)	否		图书名称

续表

表名	Book（图书表）			
列名	数据类型	允许 null 值	主键/索引	中文备注
BookTypeID	nvarchar(20)	否	外键	图书种类编号
Press	nvarchar(50)	否		图书内容
Author	varchar(50)	否		作者
Price	money	否		单价
LendNum	int	否		借出数量
BookSum	int	否		图书数量
BookIsbn	nvarchar(20)			ISBN 码

（5）借书表：用于存储读者借阅书籍的相关信息，如表 3-10 所示。

表 3-10　借书表

表名	BookBorrow（借书表）			
列名	数据类型	允许 null 值	主键/索引	中文备注
BookID	nvarchar(20)	否	组合主键	图书编号
BorrowTime	datetime	否		借出时间
ReturnTime	datetime			归还时间
ReaderID	nvarchar(20)	否	组合主键	读者编号
IsReturn	int			是否已归还
BookFines	money			罚款

（6）班级表：用于存储读者班级的信息，如表 3-11 所示。

表 3-11　班级表

表名	Class（班级表）			
列名	数据类型	允许 null 值	主键/索引	中文备注
ClassNo	nvarchar(10)	否	主键	班级编号
ClassName	nvarchar(30)	否		班级名称
DepartNo	nvarchar(10)	否	外键	系部编号

（7）系部表：用于存储读者部门的相关信息，如表 3-12 所示。

表 3-12　系部表

表名	Department（系部表）			
列名	数据类型	允许 null 值	主键/索引	中文备注
DepatrNo	nvarchar(10)	否	主键	系部编号
DepatrName	nvarchar(30)	否		系部名称

（8）读者类型表：用于存储图书的相关信息，如表 3-13 所示。

表 3-13　读者类型表

表名	ReadType（读者种类表）			
列名	数据类型	允许 null 值	主键/索引	中文备注
ReaderTypeID	int	否	主键	读者种类编号
ReaderTypeName	nvarchar(20)	否		读者种类名称
BorrowNum	int	否		最多借书数量
BorrowDay	int	否		最长借出时间

（9）读者表：用于存储读者的相关信息，如表 3-14 所示。

表 3-14　读者表

表名	Reader（读者表）			
列名	数据类型	允许 null 值	主键/索引	中文备注
ReaderID	int	否	主键	读者编号
ReaderName	nvarchar(20)	否		读者姓名
Rsex	nvarchar(3)	否		读者性别
ReaderTypeID	int	否	外键	读者种类编号
LibraryCard	nvarchar(20)	否		图书证号
Phone	nvarchar(20)	否		读者电话
Email	nvarchar(50)			读者邮箱
DepatrNo	nvarchar(10)		外键	系部编号
ClassNo	nvarchar(10)		外键	班级编号

6. 在 SQL Server 2019 中创建数据库及表

在 SQL Server 2019 中创建 library 数据库，并完成各个表的设计，内容如下。

（1）系统共设计 9 张表，如图 3-11 所示。

（2）图书管理员表，如图 3-12 所示。

图 3-11　数据库总表

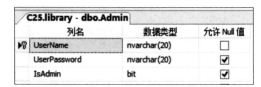

图 3-12　图书管理员表

（3）图书信息表，如图 3-13 所示。

（4）图书地址表，如图 3-14 所示。

C25.library - dbo.Book		
列名	数据类型	允许 Null 值
▶🔑 BookID	nvarchar(20)	☐
BookName	nvarchar(20)	☐
BookTypeID	nvarchar(20)	☐
Press	nvarchar(50)	☑
Author	nvarchar(50)	☐
Price	money	☐
LendNum	int	☐
BookSum	int	☐
BookIsbn	nvarchar(20)	☑

图 3-13　图书信息表

C25.library - dbo.BookAddress		
列名	数据类型	允许 Null 值
▶🔑 BookAddressID	nvarchar(5)	☐
BookAddressName	nvarchar(50)	☐

图 3-14　图书地址表

（5）借阅信息表，如图 3-15 所示。

（6）图书类别表，如图 3-16 所示。

C25.library - dbo.BookBorrow		
列名	数据类型	允许 Null 值
▶🔑 BookID	nvarchar(20)	☐
BorrowTime	datetime	☐
ReturnTime	datetime	☑
🔑 ReaderID	int	☐
IsReturn	int	☑
BookFines	money	☑

图 3-15　借阅信息表

C25.library - dbo.BookType		
列名	数据类型	允许 Null 值
▶🔑 BookTypeID	nvarchar(20)	☐
BookTypeName	nvarchar(50)	☐
BookAddressID	nvarchar(5)	☑

图 3-16　图书类别表

（7）班级表，如图 3-17 所示。

（8）部门表，如图 3-18 所示。

C25.library - dbo.Class		
列名	数据类型	允许 Null 值
▶🔑 ClassNo	nvarchar(10)	☐
ClassName	nvarchar(30)	☐
DepartNo	nvarchar(10)	☐

图 3-17　班级表

C25.library - dbo.Department		
列名	数据类型	允许 Null 值
▶🔑 DepartNo	nvarchar(10)	☐
DepartName	nvarchar(30)	☐

图 3-18　部门表

（9）读者信息表，如图 3-19 所示。

（10）读者类别表，如图 3-20 所示。

C25.library - dbo.Reader		
列名	数据类型	允许 Null 值
▶🔑 ReaderID	int	☐
ReaderName	nvarchar(20)	☐
Rsex	nvarchar(3)	☐
ReaderTypeID	int	☐
Phone	nvarchar(20)	☐
Email	nvarchar(50)	☑
DepartNo	nvarchar(10)	☑
ClassNo	nvarchar(10)	☑

图 3-19　读者信息表

C25.library - dbo.ReaderType		
列名	数据类型	允许 Null 值
▶🔑 ReaderTypeID	int	☐
ReaderTypeName	nvarchar(20)	☐
BorrowNum	int	☐
BorrowDay	int	☐

图 3-20　读者类别表

7. 数据库运行和维护

对数据库进行转储和恢复，对数据库的安全性、完整性进行控制。对数据库性能的监督、分析和改进，以及数据库的重组织和重构造，并完成对数据库的日常维护。

任务拓展

根据数据库设计步骤，进一步完善图书馆管理系统的数据库设计。

任务 3.3　编写图书馆管理系统数据库设计报告

任务描述

本任务是撰写图书馆管理系统数据库设计报告，并掌握相关方法。通过前面的图书馆管理系统数据库设计，已基本完成数据分析工作，接下来需要将设计的结果汇总，撰写数据库设计报告。

知识准备

3.3.1　数据库设计报告简介

撰写数据库设计报告主要是为了更详尽地介绍本产品，让用户明确产品的功能和用途以及应用的范围，其中包括数据库运行需要的环境、表以及列的细则等，使得产品的应用者对本产品在工作中可发挥的作用有更深入的了解。

数据库设计报告对数据库管理和维护来说很重要。报告首先要把数据库的设计初衷和最终需要实现的效果说明清楚，还要说明数据库设计的 6 个步骤：需求分析、概念结构设计、逻辑结构设计、物理结构设计、数据库实施以及数据库运行和维护。

任务实施与测试

图书馆管理系统数据库设计报告如下。

1. 引言

本文以高校图书馆管理系统开发过程为背景，全文分为引言、需求分析阶段、概要结构设计阶段、逻辑结构设计阶段、物理结构设计阶段，数据库实施阶段以及系统调试和测试等全过程。在程序设计与调试上采用了自上而下、逐步细化、逐步完善的原则。采用结构化的功能模块设计系统功能,可读性好,易于扩充,基本功能全面,系统易于维护、更新,安全性好。

2. 需求分析阶段

2.1　需求分析阶段的目标与任务

1)处理对象

读者信息:读者编号、姓名、性别、学号、学院、专业、年级、类型、类别编号、办证日期。

管理员信息:管理员编号、姓名、性别、权限、登录口令、住址、电话。

......

2)处理功能及要求

● 能够存储一定数量的图书信息,并方便有效地进行相应的书籍数据操作和管理。

● 能够对一定数量的读者、管理员进行相应的信息存储与管理。

● 能够提供一定的安全机制,提供数据信息授权访问,防止随意删改、查询等操作。

● 对查询、统计的结果能够列表显示。

3)安全性和完整性要求

2.2　需求分析阶段成果

从读者角度考虑的业务流程图,如图 3-21 所示。

......

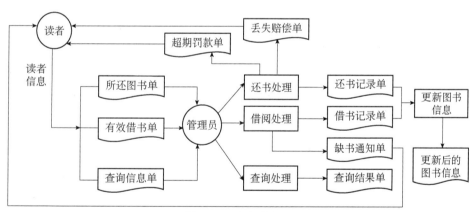

图 3-21　业务流程图

3. 概念结构设计阶段

3.1　任务与目标

主要任务是对读者信息、管理员信息、图书资料信息、借阅信息、归还图书信息、罚款信息等基本信息的操作及处理。

概念结构设计阶段主要是将需求分析阶段得到的用户需求抽象为信息结构(概念模型)的过程,它是整个数据库设计的关键。

3.2　阶段结果

(1)根据不同的对象,分别画出各分 E-R 图,如图 3-22 所示为某一分 E-R 图。

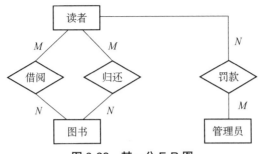

图 3-22　某一分 E-R 图

4. 逻辑结构设计阶段

4.1　逻辑结构设计的任务和目标

上述概念结构设计阶段独立于任何一种数据模型，但是逻辑结构设计阶段就与选用的 DBMS 产品存在某种关系。系统逻辑结构设计的任务就是将概念结构设计阶段设计好的基本 E-R 图转换为与选用 DBMS 产品所支持的数据模型相符合的逻辑结构。具体内容包括数据组织（将 E-R 图转换成关系模型、模型优化、数据库模式定义、用户子模式设计）、数据处理（画出系统功能模块图）两大任务。

4.2　数据组织

1）将 E-R 图转换为关系模型

图书：借阅信息。

2）模型优化

关系模式（Book、Reader、Room、ReaderType、Maneger）不存在非主属性对主属性的部分函数依赖，也不存在传递函数依赖，已经达到了 3NF，但是借阅关系模式、借阅历史关系模式、罚款关系模式（Borrow、History、Fine）中存在着一些数据冗余。现将三个关系模型进行合并，消除冗余，优化为如下内容。借阅信息：Borrow (BookID,ReaderID,BookName, BookWriter,O utdate,Indate,YHdate,Fine,CLStaer,MID)。

3）数据库模式定义

图书信息表如表 3-15 所示。

表 3-15　图书信息表

列名	数据类型	可否为空	说明
BookID	nvarchar(20)	not null	图书编号
BookName	nvarchar(20)	not null	图书名称
BookTypeID	nvarchar(20)	not null	图书种类编号
Press	nvarchar(50)	not null	图书内容
Author	varchar(50)		作者
Price	money		单价

续表

列名	数据类型	可否为空	说明
LendNum	int		借出数量
BookSum	int		图书数量
BookIsbn	nvarchar(20)		ISBN 码

4）用户子模式定义

用户子模式定义如表 3-16 所示。

表 3-16　用户子模式定义

编号	用户子模式（View）	作用（共性：提供数据保密和安全保护机制）
V－1	BookView	便于查询和修改图书的基本信息
V－2	ReaderView	方便读者基本信息的查询、更新
V－3	HistoryView	便于借阅历史信息的查询
V－4	BorrowView	用于当前借阅信息的查询
V－5	FineView	便于查询罚款信息

4.3　数据处理

系统功能模块图，见项目 1【任务实施与测试】中的图 1-2、图 1-3。

5. 物理结构设计阶段

5.1　物理结构设计阶段的目标与任务

数据库的物理结构设计就是为逻辑数据模型选取一个最适合应用要求的物理结构的过程，在这个阶段中要完成如下两大任务：

（1）确定数据库的物理结构，在关系数据库中主要是确定存取方法和存储结构。

（2）对物理结构进行评价，评价的重点是时间和空间效率。

5.2　数据存储方面

为数据库中各基本表建立的索引。

6. 数据库实施阶段

6.1　建立数据库、数据表、视图、索引

1）建立数据库

```
create database Book;
```

2）建立数据表

图书基本信息表的建立如下：

```
create table Book(
 BookID    nvarchar(20) primary key,
 BookName nvarchar(20) not null,
 BookTypeID    nvarchar(20) not null,
```

```
Press       nvarchar(50) not null,
Author      varchar(50) not null,
Price       money,
LendNum int,
BookSum int,
BookIsbn nvarchar(20),
foreign key(BookTypeID) references BookType(BookTypeID),
)
...
```

3）建立视图

用于查询图书基本信息的视图如下：

```
create view V_Book
AS
Select bookname, Author from book
```

4）建立索引

```
create clustered index BookName on Book(BookName)
...
```

　　系统包括图书基本信息管理、读者基本信息管理、管理员信息管理、借阅信息管理、查询信息管理五大功能模块，共有 9 张基本表，采用事先在 Excel 中输入数据，然后使用 SQL Server 2019 数据导入/导出向导功能，直接将数据导入到相应的基本表中。

　　6.2　创建各个功能的存储过程

7.　系统调试和测试

　　对该图书馆管理系统进行测试，验证每个功能是否符合要求，具体的测试如下：

（1）通过视图查看各个基本表和视图中的数据。

（2）检测各个存储过程的功能。

项目重现

完成网上购物系统的数据库设计

1.　项目目标

完成本项目后，读者能够：

● 进行项目数据库设计。

● 撰写项目数据库设计报告。

2.　相关知识

完成本项目后，读者应该熟悉：

● 绘制项目 E-R 图。

● 数据库设计流程。

● 数据库设计报告撰写要点。

3. 项目介绍

数据库在 Web 应用中占有非常重要的地位。无论是什么样的应用，其最根本的功能就是对数据的操作和使用。软件项目开发之前首先要进行数据库设计，良好的数据库设计能够节省数据的存储空间、保证数据的完整性、方便进行数据库应用系统的开发。

4. 项目内容

网上购物系统可以实现用户注册到购买商品的全部流程，并且在后台管理中有对商品、商品类型、用户、公告信息、留言信息的添加和管理功能，对于提交的订单可以进行审核操作和发货管理。因此，根据系统的需求，需要设计相应的数据库表，才能实现对数据的存储和使用。

（1）根据需求分析结果绘制系统 E-R 图。

（2）撰写网上购物系统的数据库设计报告。

项目 4　实现规章制度管理模块

学习目标

每个 Web 应用程序开始实现时，一般最先做的工作就是页面布局。在系统设计中，采用母版页、框架、导航等技术来提供统一的页面风格和界面外观，可以达到比较好的效果。

通过本项目的学习，使读者理解母版页和内容页的创建，掌握 Menu 控件、站点地图及 Iframe 的使用方法。

知识目标

● 掌握母版页的使用方法。　　　　　　● 掌握站点地图的使用方法。
● 掌握 Menu 控件的使用方法。　　　　● 掌握 Iframe 的使用方法。

技能目标

● 能创建母版页与内容页。
● 能运用 Menu 控件和 TreeView 控件创建导航菜单。
● 能运用 Iframe 创建图书馆管理系统项目的规章制度页面。

素质目标

● 培养精益求精的工匠精神。
● 培养代码规范化，标准化的编写习惯。

项目背景

一个网站应有统一的外观，本项目的主要内容是设计图书馆管理系统项目的统一外观，使得各页面的头部和底部具有共同的内容。

项目成果

本项目是图书馆外观布局的实现，主要分为图书馆管理系统导航菜单的建立、图书馆管理系统母版页创建、实现图书馆管理系统规章制度页面三个任务。

任务 4.1　图书馆管理系统导航菜单的建立

任务描述

为图书馆管理系统创建导航菜单，方便实现网站导航。

知识准备

4.1.1　导航控件概述

在以往的 ASP 编程中，虽然能实现很多网页的界面效果，但对于树状结构图、导航菜单等效果实现时仍然比较复杂，而且用户需要熟练掌握脚本语言。与 Windows 窗体应用程序开发不同的是，在 ASP.NET 中为实现这些功能提供了 TreeView、Menu 等控件，这样就简化了很多复杂功能的实现。

4.1.2　站点地图

站点地图文件是用来描述站点逻辑结构的 XML 文件，该文件必须保存在 Web 应用程序的根目录下才起作用，站点地图文件的扩展名为.sitemap。在"Web"网站上单击右键，在弹出的右键菜单中选择【添加(D)】|【新建项(W)...】，弹出如图 4-1 所示的窗口，选择【站点地图】，然后单击【添加(A)】按钮即可创建站点地图文件。

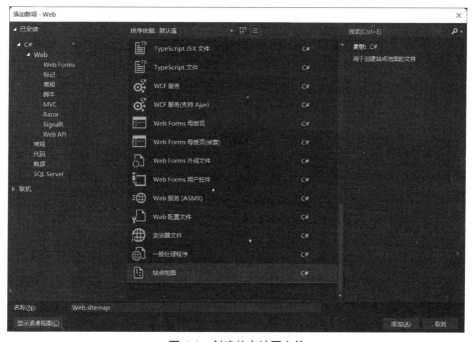

图 4-1　创建站点地图文件

生成的站点地图文件代码如下：

```xml
<?xml version="1.0" encoding="utf-8" ?>
<siteMap xmlns="http://schemas.microsoft.com/AspNet/SiteMap-File-1.0" >
    <siteMapNode url="" title="" description="">
        <siteMapNode url="" title="" description="" />
        <siteMapNode url="" title="" description="" />
    </siteMapNode>
</siteMa
```

</siteMapNode>元素的常见属性如表 4-1 所示。

表 4-1　<siteMapNode>元素的常见属性

属性	说明
title	title 属性提供链接的文本描述。这里使用的 String 值是用于链接的文本
description	description 属性不仅说明该链接的作用，而且还用于链接上的 ToolTip 属性。ToolTip 属性用于设置或返回当鼠标悬浮在一个控件上时所显示的文本
url	url 属性描述了文件在解决方案中的位置。如果文件在根目录下，就使用文件名。如果文件位于子文件夹下，就在这个属性的 String 值中包含该文件夹

修改站点地图代码如下：

```xml
<?xml version="1.0" encoding="utf-8" ?>
<siteMap xmlns="http://schemas.microsoft.com/AspNet/SiteMap-File-1.0" >
 <siteMapNode url="~/index.aspx" title="Asp.net 网站开发技术" description="">
 <siteMapNode url="~/C1" title="网站规划与设计" description="">
        <siteMapNode url="~/C11" title="子任务一" description="" />
        <siteMapNode url="~/C12" title="子任务二" description="" />
    </siteMapNode>
 <siteMapNode url="~/C2" title="开发环境搭建" description="">
  <siteMapNode url="~/C21" title="子任务一" description="" />
  <siteMapNode url="~/C22" title="子任务二" description="" />
 </siteMapNode>
 </siteMapNode>
</siteMap>
```

4.1.3　Menu 控件

用户单击菜单项时，Menu 控件可以导航到所链接的网页或直接回发到服务器。如果设置了菜单项的 NavigateUrl 属性，则 Menu 控件导航到所链接的页；否则，该控件将页回发到服务器进行处理。默认情况下，链接页与 Menu 控件显示在同一窗口或框架中。若要在另一个窗口或框架中显示链接内容，可使用 Menu 控件的 Target 属性。Menu 控件的常用属性如表 4-2所示。

表 4-2　Menu 控件的常用属性

属性	说明
ImageUrl	菜单项的图像链接地址
NavigateUrl	当菜单被选中时，所链接的具体页面
PopoutImageurl	当菜单有子级时显示的图像链接地址
Selectable	选项为 True 时，可以对菜单选项进行选择，否则只能选择其子菜单项
Selected	菜单项的选择状态
SeparatorImageUrl	菜单分隔符的图像链接，一般用直线来分隔
SelectedItem	当前菜单项，即选中的菜单项
SelectedValue	被单击的菜单项值
Target	链接页面的打开目标：blank 在新窗口中打开、self 在同一窗口中打开、top 在整页窗口中打开、parent 在父窗口中打开
Text	菜单项显示的文本
Value	菜单项的值
Items	菜单项
OnMenuItemClick	菜单被单击后触发的事件
Orientation	菜单呈现方式，Vertical 为垂直显示，Horizontal 为水平显示
DisappearAfter	弹出菜单消失前的时间，单位为毫秒

Menu 控件显示两种类型的菜单：静态菜单和动态菜单。静态菜单始终显示在 Menu 控件中。默认情况下，根级（级别 0）菜单项显示在静态菜单中。通过设置 StaticDisplayLevels 属性，可以在静态菜单中显示更多菜单级别（静态子菜单）。级别高于 StaticDisplayLevels 属性所指定的值的菜单项（如果有）显示在动态菜单中。仅当用户将鼠标指针置于包含动态子菜单的父菜单项上时，才会显示动态菜单。一定的持续时间之后，动态菜单自动消失。使用 DisappearAfter 属性指定持续时间。还可以通过设置 MaximumDynamicDisplayLevels 属性，限制动态菜单的显示级别数。高于指定值的菜单级别则被丢弃。

Menu 控件由菜单项（由 MenuItem 对象表示）树组成。顶级（级别 0）菜单项称为根菜单项。具有父菜单项的菜单项称为子菜单项。所有根菜单项都存储在 Items 集合中。子菜单项存储在父菜单项的 ChildItems 集合中。每个菜单项都具有 Text 属性和 Value 属性。Text 属性的值显示在 Menu 控件中，而 Value 属性则用于存储菜单项的任何其他数据（如传递给与菜单项关联的回发事件的数据）。在单击时，菜单项可导航到 NavigateUrl 属性指示的另一个网页。

1. 静态数据

最简单的 Menu 控件数据模型即是静态菜单项。若要使用声明性语法显示静态菜单项，可首先在 Menu 控件的开始和结束标记之间嵌套开始和结束标记<Items>。然后，通过在开始和结束标记<Items>之间嵌套<asp:MenuItem>元素，创建菜单结构。每个<asp:MenuItem>元素都表示控件中的一个菜单项，并映射到一个 MenuItem 对象。通过设置菜单项的<asp:MenuItem>元素的特性，可以设置其属性。若要创建子菜单项，可在父菜单项的开始和结束标记<asp:MenuItem>之间嵌套更多<asp:MenuItem>元素。

2．绑定到数据

Menu 控件可以使用任意分层数据源控件，如 XmlDataSource 控件或 SiteMapDataSource 控件。若要绑定到分层数据源控件，可将 Menu 控件的 DataSourceID 属性设置为数据源控件的 ID 值。Menu 控件自动绑定到指定的数据源控件。这是绑定到数据的首选方法。

在绑定到数据源时，如果数据源的每个数据项都包含多个属性（例如具有多个特性的 XML 元素），则菜单项默认显示数据项的 ToString 方法返回的值。对于 XML 元素，菜单项显示其元素名称，这样可显示菜单树的基础结构，但除此之外并无用处。通过使用 DataBindings 集合指定菜单项绑定，可以将菜单项绑定到特定数据项属性。DataBindings 集合包含 MenuItemBinding 对象，这些对象定义数据项和它所绑定到的菜单项之间的关系，可以指定绑定条件和要显示在节点中的数据项属性。有关菜单项绑定的更多信息，可参见 MenuItemBinding。

不能通过将 Text 或 TextField 属性设置为空字符串("")在 Menu 控件中创建空节点。将这些属性设置为空字符串相当于未设置这些属性。在这种情况下，Menu 控件将使用 DataSource 属性创建默认绑定。

【案例 4-1】Menu 菜单演示。

（1）在 "Web" 网站上单击右键，在弹出的右键菜单中选择【添加(D)】|【新建项(W)...】，弹出【添加新项】窗口，在已安装模板的列表中选择【Web 窗体】，将窗体的【名称(N)】设置为 "MenuShow.aspx"，单击【添加(A)】按钮即可创建该网页，将网页切换为 "设计" 视图，添加工具箱中的 Menu 控件至网页，设置其【Orientation】属性为【Horizontal】，如图 4-2 所示。

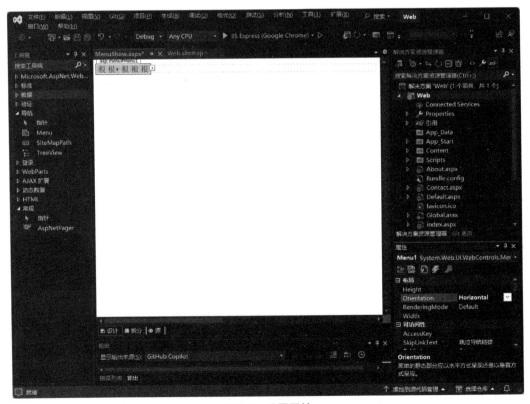

图 4-2　设置属性

（2）选中 Menu1 控件，单击其右上角的智能标记"＞"，弹出【Menu 任务】对话框，在【选择数据源：】中选择"＜新建数据源…＞"，如图 4-3 所示。

（3）在弹出的【数据源配置向导】对话框中选择【站点地图】，单击【确定】按钮，如图 4-4 所示。

（4）运行程序，进行鼠标滑动，则显示如图 4-5 所示的界面。

图 4-3　选择数据源

图 4-4　选择【站点地图】

图 4-5　显示界面

4.1.4　TreeView 控件

TreeView 控件可按树状结构来显示分层数据，例如目录或文件目录。使用它可以创建一个树状结构图，以便让用户能够在节点的各层次中进行导航。例如，可以创建一个代表产品分类和信息的 TreeView 控件，当用户单击树中显示的一个节点时，就会导航至相应的类别。

TreeView 控件有着非常好的自适应能力，既支持高版本浏览器，也支持低版本浏览器。当使用 IE 5.5 或者更高版本请求包含 TreeView 控件的页面时，控件将会使用 DHTML 规范。当其他浏览器请求时，控件将会显示标准的 HTML 内容。TreeView 控件的属性如表 4-3 所示。

表 4-3　TreeView 控件的属性

属性	说明
DataBindings	树中节点的数据绑定
DataSourceID	将被用作数据源控件的 ID
EnableTheming	指示控件是否可以有主题
ExpandDepth	数据绑定时，设定树展开的级别
ExpandImageUrl	节点展开图像的 URL
LeafNodeStyle	叶节点的样式
LevelStyles	在 TreeView 中每个级别应用的树样式
LineImageFolder	包含 TreeView 线条图像的相对文件夹
Nodes	设置树节点
NodeStyle	应用于所有节点的样式
ParentNodeStyle	应用于父节点的样式
RootNodeStyle	应用于根节点的样式
SelecteNodeStyle	应用于选定节点的样式
ShowCheckBoxes	是否显示复选框
ShowExpandCollapse	是否显示展开/折叠图标
ShowLines	是否显示树节点连接线

【案例 4-2】TreeView 控件演示。

（1）在"Web"网站上添加【Web 窗体】，将窗体的【名称(N)】设置为"TreeViewShow.aspx"，将网页切换为"设计"视图，添加工具箱中的 TreeView 控件至网页，选中 TreeView1 控件，单击其右上角的智能标记">"，弹出【TreeView 任务】对话框，在【选择数据源:】中选择"<新建数据源...>"，如图 4-6 所示。

（2）在弹出的【数据源配置向导】对话框中选择【站点地图】，单击【确定】按钮，如图 4-7 所示。

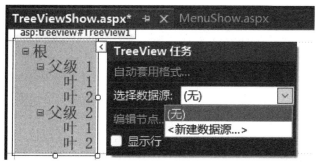

图 4-6　选择【新建数据源】

图 4-7　选择【站点地图】

（3）运行网页结果如图 4-8 所示。

图 4-8　运行结果

注意：也可以不用站点地图来设置 TreeView，选中 TreeView1 控件，在弹出的【TreeView 任务】的【编辑节点】出现【TreeView 节点编辑器】时即可对树节点进行增、删、改操作，如图 4-9 所示，读者可自行练习。

图 4-9　对树节点进行增、删、改操作

4.1.5　SiteMapPath 控件

SiteMapPath 会显示一个导航路径（也称为当前位置或者页眉导航），此路径为用户显示当前页的位置，并显示返回到主页的路径链接。此控件提供了许多可供自定义链接的外观的选项。SiteMapPath 控件包含来自站点地图的导航数据。此数据包括有关网站中的页的信息，如 URL、标题、说明和导航层次结构中的位置。若将导航数据存储在一个地方，则可以更方便地在网站的导航菜单中添加和删除项。

使用 SiteMapPath 控件无须代码和绑定数据就能创建站点导航。此控件可自动读取和呈现站点地图信息。SiteMapPath 控件允许用户向后导航，即从当前页导航到站点层次结构中更高层的页。但是，SiteMapPath 控件不允许向前导航，即从当前页导航到站点层次结构中较低层的页。例如，可以在新闻组或者留言板应用程序中使用 SiteMapPath 控件，以允许用户查看当前浏览的文章的路径。

SiteMapPath 控件的常用属性如表 4-4 所示。

表 4-4　SiteMapPath 控件的常用属性

属性	说明
pathDirection	设置路径显示的方向，RootToCurrent 根节点到当前节点，CurrentToRoot 当前节点到根节点，默认为 RootToCurrent
PathSeparator	设置路径分隔符的外观

续表

属性	说明
RenderCurrentNodeAsLink	设置当前节点是否显示为超链接
ParenLevelsDisplayed	设置父节点的数目，默认为−1，表示不限制显示数目
PathSeparatorstyle	应用于路径分隔符样式
Rootnoodestyle	应用于根节点的样式
Nodestyle	应用于导航节点的样式
currentNodestyle	应用于当前节点的样式

【案例 4–3】SiteMapPath 控件演示。

（1）在"Web"网站上添加【Web 窗体】，将窗体的【名称(N)】设置为"C1.aspx"，将网页切换为"设计"视图，添加工具箱中的 SiteMapPath 控件至网页，如图 4-10 所示。

图 4-10　添加 SiteMapPath 控件

注意： 没有在站点地图中的页面添加 SiteMapPath 控件将会显示如图 4-11 所示的界面。

图 4-11　显示界面

（2）运行程序结果如图 4-12 所示，可以清晰地看到当前页可以导航到站点层次结构中更高层的页。

图 4-12　运行结果

任务实施与测试

下面来实现图书馆管理系统导航功能。

（1）启动 Viusual Studio 2022，单击【创建新项目(N)】，在已安装模板的列表中选择【ASP.NET 空网站】，单击【下一步(N)】，出现【配置新项目】界面，将【项目名称(J)】设置为"Library"，【位置】设置为"D:\图书馆管理系统"，并将【解决方案名称(M)】设置为"LibrarySln"，最后单击【创建(C)】按钮完成新网站的建立，如图 4-13 所示。

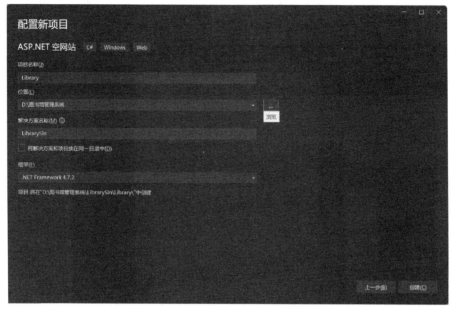

图 4-13　【配置新项目】界面

（2）在【Library】网站上单击鼠标右键，在弹出的右键菜单中选择【新建文件夹(D)】，并将新生成的文件夹命名为"image"，如图 4-14 所示。

图 4-14　命令新文件夹

（3）右键单击【image】文件夹，在弹出的右键菜单中选择【添加(D)】|【现有项(G)...】命令，如图 4-15 所示。

图 4-15   【现有项】命令

（3）在弹出的【添加现有项】对话框中，选择所要添加的图片（此处选择网站所需的全部图片），然后单击【添加(A)】按钮，如图 4-16 所示，图片添加成功。

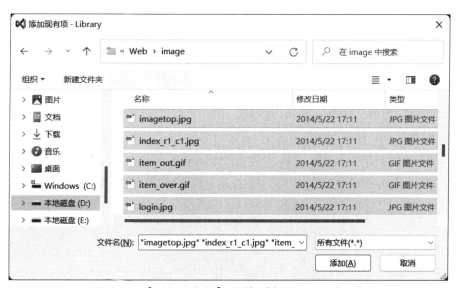

图 4-16   【添加现有项】对话框选择所要添加的图片

（4）在【Library】网站上单击鼠标右键，在弹出的右键菜单中选择【添加(D)】|【添加新项(W)...】命令，在【添加新项】界面的已安装模板的列表中选择【Web 用户控件】，将【名称(N)】设置为 "UserTop.ascx"，如图 4-17 所示，然后单击【添加(A)】按钮。

（5）将【UserTop.ascx】页面切换到 "设计" 视图，选择菜单【表(A)】，在弹出的菜单中选择【插入表格(T)】，弹出【插入表格】对话框，设置为 2 行 1 列，单击【确定】按钮，如图 4-18 所示。

图 4-17 输入文件名

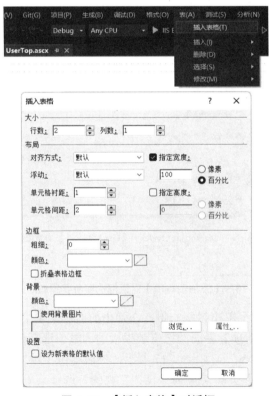

图 4-18 【插入表格】对话框

（6）在表格第一行拖入一个【Image】控件，选中该控件，如图 4-19 所示；在属性窗口中单击【ImageUrl】属性右侧【...】按钮，弹出【选择图像】对话框，如图 4-20 所示，选择所需要的图片。

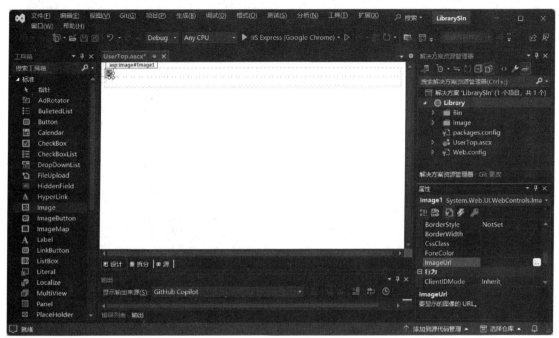

图 4-19　选择【Image】控件

图 4-20　【选择图像】对话框

（7）选中表格第二行，在属性窗口中选择【style】属性，如图 4-21 所示，单击【style】属性右侧的【...】按钮，弹出【修改样式】对话框，将【类别】|【背景】中的【background-color】

设置为 "lime"，单击【确定】按钮，如图 4-22 所示。

图 4-21   选择【Style】属性

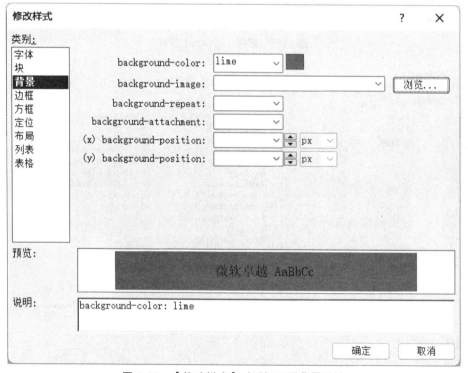

图 4-22   【修改样式】对话框设置背景属性

（8）在表格第二行中添加一个 Menu 控件，设置其【Orientation】属性值为【Horizontal】，单击该控件右上角的智能标记 ">"，弹出【Menu 任务】对话框，选择【编辑菜单项...】，弹出【菜单项编辑器】对话框，如图 4-23 所示。

图 4-23   【菜单项编辑器】对话框

（9）在【菜单项编辑器】对话框中添加【首页】、【馆藏图书查询】、【借阅图书查询】、【规章制度】、【在线聊天】、【后台管理】，并设置【首页】的【NavigateUrl】属性为【~/Default.aspx】和相应的【Text】属性，如图 4-24 所示。

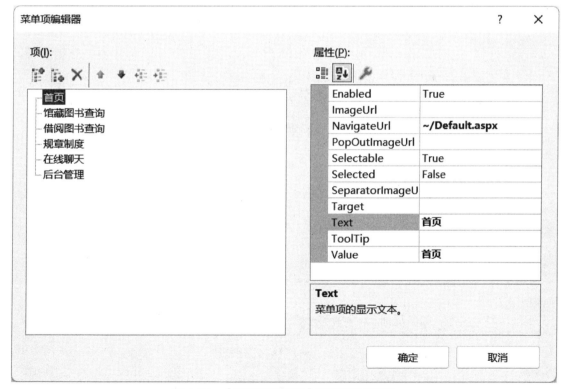

图 4-24   【菜单项编辑器】对话框设置属性

添加成功后代码如下：

```
<%@ Control Language="C#" AutoEventWireup="true" CodeFile="UserTop.ascx.cs"
Inherits="UserTop" %>
<style type="text/css">
        .auto-style1 {
            width: 778px;
            margin:0 auto;
        }
</style>
<table class="auto-style1">
    <tr>
        <td>
            <asp:Image ID="Image1" runat="server" ImageUrl="~/image/imagetop.jpg" />
        </td>
    </tr>
    <tr>
        <td style="background-color: lime">
            <asp:Menu ID="Menu1" runat="server" Orientation="Horizontal">
                <Items>
                    <asp:MenuItem NavigateUrl="~/Default.aspx" Text="首页" Value=
"首页"></asp:MenuItem>
                    <asp:MenuItem NavigateUrl="~/Default.aspx" Text="馆藏图书查询"
Value="馆藏图书查询"></asp:MenuItem>
                    <asp:MenuItem NavigateUrl="~/Default.aspx" Text="借阅图书查询"
Value="借阅图书查询"></asp:MenuItem>
                    <asp:MenuItem NavigateUrl="~/Default.aspx" Text="规章制度"
Value="规章制度"></asp:MenuItem>
                    <asp:MenuItem NavigateUrl="~/Default.aspx" Text="在线聊天"
Value="在线聊天"></asp:MenuItem>
                    <asp:MenuItem NavigateUrl="~/Default.aspx" Text="后台管理"
Value="后台管理"></asp:MenuItem>
                </Items>
            </asp:Menu>
        </td>
    </tr>
</table>
```

注意： 等所有页面完成后，要修改为对应的页面，修改后的 Menu 部分的代码如下：

```
    <asp:Menu ID="Menu1" runat="server" Orientation="Horizontal">
                <Items>
    <asp:MenuItem NavigateUrl="~/index.aspx" Text="首页|   " Value=" 首 页 "></
asp:MenuItem>
    <asp:MenuItem Text="馆藏图书查询|" Value="图书查询" NavigateUrl="~/usersearch.
aspx"></asp:MenuItem>
    <asp:MenuItem NavigateUrl="~/userborrow.aspx" Text="借阅信息查询|" Value="借
阅信息查询"></asp:MenuItem>
```

```
   <asp:MenuItem NavigateUrl="~/Information.html" Text="规章制度|" Value="规章制
度">
   </asp:MenuItem>
   <asp:MenuItem NavigateUrl="~/liaotianshi.aspx" Text="在线聊天|" Value="聊天
室"></asp:MenuItem>
   <asp:MenuItem NavigateUrl="~/login.aspx" Text="后台管理" Value ="后台管理"></
asp:MenuItem>
                   </Items>
               </asp:Menu>
```

任务拓展

制作 Bottom.ascx 控件，其中包含一个一行一列的表格，表格中有一个 Image 控件。

任务 4.2　图书馆管理系统母版页创建

任务描述

图书馆管理系统项目运用母版页技术创建统一的用户功能界面和样式，网站具有统一的布局和风格，使用户在访问网站时有一致的用户体验。

知识准备

4.2.1　母版页概述

使用 ASP.NET 母版页可以为应用程序中的页创建一致的布局。单个母版页可以为应用程序中的所有页（或一组页）定义所需的外观和标准行为。然后可以创建包含要显示的内容的各个内容页。当用户请求内容页时，这些内容页与母版页合并以将母版页的布局与内容页的内容组合在一起输出。

1. 特点

母版页为开发人员提供了通过传统方式创建的功能，这些传统方式包括重复复制现有代码、文本和控件元素；使用框架集；对通用元素使用包含文件；使用 ASP.NET 用户控件等。母版页具有如下特点：

● 使用母版页可以集中处理页的通用功能，以便可以只在一个位置上进行更新。

● 使用母版页可以方便地创建一组控件和代码，并将结果应用于一组页。例如，可以在母版页上使用控件来创建一个应用于所有页的导航菜单。

● 通过允许控制占位符控件的呈现方式，母版页使用户可以在细节上控制最终页的布局。

● 母版页提供一个对象模型，使用该对象模型可以从各个内容页自定义母版页。

2．组成

母版页实际由两部分组成，即母版页本身与一个或多个内容页。单独的母版页不能
被用户访问。没有内容页的支持，母版页仅仅是一个页面模板，没有更多的实用价值。
同样道理，单独的内容页没有母版页的支持，也不能够应用。由此可见，母版页与内容
页关系密切，是不可分割的两部分。只有同时正确创建和使用母版页以及内容页，才能
发挥其强大功能。

4.2.2 创建母版页

在【解决方案资源管理器】中右键单击【Library】网站，在弹出的右键菜单中选择【添
加(D)】|【添加新项(W)...】，在弹出的【添加新项】对话框中选择【母版页】，最后单击
【添加(A)】按钮，默认情况下，新建的母版页面的名称是"MasterPage.master"，它位于站
点的根目录，如图 4-25 所示。

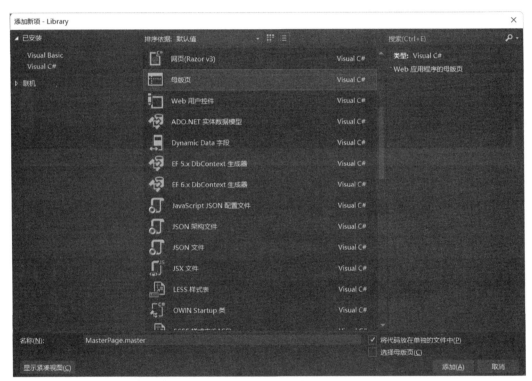

图 4-25 添加母版页

生成的母版页的代码如下：

```
<%@ Master Language="C#" AutoEventWireup="true"
CodeFile="MasterPage.master.cs" Inherits="MasterPage" %>
<!DOCTYPE html>
<html>
<head runat="server">
<meta http-equiv="Content-Type" content="text/html; charset=utf-8"/>
    <title></title>
    <asp:ContentPlaceHolder id="head" runat="server">
```

```
    </asp:ContentPlaceHolder>
</head>
<body>
    <form id="form1" runat="server">
    <div>
        <asp:ContentPlaceHolder id="ContentPlaceHolder1" runat="server">
        </asp:ContentPlaceHolder>
    </div>
    </form>
</body>
</html>
```

生成的母版页是扩展名为.master 的 ASP.NET 文件，它具有可以包括静态文本、HTML 元素和服务器控件的预定义布局。母版页代码和普通的.aspx 文件代码格式相近，最关键的不同是母版页由特殊的@ Master 指令识别，该指令替换了用于普通.aspx 页的@ Page 指令，格式如下：

```
<%@ Master Language="C#" AutoEventWireup="true"
CodeFile="MasterPage.master.cs" Inherits="MasterPage" %>
```

可以看出，其实母版页和普通的.aspx 页面非常类似，第一行指定了母版页的如下属性。
● Language：使用的编程语言。
● AutoEventWireup：用于指示是否自动连接事件处理程序，为 true 时，ASP.NET 框架会自动连接与页面的生命周期事件相关的事件处理程序。
● CodeFile：母版页的后台代码。
● Inherits：母版页对应的一个类。
母版页与普通的.aspx 文件代码格式并无太大区别。只是母版页中包含一个或多个 ContentPlaceHolder 控件，这个控件起到一个占位符的作用，能够在母版页中标识出某个区域，该区域可以被其他页面继承，用来放置其他页面自己的控件。

4.2.3　创建内容页

继承母版页的页面可以认为是内容页，内容页可声明 Content 控件，该控件用来重写母版页中的内容占位符部分。内容页的标记和控件只能包含在 Content 控件内。内容页不可以有自己的顶层容器，但可以有指令或者服务器端代码。

当创建内容页时，默认情况下设计器为母版页中定义的每个 ContentPlaceHolder 控件分别创建一个 Content 控件。可以将自定义内容添加到每个 Content 控件中或者将其显式转换为母版页中定义的默认内容。

通过创建内容页来定义母版页的占位符控件的内容，这些内容页为绑定到特定母版页的 ASP.NET 网页。内容页以母版页为基础，可以在内容页中添加网站中的每个网页的不同部分。对于页面的非公共部分，在母版页中使用一个或多个 ContentPlaceHolder 控件来占位，而具体内容则放在内容页中。通过包含指向要使用的母版页的 MasterPageFile 属性，在内容页的@ Page 指令中建立绑定。

创建内容页有两种方法：
（1）在所要继承的母版页的文件名上任意位置单击鼠标右键，在弹出的右键菜单中选择【添加内容页(N)】，如图 4-26 所示，就会出现默认的以 "Default+序号" 命名的内容页.aspx 文件。

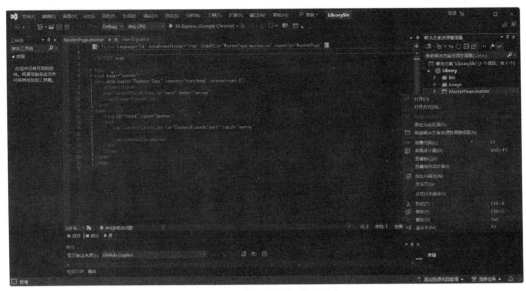

图 4-26　选择【添加内容页】

（2）在【解决方案资源管理器】中右键单击【Library】网站，在弹出的右键菜单中选择
【添加(D)】|【添加新项(W)...】，在弹出的【添加新项】对话框中选择【Web 窗体】，勾选【选
择母版页(C)】复选框，如图 4-27 所示；单击【添加(A)】按钮，然后在【选择母版页】对话
框中选择相应的母版页，最后单击【确定】按钮，如图 4-28 所示。

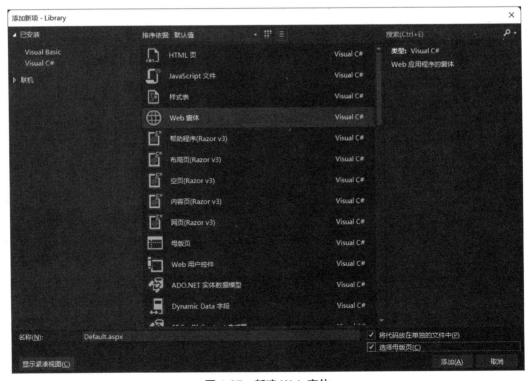

图 4-27　新建 Web 窗体

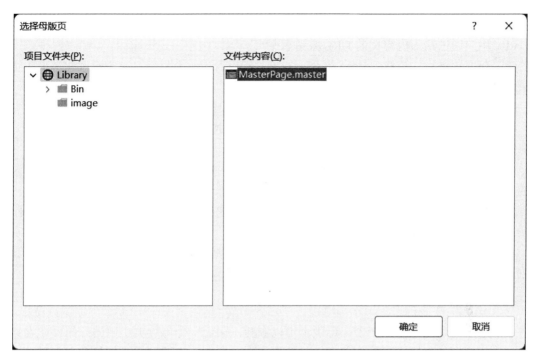

图 4-28 【选择母版页】对话框

生成的代码如下：

```
<%@ Page Title="" Language="C#" MasterPageFile="~/MasterPage.master"
AutoEventWireup="true" CodeFile="Default.aspx.cs" Inherits="_Default" %>

<asp:Content ID="Content1" ContentPlaceHolderID="head" Runat="Server">
</asp:Content>
<asp:Content       ID="Content2"       ContentPlaceHolderID="ContentPlaceHolder1"
Runat="Server">
</asp:Content>
```

创建 Content 控件后，向这些控件添加文本和控件。在内容页中，Content 控件外的任何内容（除服务器代码的脚本块外）都将导致错误。在 ASP.NET 页中所执行的所有任务都可以在内容页中执行。例如，可以使用服务器控件和数据库查询或其他动态机制来生成 Content 控件的内容。内容一定要遵循如下规则：

（1）设定 MasterPageFile 属性以指定所使用的母版页。

（2）不能有<html>、<head>、<body>和执行在服务器端的<form>标签，因为这些标签早已定义在母版中，内容页只能定义网页内容。

（3）为了对应到母版页的 ContentPlaceHolder 控件，在内容页中一定要添加 Content 控件。

（4）Content 控件的 ContentPlaceHolderID 一定要与母版页中 ContentPlaceHolder 控件的 ID 属性值对应，否则程序会出错。

在内容页中，通过添加 Content 控件并将这些控件映射到母版页上的 ContentPlaceHolder 控件来创建内容。例如，母版页可能包含名为 Main 和 Footer 的内容占位符。在内容页中，可以创建两个 Content 控件，一个映射到 ContentPlaceHolder 控件 Main，而另一个映射到 ContentPlaceHolder 控件 Footer，替换占位符内容。

在运行时，母版页按照如下步骤来处理。

（1）用户通过输入内容页的 URL 来请求某页。

（2）获取该页后，读取 @ Page 指令。如果该指令引用一个母版页，则也读取该母版页。如果这是第一次请求这两个页，则两个页都要进行编译。

（3）包含更新的内容的母版页会合并到内容页的控件树中。

（4）各个 Content 控件的内容会合并到母版页中相应的 ContentPlaceHolder 控件中。

（5）浏览器中呈现得到的合并页。

从用户的角度来看，合并的母版页和内容页是一个单独而离散的页。该页的 URL 是内容页的 URL。

从编程的角度来看，这两个页用作其各自控件的独立容器。内容页用作母版页的容器。但是，在内容页中可以从代码中引用公共母版页成员。

注意，母版页已成为内容页的一部分。实际上，母版页与用户控件的作用方式大致相同，作为内容页的一个子级并作为该页中的一个容器。

4.2.4 嵌套母版页

所谓嵌套，就是一个套一个，母版页可以嵌套，即让一个母版页引用另外的页作为其母版页。利用嵌套的母版页可以创建组件化的母版页。例如，大型站点可能包含一个用于定义站点外观的总体母版页。然后，不同的站点内容合作伙伴又可以定义各自的子母版页，这些子母版页引用站点母版页，并相应定义该合作伙伴的内容的外观。

与任何母版页一样，子母版页也包含文件扩展名.master。子母版页通常会包含一些内容控件，这些控件将映射到父母版页上的内容占位符。就这方面而言，子母版页的布局方式与所有内容页类似。但是，子母版页还有自己的内容占位符，可用于显示其子页提供的内容。

【案例 4-4】母版页的嵌套。

（1）在【Library】网站上添加主母版页 "MainMaster.master"，将其页面代码编写如下：

```
<%@ Master Language="C#" AutoEventWireup="true" CodeFile="MainMaster.master.cs"
Inherits="MainMaster" %>
<!DOCTYPE html>
<html>
<head runat="server">
<meta http-equiv="Content-Type" content="text/html; charset=utf-8"/>
    <title></title>
    <asp:ContentPlaceHolder id="head" runat="server">
    </asp:ContentPlaceHolder>
</head>
<body>
    <div>
        <p>这是主母版页</p>
        <asp:ContentPlaceHolder ID="MainContent" Runat="server">
        </asp:ContentPlaceHolder>
    </div>
</body>
</html>
```

切换主母版页 "MainMaster.master" 至 "设计" 视图，效果如图 4-30 所示。

图 4-30　主母版页

（2）以母版页"MainMaster.master"为母版，添加子母版页"SubMaster.master"，将其页面的代码编写如下：

```
<%@ Master Language="C#" MasterPageFile="~/MainMaster.master"
AutoEventWireup="true" CodeFile="SubMaster.master.cs" Inherits="SubMaster" %>

<asp:Content ID="Content1" ContentPlaceHolderID="head" Runat="Server">
</asp:Content>
<asp:Content ID="Content2" ContentPlaceHolderID="MainContent" Runat="Server">
    <p>这是子母版页</p>
      <asp:ContentPlaceHolder ID="MainContent" runat="server">
      </asp:ContentPlaceHolder>
</asp:Content>
```

切换子母版页"SubMaster.master"至"设计"视图，效果如图 4-31 所示。

图 4-31　嵌套子母版页

（3）以子母版页"SubMaster.master"为母版，添加内容页，将页面代码编写如下：

```
<%@ Page Title="" Language="C#" MasterPageFile="~/SubMaster.master"
AutoEventWireup="true" CodeFile="Default2.aspx.cs"
Inherits="Default2" %>

<%-- 在此处添加内容控件 --%>
<asp:Content ID="Content2" ContentPlaceHolderID="MainContent"
Runat="Server">
    <p>这是内容页</p>
</asp:Content>
```

最后运行内容页，运行结果如图 4-32 所示。

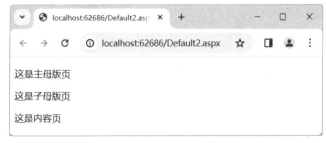

图 4-32　运行结果

4.2.5 访问母版页中的控件及相关属性

1. 使用 Page.Master 访问母版页控件的属性

在内容页上通过使用 Page.Master 获取母版页对象，再通过该母版页对象去访问母版页面控件的属性（注意：在母版页中需将控件的属性定义为公共属性，该属性可用于公开 Web 控件或用作代理）。

例如，在 "SubMaster.master" 母版页面上添加一个 ID 为 "LabelSubMaster" 的标签控件，"Text" 属性值设置为 "这是子母版页上的一个标签"，页面代码编写如下：

```
<%@ Master Language="C#" MasterPageFile="~/MainMaster.master"
AutoEventWireup="true" CodeFile="SubMaster.master.cs" Inherits="SubMaster" %>

<asp:Content ID="Content1" ContentPlaceHolderID="head" Runat="Server">
</asp:Content>
<asp:Content ID="Content2" ContentPlaceHolderID="MainContent" Runat="Server">
    <p>这是子母版页</p>
    <asp:Label ID="LabelSubMaster" runat="server" Text="这是子母版页上的一个标签
"></asp:Label>
     <asp:ContentPlaceHolder ID="MainContent" runat="server">
     </asp:ContentPlaceHolder>
</asp:Content>
```

在 "SubMaster.master.cs" 后台代码中，定义 "LabelSubMaster" 标签控件的 "Text" 属性为公共属性，代码如下：

```
public partial class SubMaster : System.Web.UI.MasterPage
{
    protected void Page_Load(object sender, EventArgs e)
    {

    }
    public string LabelSubMasterText
    {
        get
        {
            return LabelSubMaster.Text;
        }
        set
        {
            LabelSubMaster.Text = value;
        }
    }
}
```

再以 "SubMaster.master" 母版页面为母版，添加一个 "Default2.aspx" 的内容页，在内容页中添加一个 ID 为 "LabelTitle" 的标签控件。在页面加载事件中，让内容页的控件 LabelTitle 获取母版页标签控件 "LabelSubMaster" 中的 "Text" 属性值，代码如下：

```
public partial class Default2 : System.Web.UI.Page
{
    protected void Page_Load(object sender, EventArgs e)
    {
        SubMaster myMasterPage = Page.Master as SubMaster;
        LabelTitle.Text = "获取母版页 LabelSubMaster 标签上的内容为： " +
myMasterPage.LabelSubMasterText;
    }
}
```

运行"Default2.aspx"页面，结果如图 4-34 所示。

图 4-34　运行结果

2. 引用@MasterType 指令访问母版页上的属性

为了提供对母版页成员的访问，Page 类公开了 Master 属性。若要从内容页访问特定母版页的成员，可以通过创建@ MasterType 指令来创建对此母版页的强类型引用。可使用该指令指向一个特定的母版页。当该内容页创建自己的 Master 属性时，属性的类型被设置为引用的母版页。

例如，可能有一个名为 MasterPage.master 的母版页，该名称是类名 MasterPage_master。可用创建类似于如下内容的@ Page 和@ MasterType 指令：

```
<%@ Page masterPageFile="~/MasterPage.master"%>
<%@ MasterType virtualPath="~/MasterPage.master"%>
```

当使用@ MasterType 指令时（如本示例中的指令），可以引用母版页上的成员，示例如下：

```
CompanyName.Text = Master.CompanyName;
```

任务实施与测试

（1）在【解决方案资源管理器】中右键单击【Library】网站，在弹出的右键菜单中选择【添加(D)】|【添加新项(W)...】，在弹出的【添加新项】对话框中选择【母版页】，最后单击【添加(A)】按钮。默认情况下，新建的母版页面的名称是"MasterPage.master"，

它位于站点的根目录，如图 4-35 所示。

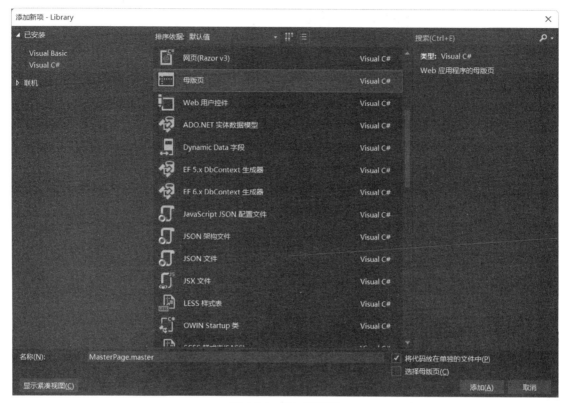

图 4-35　添加母版页

（2）将"MaserPage.maser"切换到"设计"视图，删除自动生成的"from"表单元素，选择【表】|【插入表格(T)】命令，插入 3 行 1 列的表格，并在第一行拖入用户控件 UserTop.acsx，第二行拖入控件 ContentPlaceHolder1，第三行拖入用户控件 Bottom.acsx，最终母版页代码如下：

```
<%@ Master Language="C#" AutoEventWireup="true"
CodeFile="MasterPage.master.cs" Inherits="MasterPage" %>

<%@ Register src="UserTop.ascx" tagname="UserTop" tagprefix="uc1" %>
<%@ Register src="Bottom.ascx" tagname="Bottom" tagprefix="uc2" %>

<!DOCTYPE html>

<html>
<head runat="server">
<meta http-equiv="Content-Type" content="text/html; charset=utf-8"/>
    <title></title>
    <asp:ContentPlaceHolder id="head" runat="server">
    </asp:ContentPlaceHolder>
    <style type="text/css">
        .auto-style1 {
            width: 778px;
```

```
                margin:0 auto;
        }
    </style>
</head>
<body>
    <form id="form1" runat="server">
        <table class="auto-style1">
            <tr>
                <td>
                    <uc1:UserTop ID="UserTop1" runat="server" />
                </td>
            </tr>
            <tr>
                <td>
                    <asp:ContentPlaceHolder ID="ContentPlaceHolder1"
runat="server">
                    </asp:ContentPlaceHolder>
                </td>
            </tr>
            <tr>
                <td>
                    <uc2:Bottom ID="Bottom1" runat="server" />
                </td>
            </tr>
        </table>
    </form>
</body>
</html>
```

（3）运行"Default.aspx"，出现如图 4-36 所示的页面。

图 4-36　运行程序后出现的页面

任务拓展

设计、排版图书馆管理系统的母版页和部分内容页。

任务 4.3　实现图书馆管理系统规章制度页面

任务描述

图书馆管理系统规章制度页面主要用于读者查询开馆时间、入馆须知、图书馆借阅规则、读者文明守则、书刊遗失、损坏规定等规章制度。

知识准备

4.3.1　IFrame 概述及属性

1．IFrame 概述

IFrame，HTML 标签，作用是文档中的文档，或者浮动的框架（Frame）。

2．IFrame 属性

IFrame 常用可选属性如表 4-5 所示。

表 4-5　IFrame 常用可选属性

属性	值	描述
align	left right top middle bottom	规定如何根据周围的元素来对齐<iframe>
frameborder	1 0	规定是否显示<iframe>周围的边框
height	pixels	规定<iframe>的高度
longdesc	URL	规定一个页面，该页面包含了有关<iframe>的较长描述
marginheight	pixels	规定<iframe>的顶部和底部的边距
marginwidth	pixels	规定<iframe>的左侧和右侧的边距
name	name	规定<iframe>的名称
scrolling	yesnoauto	规定是否在<iframe>中显示滚动条
seamless(#)()	seamless	规定<iframe>看起来像是父文档中的一部分

续表

属性	值	描述
src	URL	规定在\<iframe\>中显示的文档的 URL
srcdoc(#)	HTML_code	规定页面中的 HTML 内容显示在\<iframe\>中
width	pixels	规定\<iframe\>的宽度

任务实施与测试

（1）在【解决方案资源管理器】中右键单击【Library】网站，在弹出的右键菜单中选择【添加(D)】|【添加新项(W)...】，在弹出的【添加新项】对话框中选择【HTML 页】，将 HTML 页面的名称设置为"Page1.html"，最后单击【添加(A)】按钮，如图 4-37 所示。

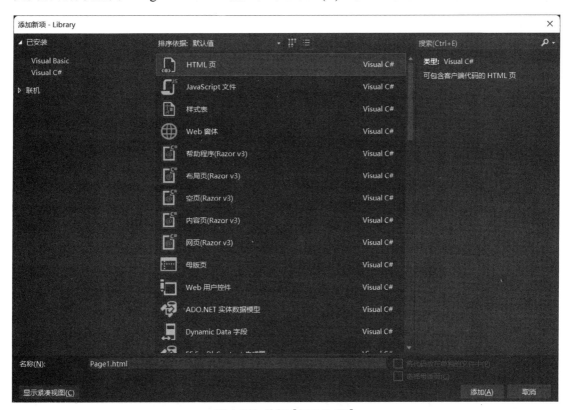

图 4-37　选择【HTML 页】

（2）修改 Page1.html 页面代码如下 ：

```
<!DOCTYPE html>
<html>
<head>
    <meta charset="utf-8" />
    <title>规章制度</title>
</head>
<body>
```

```
<p align="center"><font size="6">入馆须知</font></p>

<p>1.校内读者凭本人校园卡入馆，校外读者凭本人通用借阅证或临时阅览证入馆；来访人员凭有
效证件登记，经保安确认后方可入馆。</p>
<p>2.严禁在馆内吸烟，禁止携带易燃易爆物进馆。</p>
<p>3.请注意仪表，衣着整洁。衣衫不整者谢绝入馆。</p>
<p>4.请保持馆内清洁卫生，勿在馆内进餐。严禁随地吐痰、乱丢果壳纸屑等。</p>
<p>5.请保持馆内安静，勿大声喧哗。</p>
<p>6.请文明阅览，禁止占座行为。</p>
<p>7.请自觉爱护公物，不得涂写、撕毁、私藏书刊资料。</p>
<p>8.请保管好个人财物，离馆时务必将个人物品带走，丢失责任自负。</p>
<p>9.请主动办理外借手续，如触发门禁系统报警，请配合工作人员核查。</p>
<p>10.请自觉遵守和维护公共秩序，对违反上述规定者，将予以批评教育；情节严重者报学校有关
部门处理。</p>
</body>
</html>
```

（3）用同样的方法创建 Page2.htm、Page3.htm、Page4.htm、NewHtml.htm，分别是【图
书馆借阅规则】、【读者文明守则】、【书刊遗失、损坏规定】、【开馆时间】页面。

（4）选中【Library】网站，添加【Title.aspx】页面，并在此页面中拖入 UserTop.ascx 用
户控件，如图 4-38 所示。

图 4-38　拖入 User Top.ascx 用户控件

（5）选中【Library】网站，添加【List.aspx】页面，并在此页面添加【TreeView】控
件，进行如图 4-39 所示设置。注意：【入馆须知】、【图书馆借阅规则】、【读者文明
守则】、【书刊遗失、损坏规定】节点的【NavigateUrl】属性分别为【~/Page1.html】、
【~/Page2.html】、【~/Page3.html】、【~/Page4.html】，【Target】属性为"main"。

图 4-39　进行设置

（6）选中【Library】网站，添加【Information.aspx】页面，修改页面代码如下：

```
<%@ Page Language="C#" AutoEventWireup="true" CodeFile="Information.aspx.cs"
Inherits="Information" %>

<!DOCTYPE html>

<html xmlns="http://www.w3.org/1999/xhtml">
<head runat="server">
    <title></title>
    <style type="text/css">
        .style1 {
            width: 66%;
            height: 176px;
        }

        #form1 {
            height: 220px;
            margin-top: 36px;
            margin-left: 0px;
        }

        .style2 {
            width: 554px;
        }

        .style3 {
            width: 18px;
        }
    </style>
</head>
<body>
    <form id="form1" runat="server">
```

```
    <div>
        <table class="style1">
            <tr align="center">
                <td colspan="2" class="style4">
                    <iframe src="Title.aspx" frameborder="0"
scrolling="no" style="width: 778px; height: 200px"></iframe>
                </td>
            </tr>
            <tr>
                <td class="style3">
                    <iframe src="List.aspx" align="right" name="aa"
scrolling="no" frameborder="1"
                        style="margin-left: 0px; width: 242px; height:
380px;"></iframe>
                </td>
                <td class="style2">
                    <iframe src="RulePage.html" name="main" align="left"
scrolling="yes" frameborder="1"
                        style="width: 526px; margin-right: 0px; height:
380px; margin-top: 0px;"></iframe>
                </td>
            </tr>
        </table>
    </div>
</form>
</body>
</html>
```

（7）运行 Information.aspx 页面，运行结果如图 4-40 所示。

图 4-40　运行结果

（8）单击【入馆须知】，运行结果如图 4-41 所示。

图 4-41 运行结果

任务拓展

可否使页面的外观更漂亮呢？

项目重现

完成网上购物系统的用户界面设计

1. 项目目标

完成本项目后，读者能够：

● 完成网上购物系统的母版页。
● 完成网上购物系统的导航功能。
● 完成网上购物系统的购物说明页面。

2. 知识目标

完成本项目后，读者应该：

● 掌握用 Menu 和 TreeView 设置导航菜单的方法。
● 掌握创建和设计母版页的方法。
● 掌握利用框架进行页面设计的方法。

3. 项目介绍

网上购物系统通常具有导航功能，并且网站界面、外观统一。利用母版页可以使网站外观统一，利用 TreeView 和 Menu 可以实现导航功能。

4. 项目内容

（1）设计并实现网上购物系统的母版页和内容页。

（2）设计并实现网上购物系统的导航功能。

（3）设计并实现网上购物系统的购物说明页面。

项目 5　用户管理模块页面效果实现

学习目标

本项目主要学习常用的 HTML 服务器控件、Web 服务器控件、验证控件的属性和使用方法，利用表格对网页进行布局，了解正则表达式的语法和使用方法。

知识目标

● 熟练掌握常用的 HTML 服务器控件（HtmlForm 控件、HtmlText 控件、HtmlButton 控件、HtmlFile 控件、HtmlRadio 控件与 HtmlCheckBox 控件、HtmlSelect 控件、HtmlTextArea 控件）的常用属性和用法。

● 熟练掌握常用的 Web 服务器控件（Label 控件、TextBox 控件、Button 控件、DropDownList 控件、ListBox 控件、RadioButton 控件、RadioButtonList 控件、CheckBox 控件和 CheckBoxList 控件）的常用属性和用法。

● 掌握利用表格布局网页的方法。

● 掌握 Web 服务器控件（FileUpload 控件）的常用属性和用法。

● 了解 Web 服务器控件（ImageButton 控件、LinkButton 控件、Image 控件和 Calendar 控件）的常用属性和用法。

● 理解常用的验证控件（RequiredFieldValidator 控件、CompareValidator 控件、RangeValidator 控件）的作用和熟练掌握其使用方法。

● 理解常用的验证控件（RegularValidator 控件、CustomValidator 控件）的作用和掌握其使用方法。

● 理解正则表达式的语法和掌握其使用方法。

技能目标

● 能对常用 HTML 服务器控件的主要属性值进行设置、读取和应用。

● 能对常用 Web 服务器控件的主要属性值进行设置、读取和应用。

● 能够利用表格对网页布局。

● 能对常用验证控件的主要属性进行设置。

素质目标

● 培养编码规范及软件行业职业道德。

● 培养热爱工作及坚持不懈的精神。

项目背景

在 Web 网页中，经常会遇到用户与服务器进行交互的问题，例如，图书馆管理系统中的学生基本信息提交页面，需要用户填写自己的详细信息后，单击【提交】按钮，提交给服务器进行处理。然后服务器根据具体情况做出相应的反应，并检查用户输入的数据是否满足要求，例如控件中是否输入了数据，输入的数据类型、大小是否满足要求等，这样就可以避免一些常见的错误。

项目成果

本项目是用户管理模块页面效果实现。用户管理模块包括用户注册、用户信息修改、用户登录、密码修改等功能，页面效果设计大同小异。本项目主要讲解学生基本信息提交页（HTML 版）、学生基本信息提交页（Web 版）的实现和学生基本信息验证页的实现三个比较典型的任务。

任务 5.1 学生基本信息提交页（HTML 版）的实现

任务描述

建立如图 5-1 所示的学生基本信息提交页（HTML 版）。在此页面中，用户可以通过文本控件输入学号、姓名、密码等相关信息，通过单选按钮、下拉框、复选框设置性别、所在院系、喜欢的作者等信息，输入信息后单击【提交】按钮，页面输出用户输入的信息。注意：这里只是将学生基本信息显示到页面上，以后会将学生的基本信息放到数据库中存储起来。

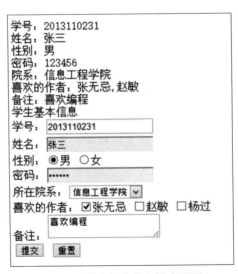

图 5-1 学生基本信息提交页面

知识准备

5.1.1　HTML 服务器控件概述

ASP.NET 提供了两种不同类型的服务器控件：HTML 服务器控件和 Web 服务器控件。这两种控件迥然不同：HTML 服务器控件会映射为特定的 HTML 元素，而 Web 服务器控件映射为 ASP.NET 页面上需要的特定功能。

HTML 服务器控件由标准的 HTML 标记衍生而来，几乎与 HTML 标记有一一对应的关系。HTML 标记与 HTML 服务器控件比较如下：

```
<Input type=submit name=btu value="submit" OnClick="btuSubmit_Click"> 客户端
<Input type=submit id=btu value="submit" OnServerClick="btuSubmit_Click"
runat="Server"> 服务器端
```

通过 HTML 标记与 HTML 服务器控件的比较可以看出，HTML 服务器控件多了 id 和 runat 这两个属性。几乎所有的 HTML 标记加上 runat="Server"标识属性后，就变成了 HTML 控件。服务器按钮控件用 OnServerClick 属性代替了普通按钮控件的 OnClick 属性，它们之间最大的区别就是 HTML 控件是服务端控件，响应服务器端事件。如果需要在代码中引用 HTML 服务器控件，则应在控件标识中加入 id 属性（如 id="MyButton"）以定义对象实例标识。

HTML 服务器控件与 HTML 标记的关系如表 5-1 所示。

表 5-1　HTML 服务器控件与 HTML 标记的关系

HTML 服务器控件	对应 HTML 元素	HTML 服务器控件用途
HtmlAnchor	\<a\>	允许编程访问服务器上的 HTML \<a\>元素
HtmlButton	\<button\>	允许以编程方式访问服务器上的 HTML\<button\>标记
HtmlForm	\<form\>	提供对服务器上的 HTML\<form\>元素的编程访问
HtmlGeneric	控制其他未被具体的HTML 服务器控件规定的 HTML 元素，比如\<div\>	定义不由特定的.NET Framework 类表示的所有 HTML 服务器控件元素的方法、属性和事件
HtmlImage	\<image\>	提供对服务器上的 HTML\<img\>元素的编程访问
HtmlInputButton	\<input type="button"\> \<input type="submit"\> \<input type="reset"\>	允许编程访问服务器上的 HTML\<input type= button\>、\<input type= submit\>和\<input type= reset\>元素
HtmlInputCheckBox	\<input type="checkbox"\>	允许编程访问服务器上的 HTML\<input type= checkbox\>元素
HtmlInputFile	\<input type="file"\>	允许编程访问服务器上的 HTML \<input type= file\>元素
HtmlInputHidden	\<input type="hidden"\>	允许编程访问服务器上的 HTML\<input type=hidden\>元素
HtmlInputImage	\<input type="image"\>	允许编程访问服务器上的 HTML\<input type= image\>元素
HtmlInputRadioButton	\<input type="radio"\>	允许编程访问服务器上的 HTML\<input type= radio\>元素
HtmlInputText	\<input type="text"\> \<input type="password"\>	允许编程访问服务器上的 HTML\<input type= text\>和\<input type= password\>元素

续表

HTML 服务器控件	对应 HTML 元素	HTML 服务器控件用途
HtmlSelect	\<select>	允许编程访问服务器上的 HTML \<select>元素
HtmlTable	\<table>	允许编程访问服务器上的 HTML \<table>元素
HtmlTableCell	\<td>和\<th>	表示 HtmlTableRow 对象中的\<td>和\<th> HTML 元素
HtmlTableRow	\<tr>	表示 HtmlTable 控件中的\<tr> HTML 元素
HtmlTextArea	\<textarea>	允许编程访问服务器上的\<textarea> HTML 元素

5.1.2　HTML 服务器控件的层次结构

HTML 服务器控件位于名称空间 System.Web.UI.HtmlControls 中。图 5-2 所示为 HTML 服务器控件的层次结构。

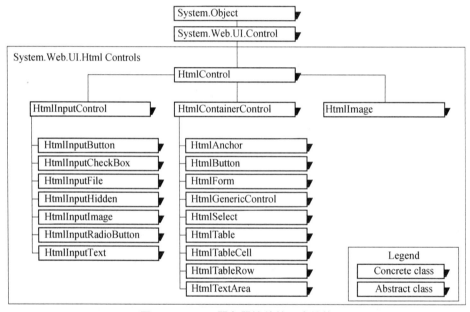

图 5-2　HTML 服务器控件的层次结构

将普通 HTML 控件转换为 HTML 服务器控件，只需简单地添加 runat="server"属性。另外，可能还需要添加 id 属性，这样既可通过编程方式访问和控制控件，也可以为控件编写事件处理程序、允许自定义属性等。

5.1.3　HTML 服务器控件的常用属性介绍

1. InnerHtml 属性

获取或设置控件的开始标记和结束标记之间的内容，但不自动将特殊字符转换为等效的 HTML 实体。InnerHtml 属性自动对进出 HTML 实体的特殊字符进行编码。若要显示<字符，则需要使用实体&lt。

2. InnerText 属性

获取或设置控件的开始标记和结束标记之间的内容，并自动将特殊字符转换为等效的 HTML 实体。与 InnerHtml 属性不同，InnerText 属性不会对自动进出 HTML 实体的特殊字符进行编码。

3. Value 属性

该属性用来获取或设置与 HtmlInputControl 控件关联的值，包括 HtmlSelect、HtmlInputText 等。

4. Attributes 属性

该属性是服务器控件标记上表示的所有属性名称和值的集合。使用该属性可以用编程方式访问 HTML 服务器控件的特性。

5.1.4 常用 HTML 服务器控件

1. HtmlForm 控件

HtmlForm 控件用来表示可容纳 Web 页面中各种元素的容器，所有 HTML 服务器控件必须在 HtmlForm 控件之中，并且不能在单个 Web 页面上包含多个 HtmlForm 控件，HtmlForm 控件的使用语法如下：

```
<form
  id="控件标识"
  runat="server"
  method ="get|post"
  action="要执行程序的地址">
<%--其他的服务器控件--%>
</form>
```

其中，method 属性表示数据的提交方式，取值包括 post 和 get，默认情况下为 post，表示由服务器来抓取资料；如为 get，则表示由浏览器主动上传资料至服务器端。action 属性表示处理该表单程序的 URL。

2. HtmlText 控件

HtmlText 控件用来控制\<input type="text"/\>和\<input type="password" /\>元素，在 HTML 中这两个元素用来建立文本域和密码域。当作为密码输入时，所输入的内容用"*"替代。HtmlText 控件使用语法如下：

```
<input
  id="控件标识"
  runat="server"
  type="text|password"
  MaxLength="数字"
  value ="默认的文本"/>
```

3. HtmlButton 控件

用户单击控件时，来自嵌有该控件的窗体的输入被送到服务器并得到处理，然后，服务器将响应发送回浏览器。使用语法如下：

```
<input
id="控件标识"
runat ="server"
type="button|submit|reset"
 value="文字"
 onserverclick="事件处理程序" />
```

【**案例 5-1**】使用上述三个 HTML 服务器控件实现简单验证用户身份。用户在页面上输入用户名和密码，单击【提交】按钮后提交给服务器处理，服务器端编程验证用户名是否为"Admin"和密码是否为"123456"，并将处理结果显示在页面上。

（1）新建一个名为【HtmlControl】的网站，在【解决方案资源管理器】内的项目名称上单击鼠标右键，在弹出的右键菜单中选择【添加新项】，在弹出的对话框中选择【Web 窗体】，并输入文件名"login.aspx"，单击【确定】按钮。

（2）切换到【login.aspx】的"设计"视图，输入"用户名称："，并在其后面添加【input(Text)】设置其【ID】属性为"Name"，换行输入"密码："，并在其后面添加【input(Password)】，设置其【ID】属性为"Pwd"。换行添加提交按钮【input(Submit)】和重置按钮【input(Reset)】，设置其【Value】属性分别"提交"和"重置"，换行添加【Div】，设置其【ID】属性为"Msg"。

（3）切换到"拆分"视图，在上述 5 个控件代码处分别添加 runat="server"属性，使其成为 HTML 服务器控件，添加【Submit1】的【onserverclick】属性值为"Submit1_Click"，即在 Submit1 代码处添加 onserverclick="Submit1_Click"，添加后页面代码如下：

```
    <form id="form1" runat="server">
     <div>
        用户名称: <input id="Name" type="text" runat="server" /><br />
        密    码: <input id="Pwd" type="password"    runat=
"server"/><br />
        <input id="Submit1" type="submit" value="提交" runat="server"
onserverclick="Submit1_Click" />
        <input id="Reset1"  type="reset" value="重置"runat="server"/><br />
        <hr />
        <div id="Msg" runat="server">
        </div>
     </div>
    </form>
```

（4）打开 login.aspx.cs 代码页，添加事件处理程序，输入如下代码：

```
protected void Submit1_Click(object sender, System.EventArgs e)
 {
    if (Name.Value != "Admin")
    {
       Msg.InnerHtml = "用户名错误。";
    }
    else if (Pwd.Value != "123456")
    {
       Msg.InnerHtml = "密码错误。";
    }
    else
```

```
      Msg.InnerHtml = "验证通过";
    return;
}
```

（5）运行程序，分别输入用户名称和密码，输入正确的用户名称和密码显示结果如图 5-3 所示。

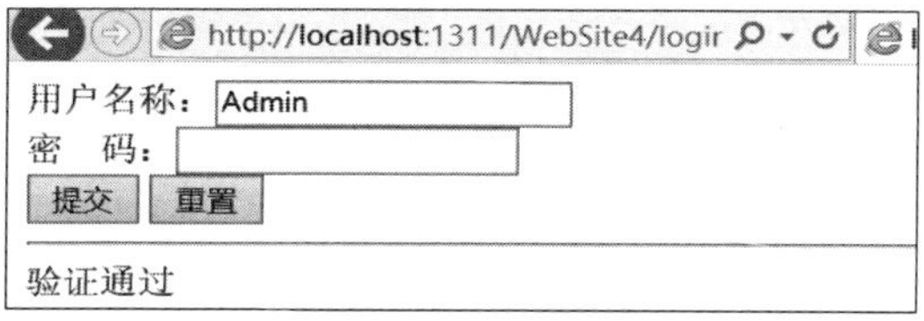

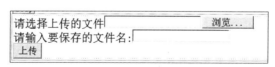

图 5-3　案例效果图

思考：自行编写重置按钮，使得用户名称框和密码框清空。

4．HtmlFile 控件

HtmlFile 控件可以用来设计文件上传的程序，控制着<input type="file">元素。在 HTML 中使用 HtmlInputFile 控件来创建一个提供给用户选择上传文件的对话框。使用语法如下：

```
<input
 id="控件标识"
 type="file"
 runat ="server"
 PostedFile="上传文件"
 Value="默认文本"/>
```

【案例 5-2】文件上传。

（1）在【HtmlControl】网站添加一个名为【HtmlFileShow.aspx】的页面，并设置为起始页。

（2）切换到"设计"视图，如图 5-4 所示，输入"请选择上传的文件"，并在其后面添加【input(File)】，换行输入"请输入要保存的文件名："，并在其后面添加【input(Text)】，设置其【ID】属性为"SaveFile"。换行添加提交按钮【input(Submit)】，设置其【Value】属性为"上传"。

请选择上传的文件□□□□□□□□　　浏览...
请输入要保存的文件名:□□□□□□□□
上传

图 5-4　案例页面设计图

（3）切换到"拆分"视图，在上述三个控件代码处分别添加"runat="server""属性，使其成为 HTML 服务器控件，修改后的页面代码如下：

```
<form id="form1" runat="server">
    请选择上传的文件<input id="File1" type="file" runat="server" /><br />
    请输入要保存的文件名:<input id="SaveFile" type="text" runat="server" /><br />
    <input id="Submit1" type="submit" value="上传" runat="server"/>
</form>
```

（4）打开 HtmlFileShow.aspx.cs 代码页，添加事件处理程序，输入如下代码：

```
protected void Page_Load(object sender, EventArgs e)
  {
      if (SaveFile.Value == "")
      {
          Response.Write("请输入文件名");
      }
      if (File1.PostedFile != null)
      {
          try
          {
              string tmp = "d:\\" + SaveFile.Value;
              File1.PostedFile.SaveAs(tmp);
              Response.Write("上传成功");
          }
          catch (Exception ex)
          {
              Response.Write("上传失败"+ex.Message);
          }
      }
  }
```

（5）运行程序，单击【浏览】按钮，选择要上传的文件，然后输入要保存的文件的名字，单击【上传】按钮，显示结果如图 5-5 所示。

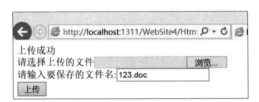

图 5-5　案例效果图

注意：Response.Write()方法为在网页上输出信息，详细内容将在项目 6 进行介绍。

5. HtmlRadio 控件与 HtmlCheckBox 控件

单选按钮和复选框可以为用户提供快速选择功能，并且可以控制用户选择项的范围。

HtmlRadio 控件的使用语法如下：

```
<input
id="Radio1"
name="name"
type="radio"
value="值"
runat ="server"/>
```

HtmlCheckBox 的使用语法如下：

```
<input
id="Checkbox1"
```

```
          name="name"
          type="checkbox"
          value="值 "
          runat ="server" />
```

　　只有当多个单选按钮的 Name 属性相同时，单选按钮才会出现互斥行为。互斥保证 Name 属性相同的单选按钮中只能选中一个。当多个复选框 Name 属性相同时，这些复选框会处于同一个组中，在进行表单提交时，同一个组中的单选按钮、复选框均通过 Name 属性获取。

　　【案例 5-3】使用单选按钮和复选框制作兴趣问卷，并在用户提交问卷后显示用户选中的内容。

　　（1）在【HtmlControl】网站中添加一个名为"HtmlRadio_CheckboxShow.aspx"的页面。

　　（2）切换到"设计"视图，如图 5-6 所示，输入"性别："，并在其后面添加两个【input(Radio)】，换行输入"喜欢的运动："，并在其后面添加 4 个【input(Checkbox)】，然后再添加一个【submit】按钮。

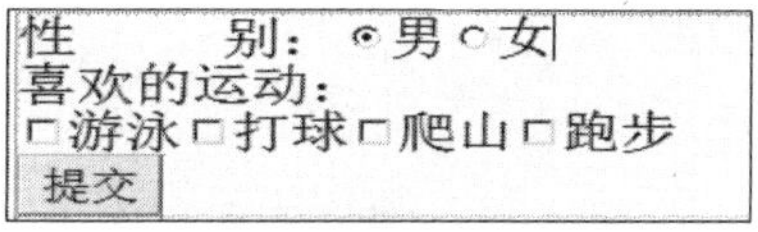

```
性      别：⦿男○女|
喜欢的运动：
□游泳□打球□爬山□跑步
提交
```

图 5-6　案例页面设计图

　　（3）切换到"拆分"视图，分别对上述控件进行相关属性设置，设置完成后代码如下：

```
<form id="form1" runat="server" method="post">
    <div>
        性   别:<input id="Radio1" name="sex" type="radio" value=
"男"checked="checked" />男
        <input  id="Radio" name="sex" type="radio" value="女"  />女<br />
        喜欢的运动: <br />
        <input id="Checkbox1" name="sp" type="checkbox" value="游泳" />游泳
        <input id="Checkbox2" name="sp" type="checkbox" value="打球" />打球
        <input id="Checkbox3" name="sp" type="checkbox" value="爬山" />爬山
        <input id="Checkbox4" name="sp" type="checkbox" value="跑步" />跑步<br />
        <input id="Submit1" type="submit" value="提交" runat ="server"/><br />
        <br />
    </div>
</form>
```

　　（4）打开 HtmlRadio_CheckboxShow.aspx.cs 代码页，添加事件处理程序，输入如下代码：

```
protected void Page_Load(object sender, EventArgs e)
  {
      if (this.IsPostBack)//页面非首次加载，即提交表单后
      {
          Response.Write("您的性别是: "+Request.Form["sex"]);
          Response.Write("<br>您喜欢的运动是: " + Request.Form["sp"]);
      }
  }
```

　　（5）运行程序，选择单选按钮【男】，勾选复选框【游泳】和【打球】，单击【提交】

按钮后，页面显示结果如图 5-7 所示。

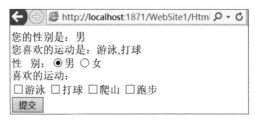

图 5-7　案例效果图

6. HtmlSelect 控件

HtmlSelect 控件主要用于创建下拉列表，其语法如下：

```
<select id="Select2" multiple="true" name="Zy" runat ="server">
     <option>软件开发</option>
     <option>网络维护</option>
     <option>多媒体制作</option>
</select>
```

当 HtmlSelect 不具有 multiple 属性时，则呈现在页面中的是一个下拉框；当 HtmlSelect 具有 multiple 属性时，则呈现在页面中的是一个列表框；只有当下拉框或列表框具有 id 属性时，才能在 request 属性中获取下拉框和列表框的值。

【案例 5–4】HtmlSelect 控件演示。

（1）在【HtmlControl】网站中添加一个名为"HtmlSelectShow.aspx"的页面。

（2）切换到"设计"视图，如图 5-8 所示，输入"所在院系:"，并在其后面添加一个【input(Select)】，换行输入"喜欢图书类型:"，并在其后面添加个一个【input(Select)】，然后再添加一个【submit】按钮。

图 5-8　案例页面设计图

（3）切换到"拆分"视图，分别对上述控件进行相关属性设置，设置完成页面代码如下：

```
<form id="form1" runat="server"    method="post">
   <div>
        所在院系:<select id="Select1" name="Yx" runat="server">
                 <option>信息工程学院</option>
                 <option>管理工程学院</option>
                 <option>机电工程学院</option>
           </select><br />
        喜欢图书类型:<select id="Select2" multiple="true" name="Zy"
runat ="server">
                 <option>软件开发</option>
```

```
                <option>网络维护</option>
                <option>多媒体制作</option>
            </select><br />
        <input id="Submit1" type="submit" value="提交"  runat ="server" />
    </div>
</form>
```

（4）打开 HtmlSelectShow.aspx.cs 代码页，添加事件处理程序，输入如下代码：

```
protected void Page_Load(object sender, EventArgs e)
    {
            Response.Write("您的院系是: " + Request.Form["Select1"]);
            Response.Write("<br>您喜欢的图书类型是: " + Request.Form["Select2"]);
    }
```

（5）运行程序，选择下拉列表框中的"信息工程学院"，选择列表框中的"软件开发"和"网络维护"，单击【提交】按钮，显示结果如图 5-9 所示。

　　注意：用 Request.Form 获取选择的信息，其具体用法我们将在下一任务中介绍。

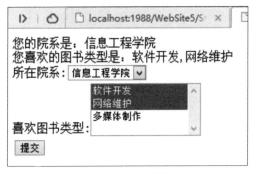

图 5-9　显示结果图

7．HtmlTextArea 控件

该控件允许用户创建多行的文本框。

任务实施与测试

1．学生基本信息注册页（HTML 版）的设计

（1）在【HtmlControl】网站中添加一个名为"StudentInfo_Html.aspx"的页面。

（2）切换到"设计"视图，如表 5-2 所示将相关控件拖入页面。

表 5-2　相关控件的选用及设置

功能	控件类型	主要属性设置
学号	Input(Text)	id="stunum" type="text"　　runat="server"
姓名	Input(Text)	id="stuName" type="text"　　runat="server"

功能	控件类型	主要属性设置
性别	Input(Radio)	单选按钮"男"：type="radio" runat="server" id="RadioNan" name="sex" checked="true" value=" 男 " 单选按钮"女"：type="radio" runat="server" id="RadioNv" name="sex" value=" 女 "
密码	Input(Password	id="Pwd1" type="password" runat="server"
所在 院系	Input(Select)	id="Select1" name="Yx" runat="server" <option> 信息工程学院</option> <option> 机电工程学院</option> <option> 管理工程学院</option>
喜欢的 作者	Input(Checkbox)	作者 1：id="CheckboxZhang" type="checkbox" runat="server" checked="checked" value=" 张无忌" name="teacher"/> 张无忌 作者 2：id="CheckboxZhao" type="checkbox" runat="server" value=" 赵敏 " name="teacher" 作者 3：<input id="CheckboxYang" type="checkbox" runat="server" value=" 杨过 " name= "teacher"
备注	Textarea	id="TextAreaBz" cols="20" name="S1" rows="2" runat="server"
提交	Input(Submit)	id="Submit1" type="submit" value=" 提 交 " runat="server" onserverclick="submit1_ ServerClick"
重置	Input(Reset)	id="Reset1" type="reset" value=" 重置" runat="server"

（3）拖入控件后的效果图如图 5-10 所示。

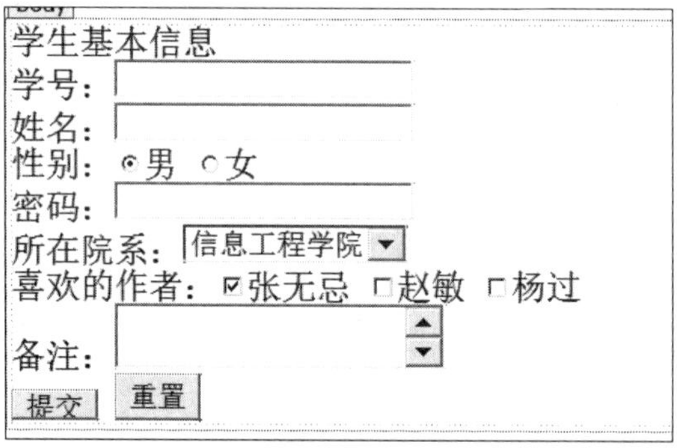

图 5-10　学生基本信息注册页设计效果图

（4）设置成功后的页面主要代码如下：

```
<form id="form1" runat="server" >
    <div>
        学生基本信息<br />
        学号：<input id="stunum"                runat="server" /><br
        姓名：<input id="stuName" type="text" runa t="server" /><br />
        性别：<input type="radio" runat="server" id="RadioNan" name="sex"
checked="true" value="男"/>男
            <input type="radio" runat="server" id="RadioNv" name="sex"
value="女" />女<br />
        密码：<input id="Pwd1" type="password" runat="server" /><br />
        所在院系：<select id="Select1" name="Yx" runat="server">
```

```
                    <option>信息工程学院</option>
                    <option>机电工程学院</option>
                    <option>管理工程学院</option>
                </select><br />
            喜欢的作者：<input id="CheckboxZhang" name="teacher" type="checkbox"
checked="checked" value="张无忌" />张无忌
        <input id="CheckboxZhao" name="teacher" type="checkbox" value="赵敏" />赵敏
        <input id="CheckboxYang" name="teacher" type="checkbox" value="杨过" />杨过
        <br />
        备注：<textarea id="TextAreaBz" cols="20" name="S1" rows="2" runat="server"></
textarea><br /><input id="Submit1" type="submit" value=" 提交 " runat="server"
onserverclick="submit1_ServerClick" onclick="return Submit1_onclick()" />
            <input id="Reset1" type="reset" value="重置" runat="server"/><br />
        </div>
    </form>
```

（5）编写【提交】按钮的处理事件，添加如下代码：

```
protected void submit1_ServerClick(object sender, System.EventArgs e)
    {
        Response.Write("学号："+stunum.Value); Response.Write("<br>
        姓名："+stuName.Value); Response.Write("<br>性别：" +
        Request.Form["sex"]); Response.Write("<br>密码：" +
        Pwd1.Value); Response.Write("<br>院系：" + Select1.Value);
        Response.Write("<br>喜欢的作者：" + Request.Form["teacher"]);
        Response.Write("<br>备注：" + TextAreaBz.Value);
    }
```

2. 测试

运行程序，输入相应的信息后单击【提交】按钮，即可出现如图 5-1 所示的效果。

【任务拓展】

（1）实现教师基本信息提交页（HTML 版）。
（2）实现图书基本信息提交页（HTML 版）。

任务 5.2　学生基本信息提交页
（Web 版）的实现

【任务描述】

建立一个如图 5-11 所示的学生基本信息提交页，在此页面中，用户可以通过文本框输入
学号、姓名、密码等相关信息，通过单选按钮、下拉框设置性别、所在院系等信息，输入信

息后单击【提交】按钮。程序读出用户输入的信息，然后显示在页面横线的下面，如图 5-11 所示。注意：现在只是把用户输入的信息在页面上显示出来，以后会把学生的基本信息保存到数据库中存储起来。

图 5-11　学生基本信息提交页

知识准备

5.2.1　服务器控件概述

Web 服务器控件是 ASP.NET 控件的首选，包括标准控件和验证控件。本任务主要介绍常用的 Web 服务器标准控件，验证控件将在下面的子任务中介绍。Web 服务器控件包含表单控件（输入与显示控件、按钮控件、超链接、日历控件、图像等）、列表控件、数据源控件、数据绑定与数据显示控件、验证控件等。它们之间的关系如图 5-12 所示。

1. Label 控件

Label 控件用于在页面上显示文本信息，通常用来动态地显示提示信息，如用户操作后结果的显示。Label 控件的使用语法如下：

```
<asp:Label
ID="控件名称"
runat="server"
Text="显示的文字"
/>
```

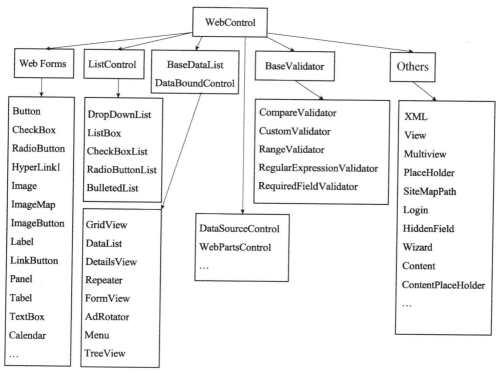

图 5-12 Web 服务器控件之间的关系

或

```
<asp:Label
ID="控件名称"
runat="server"
>显示的文字</asp:Label>
```

其中 ID 属性用于唯一标识该控件，默认值为类名 Label 之后加上"1"、"2"等，可以在控件的属性窗口中修改其值，可以通过它来获取和设置控件的属性。Text 属性表示控件上显示的文字，当程序中需要改变标签中的文字时，只要改变 Label 的 Text 属性即可。例如：

```
Label1.Text="姓名"; //表示 ID 为 Label1 的标签上显示的文字为"姓名"。
```

注意：以后提到的控件都有 ID 属性，其含义、用法与 Label 相同，不再重复。

【案例 5-5】新建一个名为"WebControls"的【asp.net 空网站】，添加一个名为"Labelshow.aspx"的页面，在页面中添加两个标签，在属性窗口中设置【ID】分别为"ex1"和"ex2"，【Text】分别为"演示 1"和"演示 2"，【Font-Name】分别为"宋体"和"黑体"，【Font-Size】分别为"XX-Large"和"Small"，在"拆分"视图下可以看见源代码下添加了两个标签及设置了相应的属性，如图 5-13 所示。

注意：如果当前窗口没有显示【属性】窗口，则选择【视图】菜单，再选择【属性窗口】，或者按"F4"键都可以显示【属性】窗口。

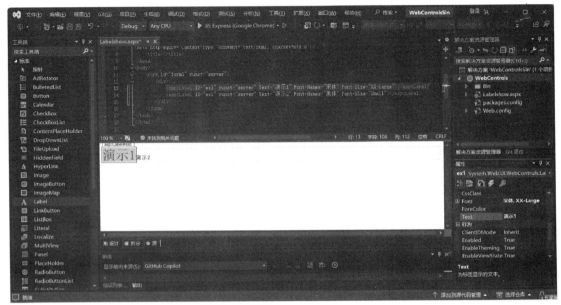

图 5-13　页面拆分视图

2. 按钮控件

按钮控件用于完成一个动作或指令，当单击按钮时，网页便会提交，并调用该按钮的事件处理程序。ASP.NET 分别提供了如下三种按钮控件：Button 控件、LinkButton 控件、ImageButton 控件。

1）Button 控件

```
<asp:Button
 ID="控件名称"
 runat="server" onclick="单击按钮后的处理程序"
 Text="按钮上的文字"
 CommandName="命令名称"
 CommandArgument="命令参数"
/>
```

2）ImageButton 控件

```
<asp:ImageButton
 ID="控件 ID"
 runat="server" Height="按钮高度"
 ImageUrl="显示图片的路径"
 onclick="ImageButton1_Click"
 Width="按钮宽度" />
```

3）LinkButton 控件

```
<asp:LinkButton
 ID="控件 ID"
 runat="server"
 CommandArgument="命令参数"
 CommandName="命令名称"
```

```
oncommand="LinkButton1_Command"
>
 </asp:LinkButton>
```

三个按钮控件功能相似，但具有不同的外观。Button 控件是一个 submit 按钮，控件显示为按钮形状，LinkButton 控件显示为超链接样式的按钮，ImageButton 控件显示为响应鼠标单击的图像。三种按钮控件的共同属性介绍如下。

① PostBackUrl 属性：利用这个属性可以将按钮变成【返回】按钮，即先将该属性设置成某个网页的 URL，以后单击该按钮时就会直接转向该网页。

② OnClientClick 属性：定义当单击按钮时执行的客户端脚本，通常是一个脚本函数的函数名。

③ CommandName 属性：当网页中具有多个按钮控件时，可使用 CommandName 属性来指定或确定与每一个按钮控件关联的命令名。可以通过标识要执行的命令的任何字符串来设置 CommandName 属性，然后，以编程方式确定按钮控件的命令名并执行相应的操作。

三种按钮的共同事件介绍如下。

① Click 事件：按钮的 OnClick 属性对应的值就是此事件添加的处理函数的函数名。处理函数将在服务器端执行，如果为某个按钮控件同时指定了 OnClientClick 属性和 OnClick 属性，那么将优先响应客户端的处理。

② Command 事件：当单击按钮控件时会引发 Command 事件。通常只有当命令名与按钮控件关联时，才会使用该事件。这使得可以在一个网页中创建多个按钮控件，并以编程方式确定单击了哪个按钮控件。

【案例 5-6】Button 控件演示。

（1）在【WebControls】网站中添加一个名为"ButtonsShow.aspx"的页面。

（2）在页面中添加一个 Button 控件，设置其【Text】属性为"普通按钮"，然后双击该按钮，添加 Button1_Click 事件代码如下：

```
protected void Button1_Click(object sender, EventArgs e)
    {
        Label1.Text = "您单击的是："+Button1.Text;
    }
```

（3）在页面中添加一个 LinkButton 控件，设置其【Text】属性分别为"链接按钮 1"和"链接按钮 2"，【CommandArgument】属性分别为"00"和"11"，【CommandName】属性分别为"myCommandName1"和"myCommandName2"，双击按钮【LinkButton1】，添加 LinkButton1_Command 事件，代码如下，并在 LinkButton2 的 Command 事件列表中选中 LinkButton1_Command()：

```
protected void LinkButton1_Command(object sender, CommandEventArgs e)
    {
        if (e.CommandName == "myCommandName1")
            Label1.Text = "您单击的是：" + LinkButton1.Text + "：关联参数为："
+ e.CommandArgument.ToString();
        else
            Label1.Text = "您单击的是：" + LinkButton2.Text + "：关联参数为："
```

```
+ e.CommandArgument.ToString();
      }
```

（4）生成的页面如下（可参照案例再次理解各属性的意义）：

```
<asp:LinkButton ID="LinkButton1" runat="server" CommandArgument="00"
        CommandName="myCommandName1" oncommand="LinkButton1_Command" >
        链接按钮1</asp:LinkButton>
      <br />
<asp:LinkButton ID="LinkButton2" runat="server" CommandArgument="11"
        CommandName="MyCommanName2" oncommand="LinkButton1_Command">
        链接按钮2</asp:LinkButton>
```

（5）在【WebControls】选项上单击鼠标右键，在弹出的右键菜单中选择【新建文件夹】，并将新建文件夹的名字修改为"pic"。在【pic】选项上单击鼠标右键，在弹出的右键菜单中选择【添加现有项】，选中所要添加的图片。此处添加的图片名称为"水果材质.jpg"，然后在页面中添加一个 ImageButton 控件，设置其【ImageUrl】属性为刚才所添加的图片"水果材质.jpg"，双击按钮【ImageButton1】，添加 ImageButton1_Command事件，代码如下：

```
<asp:ImageButton ID="ImageButton1" runat="server" Height="39px"
ImageUrl="~/pic/水果材质.jpg" onclick="ImageButton1_Click" Width="81px" />
```

（6）运行程序，分别单击【普通按钮】、【链接按钮1】、【链接按钮2】和【图片按钮】将分别出现如图 5-14 所示的页面。

图 5-14　案例效果图

3．TextBox 控件

TextBox 控件是网页中最常用的控件，主要用来输入文本信息和显示文本。例如，此处用来输入学号和姓名等信息。TextBox 控件的使用语法如下：

```
<asp:TextBox
 ID="控件的名称"
 runat="server"
 …
 Wrap="True|False"
 AutoPostBack="True|False"
 OnTextChanged="事件处理程序名"
 ReadOnly="True|False"
></asp:TextBox>
```

TextBox 的主要属性及说明如表 5-3 所示。

表 5-3　TextBox 的主要属性及说明

属性	说明
AutoPostBack	设定当按"Enter"键或"Tab"键离开TextBox 时，是否要自动触发OnTextChanged 事件
Columns	文本框一行能输入的字符个数
MaxLength	TextBox 可以接收的最大字符数目
Rows	文本框的行数，该属性在 TextMode 属性为 Mutiline 时才有效
Text	文本框中的内容
TextMode	文本框的输入模式，有 3 种情况，即 SingleLine：只可以输入一行；PassWord：输入的字符以 * 代替；Mutiline：可输入多行
Wrap	是否自动换行，默认为 True。该属性只有在 TextMode 属性为 Mutiline 时才有效
ReadOnly	用于设置或获取文本是否只读。当该属性为 True 时，文本框只可显示信息，不允许在其中编辑和修改信息

OnTextChanged 事件是 TextBox 最重要的事件，当焦点离开文本框后，TextBox 控件内的文字被传到服务器端，当服务器端发现文字的内容和上次的值不同时触发该事件，可以在相应的事件处理程序中编写逻辑代码加以处理。如果想要立即提交网页，需要设置控件的 AutoPostBack 属性为 True。

【案例 5-7】TextBox 控件属性及方法演示。

（1）在【WebControls】网站中添加一个名为"TextBoxShow.aspx"的页面。

（2）在页面中输入文字"姓名："，并在文字后面添加一个文本框，用于接收输入的姓名，设置其【ID】属性为 txtName，【AutoPostBack】属性为 True，添加一个 Label 标签，设置其【ID】属性为 lblMessage，设计界面如图 5-15 所示。

图 5-15　设计效果图

（3）选中【txtName】控件，单击【属性】窗口中的【事件】按钮，在事件列表中双击【TextChanged】事件，如图 5-16 所示，则进入事件处理程序中，在其中输入如下代码：

```
protected void txtName_TextChanged(object sender, EventArgs e)
    {
        lblMessage.Text = "您输入的姓名是：" + txtName.Text;
    }
```

（4）运行程序，在文本框中输入"张三"，单击页面的空白处，则在 lblMessage 标签上显示"您输入的姓名是：张三"，如图 5-16 所示。

图 5-16　案例效果图

【案例 5-8】TextBox 控件的使用。

（1）在【WebControls】网站中添加一个名为"TextBoxShow2.aspx"的页面。

（2）在页面中输入文字"姓名："、"密码："和"备注："，并在文字后面添加三个文本框，用于接收输入的姓名、密码和备注信息，设置其【ID】属性分别为"txtName"、"txtPwd"和"txtBz"，【TextMode】属性为"SingleLine"、"Password"和"MutiLine"，即文本以【单行】、【单行●】、【多行】显示，设置【txtPwd】的【MaxLength】属性为 6，则用于输入密码的文本框最多能输入 6 个字符。设置【txtBz】的【Wrap】属性为 True，则用于输入备注的文本多于一行时自动换行。添加一个按钮，设置其【ID】属性为"btnSubmit"，【Text】属性为"提交"。添加一个 Label 标签，设置其【ID】属性为"lblMessage"，设计界面如图 5-17 所示。

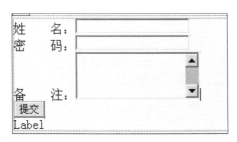

图 5-17　设计界面

（3）双击 btnSubmit 按钮，在其中输入如下代码：

```
protected void btnSubmit_Click(object sender, EventArgs e)
{
        lblMessage.Text = "姓名:"+ txtName.Text;
        lblMessage.Text += "<br>密码: " + txtPwd.Text;
        lblMessage.Text += "<br>备注: " + txtBz.Text;
}
```

（4）运行程序，输入相关文字，单击【提交】按钮后的效果如图 5-18 所示。

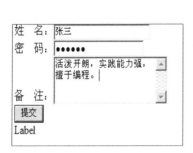 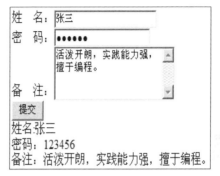

图 5-18　案例效果图

4. RadioButton 控件与 RadioButtonList 控件

1）RadioButton 控件

RadioButton 控件是单选按钮，主要用于从一组控制中选取一个的情况。RadioButton 控件的使用语法如下：

```
<asp:RadioButton
ID="控件的名称"
runat="server"
AutoPostBack="True|False"
Checked="True|False"
GroupName="组名称"
Text="控件的文字" TextAlign="设置文字在控件的左边或右边"
OncheckedChanged="事件程序名称"
/>
```

● AutoPostBack：给出或设置当用户改变控件的选择状态时，是否自动上传数据。该属性的默认值为 False。

● Checked：给出或设置控件的选择状态（True 代表选择，False 代表未选择）。

● GroupName：给出或设置控件所属组的名称。在属于同一组的控件中，只能有一个处于选中状态。

● OncheckedChanged：指定当控件中的选择状态与最近一次上传的选择状态不同时，所触发事件过程的名称。

若希望在同一组 RadioButton 控件中只能选择一个，则将它们的 GroupName 设置为同一个名称即可。RadioButton 控件的 OncheckedChanged 事件在选择状态改变时触发；要触发这个事件，必须将 AutoPostBack 属性设置为 True。

Checked 有两种用法：

● 获取这个属性的值，例如，判断是否选中了该控件，if(RadioButton.Checked)…。

● 设置这个属性的值，使控件被选中或取消，RadioButton.Checked=True 表示被选中，RadioButton.Checked=False 表示被取消。

【案例 5-9】RadioButton 控件的使用。

① 在【WebControls】网站中添加一个名为"RadioButtonShow.aspx"的页面。

② 在页面中输入文字"性别："，并在文字后面添加两个单选按钮，一个【ID】为"Submit"的按钮和一个【ID】为"LabelShow"的标签，设置两个单选按钮的【ID】属性为 RadioNan 和 RadioNv，【Text】属性分别为"男"、"女"，并且将 RadionNan 的【Checked】属性设置为"True"，这样打开网页时，默认选中单选按钮【男】，两个按钮的【GroupName】属性均为"性别"。只有这样设置才能真正实现单选功能，并在 btnSubmit_Click 中添加如下代码：

```
protected void Button1_Click(object sender, EventArgs e)
    {
        LabelMsg.Text="性别："+(RadioNan.Checked ?"男":"女");
    }
```

③ 程序运行后，选择【女】，然后单击【提交】按钮，运行结果如图 5-19 所示。

2）RadioButtonList 控件

由于每个 RadioButton 控件是独立的，如判断同组的 Radio Button 控件是否被选中，则必须判断所有 RadioButton 控件的 Checked 属性，这样做效率很低。用 RadioButtonList 控件来管理许多选项不仅提高了效率，还方便编写程序。RadioButtonList 控件的作用与 RadioButton 控件类似，但功能更为强大（如支持以数据连接方式建立列表等）。

图 5-19　运行结果图

RadioButtonList 控件的使用语法如下：

```
<asp:RadioButtonList
 ID="控件名称"
 runat="server">
<asp:ListItem
 >显示文字
 </asp:ListItem>
 ...
</asp:RadioButtonList>
```

RadioButtonList 控件的主要属性及说明如表 5-4 所示。

表 5-4　RadioButtonList 控件的主要属性及说明

属性	说明
AutoPostBack	设定是否立即响应OnSelectedIndexChanged 事件
CellPading	各项目之间的距离，单位是像素
Items	返回RadioButtonList 控件中的ListItem 的对象
RepeatColumns	一行放置选择项目的个数，默认为0
RepeatDirection	选择项目的排列方向，可设置为Vertical（默认值）或Horizontal
RepeatLayout	设定RadioButtonList 控件的ListItem 排列方式是使用Table 来排列还是直接排列
TextAlign	设定项目所显示的文字是在按钮的左方还是右方
SelectedIndex	返回被选取的ListItem 的Index 值，从0 开始计数
SelectedItem	返回被选取的ListItem 对象
SelectedValue	返回被选取的ListItem 的Value 值

【案例 5-10】RadioButtonList 控件的使用。

① 在【WebControls】网站中添加一个名为"RadioButtonListShow.aspx"的页面，并设置为起始页。

② 在页面中输入文字"读者类型："，并在文字后面添加 RadioButtonList 控件，一个【ID】为"btnSubmit"、【Text】为"提交"的按钮和一个【ID】为"LabelShow"的标签，设置【RadioButtonList】按钮的【ID】属性为"RadioButtonListDzlx"，按如图 5-20 所示设置其 Items，并在 btnSubmit_Click 中添加如下代码：

图 5-20　设置 RadioButtonListDzlx 的 ListItem 集合编辑器

```
protected void btnSubmit_Click(object sender, EventArgs e)
{ LabelShow.Text = "<br>读者类型:" + RadioButtonList1Dzlx.SelectedValue.
```

```
ToString();
        }
```

③ 运行结果如图 5-21 所示，其中 SelectedValue.ToString() 表示把单选按钮列表中被选中的值转换为字符串。

图 5-21　运行结果

5. DropDownList 控件

DropDownList 控件是一个下拉列表控件。与 RadioButtonList 控件类似，二者区别在于：RadioButtonList 控件适合管理较少的选项，而 DropDownList 控件适合大量的从组中选择的情况。DropDownList 控件的使用语法如下：

```
<asp:DropDownList ID="控件名称"
runat="server">
<asp:ListItem
>显示文字</asp:ListItem>
...
</asp:DropDownList>
```

RadioButtonList 控件的主要属性及说明如表 5-5 所示。

表 5-5　RadioButtonList 控件的主要属性及说明

属性	说明
AutoPostBack	设定是否立即响应OnSelectedIndexChanged 事件
Items	返回DropDownList 控件中ListItem 的对象
SelectedIndex	返回被选取的ListItem 的Index 值
SelectedItem	返回被选取的ListItem 对象
SelectedValue	返回被选取的ListItem 的Value 值

DropDownList 控件支持 SelectedIndexChanged 事件，只要将 AutoPostBack 属性设置为 True，当 DropDownList 控件中的选项发生改变时，就会触发这个事件。

【案例 5-11】DropDownListShow 控件的使用。

（1）在【WebControls】网站中添加一个名为"DropDownListShow.aspx"的页面。

（2）在页面中输入文字"爱好："，并在文字后面添加 DropDownList 控件，一个【ID】为"LabelShow"的标签，按图 5-22 所示设置 DropDownList1 的 Items，设置 DropDownList1 的 AutoPostBack 为 True。编写 DropDownList1_SelectedIndexChanged()事件：

```
protected void DropDownList1_SelectedIndexChanged(object sender, EventArgs e)
    {
        LabelShow.Text = "您的爱好是: " + DropDownList1.SelectedItem.Text;
    }
```

（3）运行结果如图 5-22 所示。

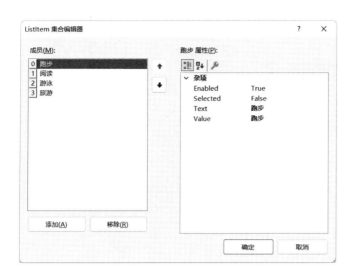

图 5-22　运行结果

6. ListBox 控件

ListBox 控件是列表框选项，功能与 DropDownList 控件类似，区别在于用户可以一次从列表框中选取单项或多项。ListBox 控件的使用语法如下：

```
<asp:ListBox
ID="控件名称"
runat="server"
SelectionMode="Multiple|Single"
>
<asp:ListItem
>显示文字
</asp:ListItem>
…
</asp:ListBox>
```

ListBox 控件与 DropDownList 控件的属性的主要区别在于，ListBox 还有一个 SelectinMode 属性，用来控制是否支持多项选择。如果 SelectionMode 属性设置为 Single，则控件与 DropDownList 功能类似，为单项选择；如果 SelectionMode 属性设置为 Mutiple，可以通过循环访问 Items 集合以及测试该集合中每个项的 Selected 属性来确定 ListBox 控件中选定的项。

【案例 5-12】ListBoxShow 控件的使用。

（1）在【WebControls】网站中添加一个名为"ListBoxShow.aspx"的页面。

（2）在页面上输入文字"感兴趣的图书类型："，并在文字后面添加 ListBox 控件，一个【ID】为"btnSubmit"，【Text】为"提交"的按钮和一个【ID】为"LabelShow"的标签，设置【ListBox】按钮的【ID】属性为"ListBoxTslx"，按图 5-23 所示设置其 Items，并将 SelectionMode 设置为 Multiple，以便于用户选择多项图书类型。

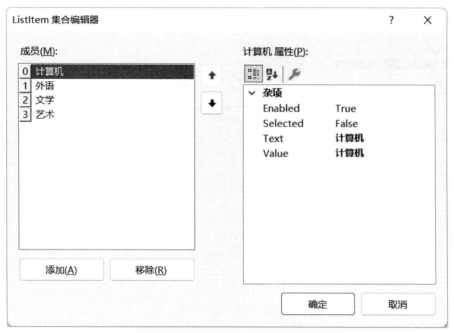

图 5-23   设置 ListBoxTslx 的 ListItem 集合编辑器

在 btnSubmit_Click 中添加如下代码：

```
protected void btnSubmit_Click(object sender, EventArgs e)
    {
        string tmp = "";
        for (int i = 0; i < ListBoxTslx.Items.Count; i++)
        {
            if (ListBoxTslx.Items[i].Selected == true)
            {
                tmp += ListBoxTslx.Items[i].Value+"、";
            }
        }
        if (tmp == " ")
            LabelShow.Text = "<br>没有你感兴趣的图书类型。";
        else
            LabelShow.Text = "<br>你感兴趣的图书类型是："+tmp;

}
```

说明：

● ListBoxTslx.Items.Count 表示列表项的个数。

● ListBoxTslx.Items[i].Selected 的值为 true 表示列表的第 i 项被选中。

● ListBoxTslx.Items[i].Text 表示列表的第 i 项上显示的文本。

（3）运行结果如图 5-24 所示。

图 5-24   运行结果

7. CheckBox 控件与 CheckBoxList 控件

1）CheckBox 控制

CheckBox 控件就是复选框，提供给用户选择该项或者不选择该项的功能。CheckBox 控件的使用语法如下：

```
<asp:CheckBox
D="控件名称"
runat="server"
Text="显示的文字"
…
OncheckedChanged="事件程序名称"/>
```

CheckBox 控件的主要属性及说明如表 5-6 所示。

表 5-6　CheckBox 控件的主要属性及说明

属性	说明
AutoPostBack	设定当用户选择不同的项目时，是否要自动触发 OncheckedChanged 事件
Checked	返回或者设定项目是否被选中
GroupName	按钮所属组名
TextAlign	所显示文本的对齐方式

当 CheckBox 控件的选中状态发生变化时，会引发 CheckChanged 事件（当 AutoPostBack 为 True 时有效）。

【案例 5-13】CheckBox 控件的使用。

（1）在【WebControls】网站中添加一个名为 "CheckBoxShow.aspx" 的页面。

（2）在页面中输入文字 "喜欢的季节："，并在文字后面添加 4 个 TextBox 控件，一个【ID】为 "Submit" 的 Button 控件和一个【ID】为 "LabelShow" 的标签，设置 4 个【TextBox】按钮的【Text】属性为 "春天"、"夏天"、"秋天" 和 "冬天"，编写按钮的 btnSubmit_Click 事件：

```
protected void btnSubmit_Click(object sender, EventArgs e)
    {
        LabelShow.Text="您喜欢的季节是: ";
        if (CheckBox1.Checked)
            LabelShow.Text += "<br>" + CheckBox1.Text;
        if (CheckBox2.Checked)
            LabelShow.Text += "<br>" + CheckBox2.Text;
        if (CheckBox3.Checked)
            LabelShow.Text += "<br>" + CheckBox3.Text;
        if (CheckBox4.Checked)
            LabelShow.Text += "<br>" + CheckBox4.Text;
    }
```

（3）运行程序，选中 "春天" 和 "夏天"，单击【提交】按钮，效果如图 5-25 所示。

图 5-25　案例效果图

2）CheckBoxList 控件

CheckBoxList 控件允许用户多重选取，在程序处理方面比较方便，适合于多项选择。CheckBoxList 控件的使用语法如下：

```
<asp:CheckBoxList
 ID="控件名称"
 runat="server"
...
OnSelectedIndexChanged="事件程序名称"
>
<asp:ListItem>显示文字</asp:ListItem>
...
</asp:CheckBoxList>
```

CheckBoxList 控件的主要属性及说明如表 5-7 所示。

表 5-7　CheckBox 控件的主要属性及说明

属性	说明
AutoPostBack	设定是否立即响应 OnSelectedIndexChanged 事件
CellPading	各项目之间的距离，单位是像素
Items	返回 CheckBoxList 控件中的 ListItem 的对象
RepeatColumns	项目的横向数目
RepeatDirection	选择项目的排列方向，可设置为 Vertical（默认值）或 Horizontal
RepeatLayout	设定排列方式时是使用 Table 来排列还是直接排列
TextAlign	设定项目所显示的文字是在复选框的左方还是右方
SelectedIndex	返回被选取的 ListItem 的 Index 值
SelectedItem	返回被选取的 ListItem 对象
SelectedItems	返回被选取的 ListItem 对象的集合

CheckBoxList 控件与 RadioButtonList 控件用法类似，但 CheckBoxList 用于多项选择，选择完毕，只要判断 Items 集合对象中哪一个选项的 Selected 属性为 True，就知道哪个被选中了。

【**案例** 5-14】CheckBoxList 控件的使用。

（1）在【WebControls】网站中添加一个名为"CheckBoxListShow.aspx"的页面。

（2）在页面中输入文字"喜欢的作者："，并在文字后面添加设置表示作者的复选列表框【CheckBoxListZzh】，按图 5-26 所示设置其 Items 属性，并将【RepeaterDirection】设置为"Horizontal"，【RepeatColumns】设置为"3"，这样视觉效果会好些。再添加一个【ID】为"btnSubmit"、【Text】为"提交"的按钮和一个【ID】为"LabelShow"的标签。

图 5-26　设置 CHeckBoxListZzh 的 ListItem 集合编辑器

在 btnSubmit_Click 中添加如下代码：

```
protected void btnSubmit_Click(object sender, EventArgs e)
    {
        string tmp = " ";
        for (int i = 0; i < CheckBoxListZzh.Items.Count; i++)
        {
            if (CheckBoxListZzh.Items[i].Selected == true)
                tmp += CheckBoxListZzh.Items[i].Value + "、";
        }
        if (tmp == " ")
            LabelShow.Text = "<br>没有您喜欢的作者。";
        else
            LabelShow.Text = "<br>您喜欢的作者是：" + tmp;
    }
```

（3）运行程序结果如图 5-27 所示。

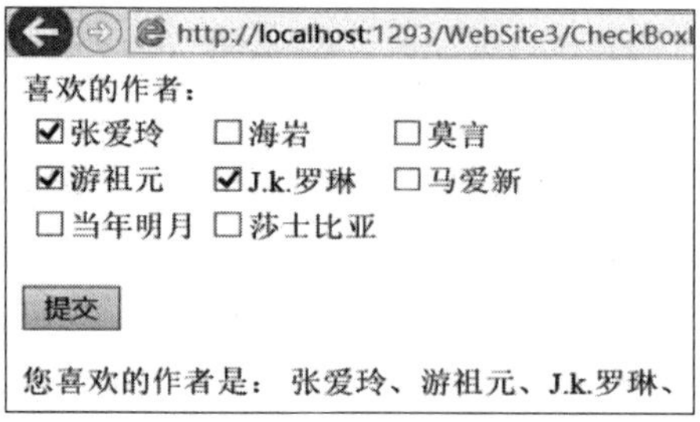

图 5-27　运行结果

8. Image 控件与 FileUpload 控件

Image 控件用于在 Web 网页中显示图片、美化界面，其主要属性及说明如表 5-8 所示。

表 5-8　Image 控件的主要属性及说明

属性	说明
ImageUrl	图片所在的路径，可以是相对路径也可以是绝对路径
ToolTip	当鼠标停留在控件上时显示的提示信息
Alternative	当图片无法显示时替代显示的文字
ImageAlign	图片与周围文字的排列方式

　　FileUpload 控件可以将用户提供的文件上传到服务器，但该控件不会自动将该文件保存到服务器，而必须显式提供一个控件或机制，使用户能提交指定的文件。例如，可以提供一个按钮，用户单击它即可上传文件。可以通过 FileUpload 的一些重要属性访问上传的文件。

　　（1）FileName 属性：用来获取客户端上使用 FileUpload 控件上传的文件名称，不包含路径信息。

　　（2）FileBytes 属性：该属性从使用 FileUpload 控件指定的文件中返回一个字节数组，包含指定文件的内容。

　　（3）FileContent 属性：该属性获取 Stream 对象，该对象指向使用 FileUpload 控件上传的文件。可以使用 FileContent 属性来访问文件的内容。例如，可以使用该属性返回的 Stream 对象以字节方式读取文件内容并将它们存储在一个字节数组中。

　　（4）HasFile 属性：如果值为 True，则表示该控件有文件要上传。

　　（5）Posted 属性：返回已经上传文件的引用。

　　【案例 5-15】用户上传照片，只允许上传扩展名是 ".gif"、".jpg"、".jpeg" 的图片格式的文件，同时将上传的图片显示在图像控件中。

　　（1）在【WebControls】网站中添加一个名为 "Image_UploadShow.aspx" 的页面。

　　（2）在页面中输入文字 "照片："，并在文字后面添加一个 FileUpload 控件、一个 Button 按钮，设置其【Text】属性为 "上传"，一个 Label 标签和一个 Image 控件。编写上传按钮的 Button1_Click 事件代码。

```
protected void Button1_Click(object sender, EventArgs e)
    {
        if (FileUpload1.HasFile)
        {
```

```
            string strType = FileUpload1.PostedFile.ContentType;
            if (strType == "image/bmp" || strType == "image/pjpeg" || strType
== "image/gif")
            {
                string strFileName = DateTime.Now.Year.ToString() + DateTime.
Now.Month.ToString()
                    + DateTime.Now.Day.ToString()+DateTime.Now.Hour.ToString()
                    +DateTime.Now.Minute.ToString()+DateTime.Now.Second.
ToString();
                FileUpload1.SaveAs(Server.MapPath("~\\pic\\"+strFileName+
".jpg"));
                Image1.ImageUrl = "~\\pic\\" + strFileName + ".jpg";
                Label1.Text = "图片上传成功";
            }
            else
                Label1.Text="图片格式不对";
        }
        else
            Label1.Text="请选择照片";
    }
```

（3）运行程序，单击【浏览】按钮，打开如图 5-28 所示的对话框，选择要上传的图片后，单击【打开】按钮，出现如图 5-29 所示的页面，并在 WebControls 网站的【pic】文件夹下添加了一张图片。

图 5-28　【选择要加载的文件】对话框

图 5-29　案例效果图

9．Calendar 控件

Calendar 控件用于以特定的方式在 Web 页面中显示日期，并提供了用于控制日期外观的多种属性。Calendar 控件的使用语法如下：

```
<asp:Calendar
ID="Calendar1"
runat="server" onselectionchanged="Calendar1_SelectionChanged"
></asp:Calendar>
```

Calendar 控件的主要属性及说明如表 5-9 所示。

表 5-9　Calendar 控件的主要属性及说明

属性	说明
SelectedDate	被选中的日期
SelectionMode	用户被允许选择日期的方式，可使用下列值之一：None（无）、Day（日）、DayWeek（日、星期）、DayWeekMonth（日、星期、月）
SelectionDayStyle	被选中日期的格式
TadayDayStyle	当天日期的样式

【案例 5-16】Calendar 控件的使用。

（1）在【WebControls】网站中添加一个名为 "CalendarShow.aspx" 的页面。

（2）在页面中添加一个 Calendar 控件，根据个人喜好调整 Calendar 控件的风格，再添加一个【ID】为 "LabelShow" 的标签，双击 Calendar 控件，编写其 Calendar1_SelectionChanged() 事件代码。

```
protected void Calendar1_SelectionChanged(object sender, EventArgs e)
    {
        LabelShow.Text = "您选择的日期是: "+Calendar1.SelectedDate.ToLongDateString();
    }
```

（3）运行程序，选择日期后显示如图 5-30 所示的界面。

图 5-30　案例效果图

10．MultiView 控件与 View 控件

View 控件是视图控件，MultiView 控件是多视图控件，两者都属于容器控件。View 控件是一个 Web 控件的容器，而 MultiView 控件又是 View 控件的容器，因此两者多半一起搭配使用。在 MultiView 控件中可以拖曳多个 View 控件，而 View 控件内包含了任何需要显示在页面中的内容。虽然 MultiView 控件中可包含多个 View 控件，但页面一次只能显示一个视图。MultiView 控件通过 ActiveViewIndex 属性值来决定哪个 View 控件要被显示，程序利用 ActiveViewIndex 属性设置来切换不同的 View 控件。MultiView 控件与 View 控件关系如图 5-31 所示。

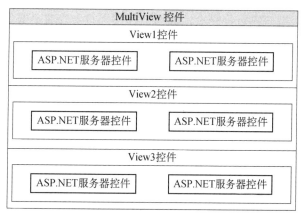

图 5-31   MultiView 控件与 View 控件关系图

View 控件和 MultiView 控件语法示例如下：

```
<asp:MultiView ID="MultiView1" runat="server">
    <asp:View ID="View1" runat="server"> </asp:View>
        <asp:View ID="View2" runat="server"></asp:View>
</asp:MultiView>
```

【案例 5-17】View 控件和 MutiView 控件的使用。

（1）在【WebControls】网站中添加一个名为 "View_MutiViewShow.aspx" 的页面。

（2）在页面中添加一个 RadioButtonList 控件和一个 MultiView 控件，并在 MutiView 控件中添加两个 View 控件。

（3）在页面中输入提示语，设置控件属性，设置完成后的效果如图 5-32 所示。

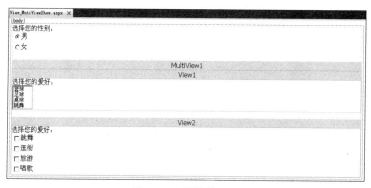

图 5-32   设计效果图

（4）双击 RadioButtonList 控件，添加 SelectedIndexChanged 事件代码：

```
protected void RadioButtonList1_SelectedIndexChanged(object sender, EventArgs e)
    {
        if(RadioButtonList1.SelectedValue=="男")
        { MultiView1.ActiveViewIndex = 0; }
        else
        { MultiView1.ActiveViewIndex = 1; }
    }
```

（5）按"Ctrl+F5"组合键运行网页，根据选择性别"女"或"男"提供不同的选项，如图 5-33 所示。

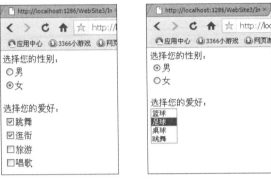

图 5-33　案例效果图

任务实施与测试

1. 学生基本信息提交页（Web 版）的实现

1）创建 Web 窗体文件

在【Library】网站中选择【MasterPage.master】母版页，单击鼠标右键，在弹出的右键菜单中选择【添加内容页】，如图 5-34 所示，将新生成的内容页重命名为"StudentInfo.aspx"。

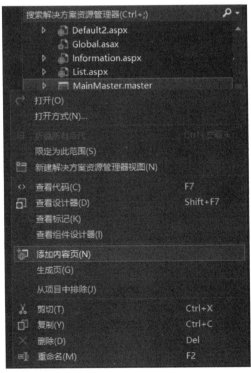

图 5-34　选择【添加内容页】

2）页面的界面设计

（1）使用表格控件搭建页面框架。

①在菜单栏中选择【表】|【插入表】命令，在弹出的对话框中将行数设置为18，列数设置为2，其他为默认设置，如图5-35所示，然后单击【确定】按钮。

②合并表格第一行。选中要合并的单元格（表格第一行），单击鼠标右键，在弹出的右键菜单中选择【修改】|【合并单元格】命令，可对表格进行合并，用同样的方法对表格最后一行进行合并。

③选中第一行，在【属性】窗口中设置【Align】属性为"Center"，并输入文字"学生基本信息"。用同样的方法选中表格的第一列（除第一行和最后一行外），将其【Align】设置为"right"，第二列的【Align】设置为"left"。

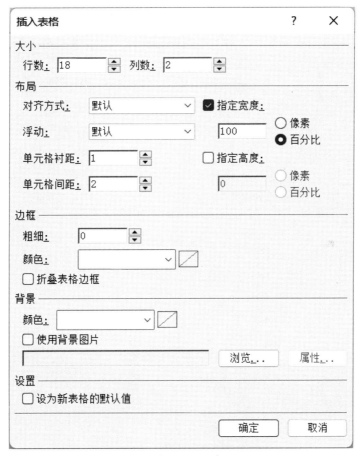

图 5-35　【插入表格】对话框

（2）页面具体设计。

在表格的合适位置输入相应文本，并从工具箱中向合适的位置窗体拖入控件，并按照如表5-10所示设置各个控件的名称。其中"在校状态"、"读者类型"、"感兴趣的图书类型"、"喜欢的作者"四项是为控件演示需要而增加的系统的拓展功能，并没有贯穿在本书的整个大项目中，可以在下文中再进行设置，设置后的页面效果如图5-36所示。注意：所有 TextBox 的 BorderWidth 为"1px"。

表 5-10　相关控件的选用及设置

功能	控件类型	控件名称（Name 属性）
学号	TextBox 控件	txtNum
姓名	TextBox 控件	txtName
性别	RadioButton 控件	RadioNan 和 RadioNv
密码	TextBox 控件	txtPwd1
确认密码	TextBox 控件	txtPwd2
所在院系	DropDownList 控件	DropDownListYx
移动电话	TextBox 控件	txtTel
E-mail	TextBox 控件	txtEmail
QQ 号码	TextBox 控件	txtQq
在校状态	CheckBox 控件	CheckBoxZxsh
读者类型	RadioButtonList 控件	RadioButtonListDzlx
感兴趣的图书类型	ListBox 控件	ListBoxTslx
喜欢的作者	CheckBoxList 控件	CheckBoxListZzh
提交	Button 控件	btnSubmit
重置	Button 控件	btnReset
显示内容	Label 控件	LabelShow

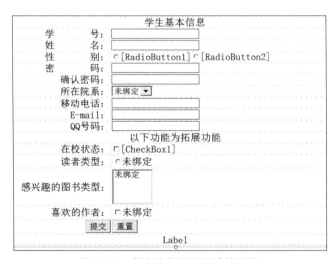

图 5-36　学生信息页面设计效果图

2. 基本功能的控件的主要属性设置和代码实现

1）提交功能的实现

（1）设置提交按钮 btnSubmit 的【Text】属性为"提交"，重置按钮【btnReset】的【Text】属性为"重置"，然后双击【提交】按钮，添加 btnSubmit_Click 事件代码如下：

```
protected void btnSubmit_Click(object sender, EventArgs e)
{
    LabelShow.Text = "<br>学生信息如下：<br>学号：" + txtNum.Text;
    LabelShow.Text += "<br>姓名：" + txtName.Text;
}
```

此时可以先运行一下程序，在【学号】和【姓名】文本框中输入"2013110231"和"张三"，单击【提交】按钮后，将在底部标签中显示学号和姓名信息，内容如下。

学生信息如下：
学号：2013110231
姓名：张三

（2）使用类似的方法，可以对其他几个类似的文本框（密码(txtPwd1)、确认密码(txtPwd2)、移动电话(txtTel)、E-mail(txtEmail)，QQ 号码(txtQq)）进行设置，使输入的文本显示在页面的底部，需要在 btnSubmit_Click 中添加如下代码：

```
LabelShow.Text += "<br>密码："+txtPwd1.Text;
LabelShow.Text += "<br>确认密码：" + txtPwd2.Text;
LabelShow.Text += "<br>移动电话：" + txtTel.Text;
LabelShow.Text += "<br>E-mail：" + txtEmail.Text;
LabelShow.Text += "<br>QQ号码：" + txtQq.Text;
```

注意：其中密码（txtPwd1）、确认密码（txtPwd2）文本框的【TextMode】属性设置为 Password，这样输入字符时将以"*"的形式显示出来。

2）添加【性别】选项区域（RadioButton）
参照案例 5-9。
3）添加【所在院系】选项区域（DropDownList）
按图 5-37 所示设置表示院系的下拉列表框 DropDownListYx 的 Items。

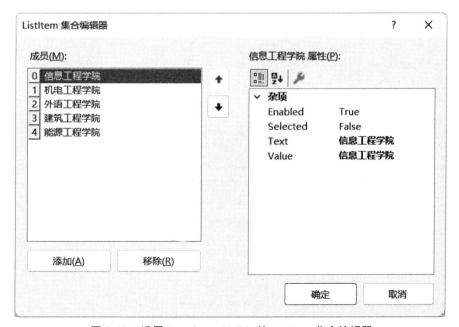

图 5-37　设置 DropDownListYx 的 ListItem 集合编辑器

在 btnSubmit_Click 中添加如下代码：

```
LabelShow.Text += "<br>所在院系: " + DropDownListYx.Text;
```

3. 学生基本信息提交页（Web 版）测试

运行程序，输入相应的信息后单击【提交】按钮，即可出现图 5-11 所示的效果。

（1）StudentInfo.aspx 页面的代码如下。

```
<%@ Page   Title="" Language="C#" MasterPageFile="~/MasterPage.master"
AutoEventWireup="true" CodeFile="StudentInfo.aspx.cs" Inherits="StudentInfo" %>
  <asp:Content ID="Content1" ContentPlaceHolderID="head" Runat="Server">
  </asp:Content>
  <asp:Content ID="Content2" ContentPlaceHolderID="ContentPlaceHolder1"
Runat="Server">
      <div>
          <table class="style1" align="center">
              <tr>
                  <td align="center" colspan="2">
                      学生基本信息</td>
              </tr>
              <tr>
                  <td align="right" class="style4">
                      学    号: </td>
                  <td align="left">
<asp:TextBox ID="txtNum" runat="server" BorderWidth="1px"></asp:TextBox>
                  </td>
              </tr>
              <tr>
                  <td align="right" class="style4">姓    名: </td>
                  <td align="left">
<asp:TextBox ID="txtName" runat="server" BorderWidth="1px"></asp:TextBox>
                  </td>
              </tr>
              <tr>
                  <td align="right" class="style4">性    别: </td>
                  <td align="left">
<asp:RadioButton ID="RadioNan" runat="server" Checked="True" Text="男"
                      GroupName="性别" />
<asp:RadioButton ID="RadioNv" runat="server" Text="女" GroupName="性别" />
                  </td>
              </tr>
              <tr>
                  <td align="right" class="style4"> 密    码: </td>
                  <td align="left">
<asp:TextBox  ID="txtPwd1"  runat="server"  BorderWidth="1px"  TextMode=
"Password"></asp:TextBox>
                  </td>
              </tr>
              <tr>
```

```
                    <td align="right" class="style4"> 确认密码: </td>
                    <td align="left">
    <asp:TextBox  ID="txtPwd2"  runat="server"  BorderWidth="1px"
TextMode="Password"></asp:TextBox>
                    </td>
            </tr>
            <tr>
                    <td align="right" class="style4"> 所在院系: </td>
                    <td align="left">
                        <asp:DropDownList ID="DropDownListYx" runat="server">
                            <asp:ListItem>信息工程学院</asp:ListItem>
                            <asp:ListItem>机电工程学院</asp:ListItem>
                            <asp:ListItem>外语工程学院</asp:ListItem>
                            <asp:ListItem>建筑工程学院</asp:ListItem>
                            <asp:ListItem>能源工程学院</asp:ListItem>
                        </asp:DropDownList>
                    </td>
            </tr>
            <tr>
                    <td align="right" class="style4">移动电话: </td>
                    <td align="left">
    <asp:TextBox ID="txtTel" runat="server" BorderWidth="1px"></asp:TextBox>
                    </td>
             </tr>
              <tr>
                    <td align="right" class="style4"> E-mail: </td>
                  <td align="left">
<asp:TextBox ID="txtEmail" runat="server" BorderWidth="1px"></asp:TextBox>
                    </td>
            </tr>
            <tr>
                    <td align="right" class="style4">QQ 号码: </td>
                    <td align="left">
<asp:TextBox ID="txtQq" runat="server" BorderWidth="1px"></asp:TextBox>
                    </td>
            </tr>
            <tr>
                    <td align="right" class="style4">
<asp:Button ID="btnSubmit" runat="server" onclick="btnSubmit_Click" Text="提交" />
                    </td>
                    <td align="left">
                        <asp:Button ID="btnReset" runat="server" Text="重置" />
                    </td>
            </tr>
            <tr>
                    <td align="center" class="style3" colspan="2">
                            <asp:Label ID="LabelShow" runat="server"
```

```
Text="Label"></asp:Label>
                    </td>
            </tr>
        </table>
    </div>
    </asp:Content>
```

（2）StudentInfo.aspx.cs 页面的代码如下。

```
public partial class StudentInfo: System.Web.UI.Page
{
    protected void Page_Load(object sender, EventArgs e)
    {
    }
    protected void btnSubmit_Click(object sender, EventArgs e)
    {
        LabelShow.Text = "<hr>学生信息如下: <br>学号: " + txtNum.Text;
        LabelShow.Text += "<br>姓名: " + txtName.Text;
        LabelShow.Text += "<br>性别: " +(RadioNan.Checked?"男":"女");
        LabelShow.Text += "<br>所在院系: " + DropDownListYx.Text;
        LabelShow.Text += "<br>密码: "+txtPwd1.Text;
        LabelShow.Text += "<br>确认密码: " + txtPwd2.Text;
        LabelShow.Text += "<br>移动电话: " + txtTel.Text;
        LabelShow.Text += "<br>E-mail: " + txtEmail.Text;
        LabelShow.Text += "<br>QQ 号码: " + txtQq.Text;
    }
}
```

4. 拓展功能的控件的主要属性设置和代码实现

1）添加【在校状态】选项区域

设置表示在校状态的复选框【CheckBoxXx】的【Text】属性为"在校状态"，并在 btnSubmit_Click 中添加如下代码：

```
LabelShow.Text += "<br>在校状态: " + (CheckBoxZxsh.Checked? "在校" : "离校");
```

2）添加【读者类型】选项区域（RadioButtonList）

3）添加【感兴趣的图书】选项区域（ListBox）

4）添加【喜欢的作者】选项区域（CheckBoxList）

5. 拓展功能测试

运行程序，即可出现图 5-38 所示的效果。

图 5-38　学生基本信息提交页面拓展版

任务拓展

（1）实现教师基本信息提交页面。

（2）实现图书基本信息提交页面。

（3）实现管理员登录页面。

（4）实现修改密码页面。

任务 5.3　学生基本信息验证页的实现

任务描述

在学生基本信息验证页中，对学号、姓名、密码、确认密码、移动电话、E-mail、QQ 号码等的输入进行了必选验证、比较验证、范围验证和正则表达式验证等，当不输入任何内容时，单击【提交】按钮将得到如图 5-39 所示的效果。

5.3.1　验证控件概述

数据验证实际上是对用户输入数据的一种限制，既可以确保用户输入数据的正确性，又可以确保输入数据的有效性。在 ASP.NET 中，微软公司封装了部分常用功能作为验证控件来验证用户的输入。常用的验证控件及其功能如表 5-11 所示。

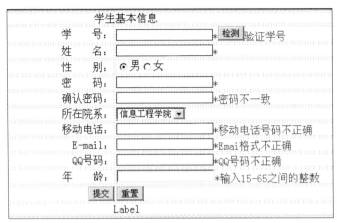

图 5-39　学生基本信息验证页面

表 5-11　常用的验证控件及其功能

控件名称	功能
RequiredFiledValidator	验证用户是否输入了数据
CompareValidator	将用户输入的值与另一个控件的值或固定值进行比较
RangeValidator	验证用户输入的值是否在某一范围内
RegularExpressionValidator	以特定的规则验证用户输入的数据
CustomValidator	自定义的验证方式
ValidationSummary	显示未通过验证的控件信息

1. RequiredFiledValidator 控件

在 Web 窗体中，RequiredFiledValidator 控件检查指定的控件中是否输入了数据，如果没有输入任何数据，则会显示指定的提示信息。RequiredFiledValidator 控件的使用语法如下：

```
<asp:RequiredFieldValidator
ID="控件名称"
runat="server"
ControlToValidate="被验证控件的 ID"
ErrorMessage="验证失败时在 ValidationSummary 控件中显示的文本"
InitialValue="被验证控件的初始值"
>
</asp:RequiredFieldValidator>
```

RequiredFiledValidator 控件的 InitialValue 属性表示输入控件的初始值，不是设置输入控件的默认值，而是不希望用户在输入控件中输入的值，当验证执行时，如果输入控件中包含该值，则验证失败。

2. CompareValidator 控件

CompareValidator 控件是比较验证控件，用于将用户输入的值与其他控件的值或者某一个指定的值进行比较。CompareValidator 控件的使用语法如下：

```
<asp:CompareValidator
ID="控件名称"
runat="server"
ControlToValidate="被验证控件的 ID"
ControlToCompare="要进行比较的控件的 ID"
Value1ToCompare="要进行比较的常数值"
ErrorMessage="验证失败时在 ValidationSummary 控件中显示的文本"
Type="要进行比较的数据的类型"
Operater="要进行比较的数据的关系"
>
  </asp:CompareValidator>
```

CompareValidator 控件的 Type 属性是设定用于比较的数据的类型，默认值为 String。其取值及意义如下。

- String：字符串数据类型。
- Integer：32 位有符号整型数据类型。
- Double：双精度浮点型数据类型。
- Date：日期型数据类型。
- Currency：货币型数据类型。

CompareValidator 控件的 Operater 属性是设定用于比较的数据的关系，默认值为 Equal，其取值及意义如下。

- Equal：比较用户输入的值与其他控件的值或者某一个指定的值是否相等。
- NotEqual：比较用户输入的值与其他控件的值或者某一个指定的值是否不等。
- GreaterThan：比较用户输入的值是否大于其他控件的值或者某一个指定的值。
- GreaterThanEqual：比较用户输入的值是否大于等于其他控件的值或者某一个指定的值。
- LessThan：比较用户输入的值是否小于其他控件的值或者某一个指定的值。
- LessThanEqual：比较用户输入的值是否小于等于其他控件的值或者某一个指定的值。
- DataTypeCheck：验证用户输入的值是否可以转换为 Type 属性所指定的数据类型，如果无法转换，则验证失败。

注意：

（1）不要同时设置 ControlToCompare 属性和 ValueToCompare 属性，如果同时设置了这两个属性，则 ControlToCompare 属性优先。

（2）如果将 Operater 属性设置为 DataTypeCheck，验证控件将忽略 ControlToCompare 属性和 ValueToCompare 属性，仅验证用户输入的值是否可以转换为 Type 属性所指定的数据类型。

3. RangeValidator 控件

RangeValidator 控件是"范围验证控件"，主要用于检测用户输入的值是否在指定的范围内，即在最大值和最小值之间。其使用语法如下：

```
<asp:RangeValidator
ID="控件名称"
runat="server"
```

```
ControlToValidate="被验证控件的 ID"
ErrorMessage="验证失败时在 ValidationSummary 控件中显示的文本"
MaximumValue="验证范围的最大值"
MinimumValue="验证范围的最小值"
Type="Integer|String|Double|Date|Currency"
>
</asp:RangeValidator>
```

4. RegularExpressionValidator 控件

RegularExpressionValidator 控件是"正则表达式验证控件"，其使用语法如下：

```
<asp:RegularExpressionValidator
ID="控件名称"
runat="server"
ControlToValidate="被验证控件的 ID"
ErrorMessage="验证失败时在 ValidationSummary 控件中显示的文本"
ValidationExpression="验证输入的正则表达式"
>
</asp:RegularExpressionValidator>
```

RegularExpressionValidator 控件的属性比较简单，同前面的控件类似，重点在于设置 ValidationExpression 中的正则规则。

5. CustomValidator 控件

CustomValidator 控件的使用语法如下：

```
<asp:CustomValidator
ID="控件名称"
runat="server"
ControlToValidate="被验证的控件 ID"
ErrorMessage="验证失败时在 ValidationSummary 控件中显示的文本"
ClientValidationFunction="客户端验证函数"
OnServerValidate="服务器端验证函数"
ValidateEmptyText="True
">
</asp:CustomValidator>
```

CustomValidator 控件既可以实现客户端验证，又可以实现服务器端验证。

（1）客户端验证：在属性 ClientValidationFunction 中设置验证函数，随后在客户端脚本中定义并实现。

（2）服务器端验证：在属性 OnServerValidate 中设置验证函数，并在服务器端脚本中定义并实现。

6. ValidationSummary 控件

ValidationSummary 控件的使用语法如下：

```
<asp:ValidationSummary
ID="ValidationSummary1"
runat="server"
HeaderText="摘要信息的标题文本"
```

```
DisplayMode="List|BulletList|SingleParagraph"
/>
```

DisplayMode 用于指定汇总的错误信息的显示格式，其取值及意义如下。

● List：以列表的形式显示汇总的错误信息。

● BulletList：以项目符号列表的形式显示汇总的错误信息。

● SingleParagraph：以段落的形式显示汇总的错误信息。

7.　正则表达式

正则表达式是一种文本模式，包括普通字符（例如，a～z 之间的字母）和特殊字符（称为"元字符"）。正则表达式作为一个模板，将某个字符模式与所搜索的字符串进行匹配，正则表达式中常见的元字符列表如表 5-12 所示。

表 5-12　正则表达式中常见的元符号

字符	描述
\	将下一字符标记为特殊字符、文本、反向引用或八进制转义符。例如，"n"匹配字符"n"。"\n"匹配换行符。序列"\\"匹配"\"，"\("匹配"("
^	匹配输入字符串开始的位置。如果设置了 RegExp 对象的 Multiline 属性，^还会与"\n"或"\r"之后的位置匹配
$	匹配输入字符串结尾的位置。如果设置了 RegExp 对象的 Multiline 属性，$还会与"\n"或"\r"之前的位置匹配
*	零次或多次匹配前面的字符或子表达式。例如，zo*匹配"z"和"zoo"。*等效于{0,}
+	一次或多次匹配前面的字符或子表达式。例如，"zo+"与"zo"和"zoo"匹配，但与"z"不匹配，+等效于{1,}
?	零次或一次匹配前面的字符或子表达式。例如，"，do(es)?"匹配"do"或"does"中的"do"，?等效于{0,1}
{n}	n 是非负整数，正好匹配 n 次。例如，"，o{2}"与"Bob"中的"o"不匹配，但与"food"中的两个"o"匹配
{n,}	n 是非负整数，至少匹配 n 次。例如，"，o{2,}"不匹配"Bob"中的"o"，而匹配"foooood"中的所有 o。"o{1,}"等效于"o+"。"o{0,}"等效于"o*"
{n,m}	m 和 n 是非负整数，其中 n ≤ m。匹配至少 n 次，至多 m 次。例如，"o{1,3}"匹配"fooooood"中的头三个 o。'o{0,1}'等效于'o?'。注意：不能将空格插入逗号和数字之间
?	当此字符紧随任何其他限定符（*、+、?、{n}、{n,}、{n,m}）之后时，匹配模式是"非贪心的"。"非贪心的"模式匹配搜索到的、尽可能短的字符串，而默认的"贪心的"模式匹配搜索到的、尽可能长的字符串。例如，在字符串"oooo"中，"o+?"只匹配单个"o"，而"o+"匹配所有"o"
.	匹配除"\n"之外的任何单个字符。若要匹配包括"\n"在内的任意字符，可使用诸如"[\s\S]"之类的模式
x|y	匹配 x 或 y。例如，"z|food"匹配"z"或"food"。"(z|f)ood"匹配"zood"或"food"
[xyz]	字符集。匹配包含的任一字符。例如，"[abc]"匹配"plain"中的"a"
[^xyz]	反向字符集。匹配未包含的任何字符。例如，"[^abc]"匹配"plain"中的"p"

字符	描述
[a-z]	字符范围。匹配指定范围内的任何字符。例如，"[a-z]"匹配"a"到"z"范围内的任何小写字母
[^a-z]	反向范围字符。匹配不在指定范围内的任何字符。例如，"[^a-z]"匹配任何不在"a"到"z"范围内的任何字符
\d	数字字符匹配，等效于[0-9]
\D	非数字字符匹配，等效于[^0-9]
\w	匹配任何字类字符，包括下画线，与"[A-Za-z0-9_]"等效
\W	与任何非单词字符匹配，与"[^A-Za-z0-9_]"等效
\n	换行符匹配，等效于\x0a 和\cJ

由于篇幅关系，这里列出的元字符比较少，有兴趣的读者可以去查阅搜索相关资料。正则表达式的例子如下。

● 验证用户名和密码：（"^[a-zA-Z]\w{5,15}$"），正确格式为：由"[A-Z][a-z]_[0-9]"组成，并且第一个字必须为字母 6~16 位。

● 验证电话号码：（"^(\d{3,4}-)\d{7,8}$"），正确格式为：xxx/xxxx-xxxxxxx/xxxxxxxx。

● 验证手机号码："^1[3|4|5|8][0-9]\d{8}$"。

● 验证身份证号码（15 位或 18 位数字）："\\d{17}[[0-9],0-9xX]"。

● 验证 Email 地址：（"^\w+([-+.]\w+)*@\w+([-.]\w+)*\.\w+([-.]\w+)*$"）。

● 匹配账号是否合法（字母开头，允许 5~16 字节，允许字母数字下画线）：^[a-zA-Z][a-zA-Z0-9_]{4,15}$。

● 匹配腾讯 QQ 号：[1-9][0-9]\{4,\}，评注：腾讯 QQ 号从 10 000 开始。

● 匹配中国邮政编码：[1-9]\d{5}(?!\d)，评注：中国邮政编码为 6 位数字。

任务实施与测试

1. 学生基本信息验证页的实现

1）修改 Web 窗体文件

复制 StudentInfo.aspx 到根目录下，并重命名为 StudentInfoV.aspx，选中 QQ 号码所在的行，单击鼠标右键，在弹出的右键菜单中选择【插入】|【下面的行】命令，如图 5-40 所示。

在所添加的新行第一个单元格中输入【年龄：】，在第二个单元格中拖入文本框并命名为"txtAge"，并在 btnSubmit_Click 中添加如下代码：

```
LabelShow.Text += "<br>年龄：" + txtAge.Text;
```

2）验证控件的主要属性设置和代码实现

（1）添加必填项验证控件（RequiredFiledValidator 控件）。在除【性别】和【所在院系】两项的其他项后面添加 RequiredFiledValidator 控件，限制所输入的项不能为空，如图 5-41 所示。

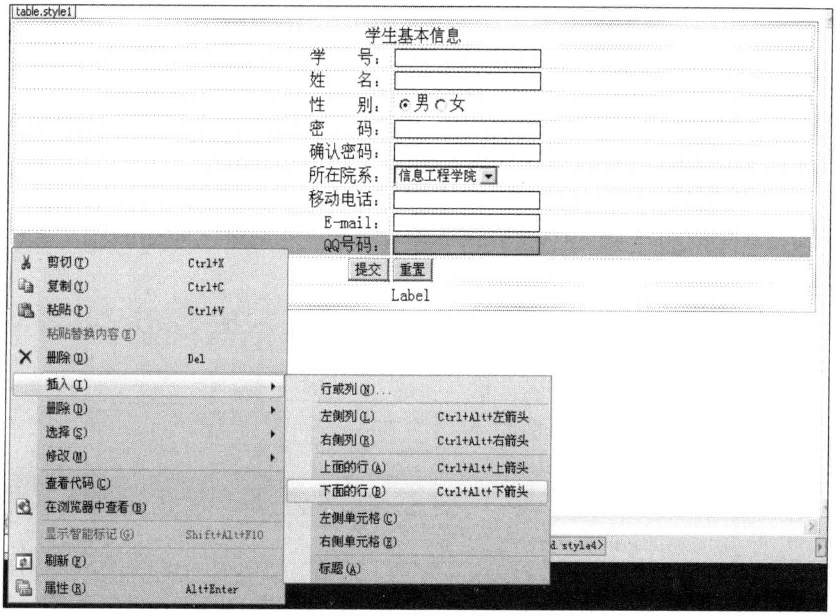

图 5-40 插入新行页面

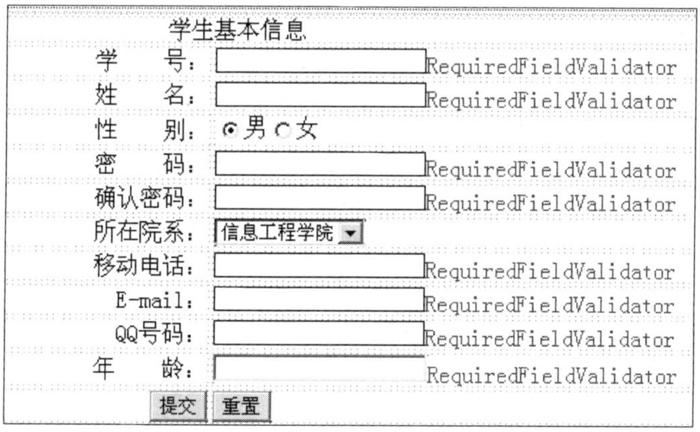

图 5-41 添加 RequiredFiledValidator 控件后的页面

在【学号】和【姓名】后的验证控件按照如表 5-13 所示进行设置，用类似的方法设置剩下的 6 个 RequiredFiledValidator 验证控件，其中 ControlToValidate 属性分别设置为"txtPwd1"、"txtPwd2"、"txtTel"、"txtEmail"、"txtQq"和"txtAge"，设置完成如图 5-42 所示。

表 5-13 设置各 RequiredFiledValidator 验证控件的属性值

控件	属性	值
RequiredFiledValidator1	ID	RequiredFiledValidator1
	ControlToValidate	txtNum
	Text	*
	ErrorMessage	学号不能为空

续表

控件	属性	值
RequiredFiledValidator2	ID	RequiredFiledValidator2
	ControlToValidate	txtName
	Text	*
	ErrorMessage	姓名不能为空

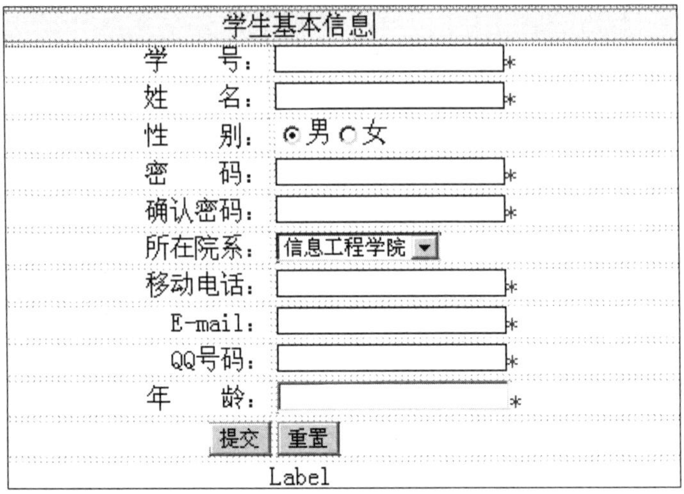

图 5-42 设置 RequiredFiledValidator 属性后的页面

（2）添加比较验证控件（CompareValidator 控件）。在【确认密码】文本框后添加一个 CompareValidator 控件，限制确认密码要与密码一致，设置属性如表 5-14 所示。

表 5-14 设置 CompareValidator 控件的属性值

控件	属性	值
CompareValidator1	ID	CompareValidator1
	ControlToValidate	txtPwd1
	ControlToCompare	txtPwd2
	Text	密码不一致
	ErrorMessage	两次密码不同

（3）添加范围验证控件（RangeValidator 控件）。在【年龄】文本框后添加一个 RangeValidator 控件，限制年龄在 15~65 之间，设置属性如表 5-15 所示。

表 5-15 设置 CompareValidator 控件的属性值

控件	属性	值
RangeValidator1	ID	RangeValidator1
	ControlToValidate	txtAge

续表

控件	属性	值
RangeValidator1	Minimum	15
	Maximum	65
	Type	Integer
	Text	输入 15~65 之间的整数
	ErrorMessage	年龄应在 15~65 之间

（4）添加正则验证控件（RegularExpressionValidator 控件）。在【移动电话】、【E-mail】、【QQ 号码】文本框后各添加一个 RegularExpressionValidator 控件，限制输入的移动电话、E-mail、QQ 号码的格式，设置属性如表 5-16 所示。

表 5-16　设置 RegularExpressionValidator 控件的属性值

控件	属性	值
RegularExpressionValidator1	ID	RegularExpressionValidator1
	ControlToValidate	txtTel
	ValidationExpressin	^1[3|4|5|8][0-9]\d{8}$
	Text	移动电话号码不正确
	ErrorMessage	请输入一个有效的电话号码
RegularExpressionValidator2	ID	RegularExpressionValidator2
	ControlToValidate	txtEmail
	ValidationExpressin	\w+([-+.']\w+)*@\w+([-.]\w+)*\.\w+([-.]\w+)*
	Text	Email 格式不正确
	ErrorMessage	请输入一个有效的 Email 地址
RegularExpressionValidator3	ID	RegularExpressionValidator3
	ControlToValidate	txtQq
	ValidationExpressin	[1-9][0-9]\{4,\}
	Text	QQ 号码不正确
	ErrorMessage	请输入一个有效的 QQ 号码

（5）添加自定义控件（CustomValidator 控件）。在【学号】文本框后面添加一个 CustomValidator 控件，用于验证输入的学号是否已经被注册，设置其 ControlToValidate 属性为 txtNum，ErrorMessage 属性为"该学号已经被注册"，Text 属性为"验证学号"，再添加一个【检测】按钮。双击 CustomValidator 控件，在 CustomValidator1_ServerValidate 事件中添加如下代码：

```
protected void CustomValidator1_ServerValidate(object source, ServerValidateEventArgs args)
{
    if (args.Value == "123")
    {
        args.IsValid = false;
    }
    else
    {
        args.IsValid = true ;
    }
}
```

注意： 此处只与一个学号进行了比较，以后学习了数据库的知识后，可以读取数据库中的学号进行比较。

（6）添加验证总结控件（ValidationSummary 控件）。在表格最后一行添加 ValidationSummary 控件，即以摘要的方式显示所有验证失败的验证控件的【ErrorMessage】的信息。

页面添加各类验证控件的效果如图 5-43 所示。

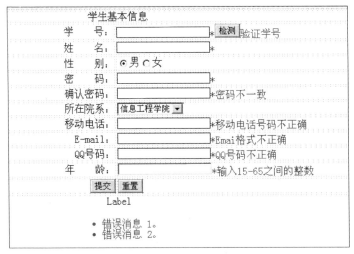

图 5-43 添加各类验证控件的效果图

（7）StudentInfoV.aspx 的页面代码如下。

```
<%@  Page  Title=""  Language="C#"  MasterPageFile="~/MasterPage.master"
AutoEventWireup="true" CodeFile="StudentInfoV2.aspx.cs" Inherits="StudentInfoV2" %>
<asp:Content ID="Content1" ContentPlaceHolderID="head" Runat="Server">
    <style type="text/css">
    .style2
    {
        width: 417px;
    }
        .style3
        {
        height: 28px;
        }
    </style>
</asp:Content>
<asp:Content   ID="Content2"   ContentPlaceHolderID="ContentPlaceHolder1"
```

```
Runat="Server">
    <table class="style1" style="width: 682px; margin-right: 154px;" align="center">
            <tr>
                <td align="center" colspan="2" class="style3">学生基本信息</td>
            </tr>
            <tr>
                <td align="right" class="style4">
                    学    号: </td>
                <td align="left" class="style2">
        <asp:TextBox ID="txtNum" runat="server" BorderWidth="1px"></asp:TextBox>
        <asp:RequiredFieldValidator ID="RequiredFieldValidator1" runat="server"
ControlToValidate="txtNum" ErrorMessage="学号不能为空">*</asp:RequiredFieldValidator>
        <asp:Button ID="Button2" runat="server" Text="检测" />
    <asp:CustomValidator ID="CustomValidator1" runat="server"
    ControlToValidate="txtNum" ErrorMessage="学号已经注册"
    onservervalidate="CustomValidator1_ServerValidate1">验证学号</asp:CustomValidator>
                </td>
            </tr>
            <tr>
                <td align="right" class="style4"> 姓    名: </td>
                <td align="left" class="style2">
    <asp:TextBox ID="txtName" runat="server" BorderWidth="1px"></asp:TextBox>
    <asp:RequiredFieldValidator ID="RequiredFieldValidator2" runat="server"
    ControlToValidate="txtName" ErrorMessage="姓名不能为空"> * < /
asp:RequiredFieldValidator>
                </td>
            </tr>
            <tr>
                <td align="right" class="style4">性    别: </td>
    <td align="left" class="style2">
    <asp:RadioButton ID="RadioNan" runat="server" Checked="True" Text="男" />
                    <asp:RadioButton ID="RadioNv" runat="server" Text="女" />
                </td>
            </tr>
            <tr>
                <td align="right" class="style4">密    码: </td>
                <td align="left" class="style2">
    <asp:TextBox  ID="txtPwd1"  runat="server"  BorderWidth="1px"  TextMode=
"Password"></asp:TextBox>
    <asp:RequiredFieldValidator ID="RequiredFieldValidator3" runat="server"
    ControlToValidate="txtPwd1" ErrorMessage="密码不能为空"> * < /
asp:RequiredFieldValidator>
                </td>
            </tr>
            <tr>
                <td align="right" class="style4"> 确认密码: </td>
                <td align="left" class="style2">
    <asp:TextBox  ID="txtPwd2"  runat="server"  BorderWidth="1px"  TextMode=
"Password"></asp:TextBox>
```

```
    <asp:RequiredFieldValidator ID="RequiredFieldValidator4" runat="server"
 ControlToValidate="txtPwd2"ErrorMessage="确认密码不能为空" > * < /
asp:RequiredFieldValidator>
    <asp:CompareValidator ID="CompareValidator1" runat="server"
 ControlToCompare="txtPwd1" ControlToValidate="txtPwd2" ErrorMessage="两次密
码不同">密码不一致</asp:CompareValidator>
                    </td>
            </tr>
            <tr>
                <td align="right" class="style4">所在院系：</td>
                <td align="left" class="style2">
                    <asp:DropDownList ID="DropDownListYx" runat="server">
                        <asp:ListItem>信息工程学院</asp:ListItem>
                        <asp:ListItem>机电工程学院</asp:ListItem>
                        <asp:ListItem>外语工程学院</asp:ListItem>
                        <asp:ListItem>建筑工程学院</asp:ListItem>
                        <asp:ListItem>能源工程学院</asp:ListItem>
                    </asp:DropDownList>
                </td>
            </tr>
            <tr>
                <td align="right" class="style4">    移动电话：</td>
                <td align="left" class="style2">
 <asp:TextBox ID="txtTel" runat="server" BorderWidth="1px"></asp:TextBox>
 <asp:RequiredFieldValidator ID="RequiredFieldValidator5" runat="server"
 ControlToValidate="txtTel"ErrorMessage=" 移动电话不能为空 " > * < /
asp:RequiredFieldValidator>
 < asp: Regular Expression Validator ID=" Regular Expression Validator 1 "
runat="server"
    ControlToValidate="txtTel" ErrorMessage="请输入一个有效的电话号码"
    Validation Expression="(\(\ d{ 3 }\)|\ d{ 3 }-)?\ d{ 8 }"> 移动电话号码不正确</
asp:RegularExpressionValidator>
                    </td>
            </tr>
            <tr>
                <td align="right" class="style4">E-mail: </td>
                <td align="left" class="style2">
 <asp:TextBox ID="txtEmail" runat="server" BorderWidth="1px"></asp:TextBox>
 <asp:RequiredFieldValidator ID="RequiredFieldValidator6" runat="server"
 ControlToValidate="txtEmail"ErrorMessage="E-mail不能为空" > * < /
asp:RequiredFieldValidator>
 < asp: Regular Expression Validator ID=" Regular Expression Validator 2 "
runat="server"
    ControlToValidate="txtEmail" ErrorMessage="请输入一个有效的 Email 地址"
                        ValidationExpression="\w+([-+.']\w+)*@\w+([-.]\
w+)*\.\w+([-.]\w+)*">Emai 格式不正确</asp:RegularExpressionValidator>
                    </td>
            </tr>
            <tr>
```

```
                    <td align="right" class="style4">QQ 号码: </td>
                    <td align="left" class="style2">
<asp:TextBox ID="txtQq" runat="server" BorderWidth="1px"></asp:TextBox>
<asp:RequiredFieldValidator  ID="RequiredFieldValidator7"  runat="server"
ControlToValidate="txtQq" ErrorMessage="QQ 不能为空">*</asp:RequiredFieldValidator>
  <asp:RegularExpressionValidator ID="RegularExpressionValidator3" runat="server"
  ControlToValidate="txtQq" ErrorMessage="请输入一个有效的 QQ 号码">QQ 号码不正确</
asp:RegularExpressionValidator>
                    </td>
              </tr>
              <tr>
                    <td align="right" class="style4"> 年      龄: </td>
                    <td align="left" class="style2">
<asp:TextBox ID="txtAge" runat="server"></asp:TextBox>
<asp:RequiredFieldValidator ID="RequiredFieldValidator8" runat="server"
 ControlToValidate="txtAge" ErrorMessage="年龄不能为空">*</
asp:RequiredFieldValidator>
  <asp:RangeValidator ID="RangeValidator1" runat="server"
 ControlToValidate="txtAge" ErrorMessage="年龄应在15~65之间"
MaximumValue="65"
   MinimumValue="15" Type="Integer">输入 15~65 之间的整数</asp:RangeValidator>
                    </td>
              </tr>
              <tr>
                    <td align="right" class="style4">
<asp:Button ID="btnSubmit" runat="server" onclick="btnSubmit_Click" Text="提交"
                    style="height: 21px" />
                    </td>
                    <td align="left" class="style2">
                         <asp:Button ID="btnReset" runat="server" Text="重置" />
                    </td>
              </tr>
              <tr>
                    <td align="center" class="style3" colspan="2">
<asp:Label ID="LabelShow" runat="server" Text="Label"></asp:Label>
<asp:ValidationSummary ID="ValidationSummary1" runat="server" />
                    </td>
              </tr>
        </table>
</asp:Content>
```

（8）StudentInfoV.aspx.cs 的页面代码如下。

```
public partial class StudentInfoV2 : System.Web.UI.Page
{
    protected void Page_Load(object sender, EventArgs e)
    {

    }
    protected void btnSubmit_Click(object sender, EventArgs e)
```

```
    {
        LabelShow.Text = "<hr>学生信息如下：<br>学号：" + txtNum.Text;
        LabelShow.Text += "<br>姓名：" + txtName.Text;
        LabelShow.Text += "<br>性别：" +(RadioNan.Checked?"男":"女");
        LabelShow.Text += "<br>所在院系：" + DropDownListYx.Text;
        LabelShow.Text += "<br>密码："+txtPwd1.Text;
        LabelShow.Text += "<br>确认密码：" + txtPwd2.Text;
        LabelShow.Text += "<br>移动电话：" + txtTel.Text;
        LabelShow.Text += "<br>E-mail：" + txtEmail.Text;
        LabelShow.Text += "<br>QQ 号码：" + txtQq.Text;
        LabelShow.Text += "<br>年龄：" + txtAge.Text;
    }
    protected    void    CustomValidator1_ServerValidate(object    source,
ServerValidateEventArgs args)
    {
        if (args.Value == "123")
        {
            args.IsValid = false;
        }
        else
        {
            args.IsValid = true ;
        }
    }
}
```

2. 测试

程序运行结果如图 5-44 所示，输入相应的信息后单击【提交】按钮，即可出现如图 5-45 所示的效果。

图 5-44　学生基本信息验证页运行结果

图 5-45   输入数据后的页面信息

任务拓展

（1）实现教师基本信息验证页面。
（2）实现图书基本信息验证页面。
（3）实现管理员登录页面。
（4）实现修改密码页面。

项目重现

完成网上购物系统的用户管理模块页面效果功能

1. 项目目标

完成本项目后，读者能够：
● 实现网上购物系统用户信息提交功能页面效果。
● 实现网上购物系统用户信息验证功能页面效果。

2. 知识目标

完成本项目后，读者应该：
● 掌握基本 Web 服务器控件的使用方法。
● 掌握基本验证控件的使用方法。

3. 项目介绍

网上购物系统用户注册是用户网上购物的必需的步骤，是日后对合法用户身份验证的依据。注册用户可以对用户信息进行修改，包括修改密码等。用户登录是验证用户合法身份的必要手段，以此确保网上购物系统的安全性。

4. 项目内容

（1）用户信息提交功能：用 Web 服务器控件对用户注册、修改用户信息以及用户登录、修改密码等页面进行页面效果设计及实现。

（2）用户信息验证功能：用验证控件对用户注册、修改用户信息以及用户登录、修改密码等页面进行页面效果设计及实现。

项目 6　实现在线聊天功能

学习目标

通过本项目的学习，使读者了解 ASP.NET 内置对象的基本功能，掌握每个对象的常用属性、集合和方法。

知识目标

- 熟悉 ASP.NET 内置对象。
- 掌握 Request 对象的主要功能及基本用法
- 掌握 Response 对象的主要功能及基本用法。
- 掌握 Application 对象的主要功能及基本方法。
- 掌握 Session 对象的主要功能及基本方法。
- 理解 Cookie 的主要功能及基本方法。

技能目标

- 能运用 Resonse 对象和 Request 对象进行页面传值。
- 能运用 Request 对象获取客户端浏览器的信息。
- 能运用 Application 对象统计在线人数、实现消息发送。
- 能运用 Session 对象精确统计在线人数、实现强制登录。
- 能运用 Cookie 实现密码记忆功能。

素质目标

- 培养永攀科学高峰的创新意识。
- 培养严谨踏实、精益求精的工匠精神。

项目背景

许多网站都具有在线聊天功能，在 Internet 上的聊天程序一般以服务器提供连接响应，用户通过客户端程序登录到服务器，就可以与登录同一服务器的其他用户聊天。本项目实现图书馆管理系统的在线聊天功能，为已登录的用户提供在线聊天功能。用户登录后可看到用户个人登录信息和当前的在线人数，并能自由发言，查看客户端信息，并且系统具有密码记忆功能。用户登录一次后，下次登录时输入正确的用户名即可自动获取登录密码进行登录。

项目成果

本项目的主要任务是实现图书馆管理系统的在线聊天功能，主要分为用户信息传递、在线留言和统计在线人数三个任务。

任务 6.1　用户信息传递

任务描述

用户登录后，用户信息如用户名和密码等经常需要跨页传递，例如，在图书馆管理系统项目中用户登录后，需将用户名、密码等用户信息传递到目标页面。

知识准备

6.1.1　五大对象功能概述

Web 应用开发中一个很重要的问题就是 Web 页面之间的信息传递和信息维护，ASP.NET 提供了一些内置对象和 Cookie 来管理 Web 页面之间的状态，以实现在页面往返过程中自动保留所有控件的属性值和其他特定值。表 6-1 所示为 ASP.NET 中的内置对象及其说明。

表 6-1　ASP.NET 中的内置对象及其说明

对象名	说明
Response	提供对当前页的输出流的访问（主要用于生成 HTML 内容并送交浏览器）
Request	提供对当前页请求的访问（主要用于获取来自客户端的数据，如用户填入表单的数据等）
Application	提供对所有会话的应用程序范围的方法和事件的访问，还提供对可用于存储信息的应用程序范围的缓存的访问
Session	为当前用户会话提供信息
Cookies	提供创建和操作各 HTTP Cookies 的类型安全方法

6.1.2　Response 对象概述

Response 对象用于动态响应客户端请示，控制发送给用户的信息，并动态生成响应，将结果返回给客户端浏览器。Response 对象的常用属性和方法如表 6-2 所示。

表 6-2　Response 对象的常用属性和方法

名称	方法/属性	描述
BufferOutput	属性	获取或设置一个值，该值指示是否缓冲输出并在处理完整个响应之后发送它

续表

名称	方法/属性	描述
Cookies	属性	获取响应 Cookie 集合
Clear	方法	清除缓冲区流中的所有内容输出
Write	方法	将信息写入 HTTP 响应输出流
WriteFile	方法	将指定的文件直接写入 HTTP 响应输出流
End	方法	将当前所有缓冲的输出发送到客户端,停止该页的执行,并引发 EndRequest 事件
Redirect	方法	将客户端重定向到新的 URL,并指定该新 URL

1. 使用 Write 方法输出信息

Response 对象的 Write 方法用于向客户端输出信息,语法如下:

```
Response.Write("字符串"|变量);
```

【案例 6-1】在屏幕上显示"欢迎来到聊天室"。

(1) 新建 WebSite6 网站,添加一个网页,并在网页的 Page_Load 事件中编写如下代码:

```
protected void Page_Load(object sender, EventArgs e)
    {
        Response.Write("欢迎来到聊天室");
    }
```

(2) 运行结果如图 6-1 所示。

图 6-1 案例运行结果

使用 Write 方法输出的字符串会被浏览器按 HTML 语法进行解释。因此可以使用 Write 方法直接输出 HTML 代码来实现页面内容和格式的定制。

【举一反三】:分析如下代码的运行结果为什么如图 6-2 所示呢?

```
protected void Page_Load(object sender, EventArgs e)
    {
        Response.Write("<I>静夜思</I>");
        Response.Write("<Br>");
        Response.Write("<H2 Align='Center'>床前明月光,疑是地上霜。</H2>");
        Response.Write("<Hr Size='1' Color='Black'>");
        Response.Write("<A Href='http://www.163.com'>去网易看看</A>");
        Response.Write("<Hr>");
        Response.Write(Server.HtmlEncode("<Hr Size='1' Color='Black'>"));
        //HtmlEncode():对字符串进行 HTML 编码,以免该字符串被解释为 HTML
        语法 Response.Write("<Hr Size='1' Color='Black'>");
    }
```

图 6-2　案例运行结果

2. BufferOutput 属性及 Clear 方法

Response 对象的 BufferOutput 属性的默认值为 true，所以输出到客户端的数据暂时存储在缓冲区内，等所有的事件程序及所有的页面对象全部解释完毕后，才将所有在缓冲区中的数据送到客户端的浏览器。Response 对象的 Clear 方法用于清除缓冲区流中的所有内容输出，下面通过如下两个案例来观察缓冲区如何运作。

【案例 6-2】使用缓冲区。

新建页面，在网页的 Page_Load 事件中编写如下代码。

```
protected void Page_Load(object sender, EventArgs e)
    {
        Response.Write("清除缓冲区之前的数据<br>");
        Response.Clear();
        Response.Write("清除缓冲区之后的数据<br>");
    }
```

程序运行后，首先在页面输出"清除缓冲区之前的数据"这一行，同时数据已存在缓冲区中，然后使用 Clear 方法将缓冲区中的数据清除。此时，刚刚送出的数据"清除缓冲区之前的数据"被清除，最终没有显示"清除缓冲区之前的数据"这一行，所以程序运行结果如图 6-3 所示。

图 6-3　案例运行结果

【案例 6-3】不使用缓冲区。

新建页面，在网页的 Page_Load 事件中编写如下代码。

```
protected void Page_Load(object sender, EventArgs e)
    {
        Response.BufferOutput = false;
        Response.Write("清除缓冲区之前的数据<br>");
        Response.Clear();
        Response.Write("清除缓冲区之后的数据<br>");
    }
```

将 Response 的 BufferOutput 属性设置为 false，表示数据没有放在缓冲区内，而是直接输出，也没有因为使用 Clear 方法而将缓冲区中的数据清除，程序运行结果如图 6-4 所示。

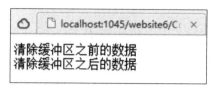

图 6-4   案例运行结果

3. Redirect 方法

Response 对象的 Redirect 方法可以将超链接重新导向其他地址，使用时只要传入一个 URL 即可，语法如下：

```
Response.Redirect("页面 URL 地址");
Response.Redirect("Page1.htm"); //将网页转移到当前目录的 Page1.htm
Response.Redirect("http://localhost/index.aspx") //将网页转移到"/index.aspx"
```

【案例 6-4】网页跳转案例。

（1）新建网页，打开"设计"视图，输入"请输入 URL"，并添加一个【ID】属性为"txtURL"的 TextBox 控件和一个【ID】属性为"BtnSubmit"，【Text】属性为"提交"的 Button 控件。双击 BtnSubmit 控件，并在 BtnSubmit_Click 事件中添加如下代码：

```
protected void BtnSubmit_Click(object sender, EventArgs e)
    {
        Response.Redirect(txtURL.Text);
    }
```

（2）程序运行后在【请输入 URL】文本框中输入 http://www.baidu.com，如图 6-5 所示，单击【提交】按钮后，即可跳转到百度网站，如图 6-6 所示。

图 6-5   案例输入演示

图 6-6   案例运行结果

6.3.3　Request 概述

Request 用于获取客户端向服务器端发出的 HTTP 请求中的客户端的信息。Request 对象的属性和方法有很多，如表 6-3 所示为 Request 对象的常用属性和方法。

表 6-3　Request 对象的常用属性和方法

名称	方法/属性	描述
Browser	属性	获取有关正在请求的客户端的浏览器功能的信息
Cookies	属性	获取客户端发送的 Cookie 的集合
Form	属性	获取客户端表单元素中所填入的信息
MapPath	方法	将请求的 URL 中的虚拟路径映射到服务器上的物理路径
Params	属性	获取 QueryString、Form、ServerVaribles 和 Cookies 项的数据
QueryString	属性	获取 HTTP 查询字符串变量集合
SaveAs	方法	将 HTTP 请求保存到磁盘

1. Form 属性的使用方法

服务器获取表单数据的方式取决于客户端表单提交的方式。

（1）若表单的提交方式为"get"，则表单数据将以字符串形式附加在 URL 之后，在 QueryString 集合中返回服务器。例如：

```
http://localhost/Target.aspx?X1=value1&X2=value2
```

上式中问号"?"之后的内容即为表单中的项和数据值：表单项 X1 值为 value1，表单项 X2 值为 value2。

此时，在服务器端要使用 Request 对象的 QueryString 集合来获取表单数据。例如：

```
Request.QueryString["X1"];                        // 获取表单项 XX 的值
```

（2）若表单的提交方式为"post"，则表单数据将放在浏览器请求的 HTTP 标头中返回服务器，其信息保存在 Request 对象的 Form 集合中。此时，在服务器端要使用 Request 对象的 Form 集合来获取表单数据。例如：

```
Request.Form["X1"];                               // 获取表单项 XX 的值
```

（3）无论表单以何种方式提交，都可使用 Request 对象的 Params 集合来读取表单数据。例如：

```
Request.Params["X1"];                             // 获取表单项 XX 的值
```

或者，可以省略 QueryString、Form 或 Params，直接使用形式"Request[表单项]"来读取表单数据。例如：

```
Request["X1"];                                    // 获取表单项 XX 的值
```

【案例6-5】设计一个用户登录界面。用户在页面中输入姓名和密码，单击【登录】按钮后利用 Form 获取客户端提交的登录信息，并把相关信息显示在页面中。

（1）在【Website6】网站中添加一个名为 "RequestForm.aspx" 的页面，切换到"设计"视图，输入"姓名："，并在其后面添加一个【TextBox】控件，设置其【ID】属性为 "txtName"，换行输入"密码："，并在其后面添加一个【TextBox】控件，设置其【ID】属性为 "txtPwd"。换行添加【Button】控件，设置其【Text】属性为"登录"，【ID】属性为 "btnSubmit"。

（2）双击 Button 控件，并添加如下代码。

```
protected void btnSubmit_Click(object sender, EventArgs e)
    {
        Response.Write("您输入的姓名是: " + Request.Form["txtName"] + "<br>");
        Response.Write("您输入的密码是: " + Request.Form["txtPwd"] + "<br>");
    }
```

（3）运行程序，输入用户名和密码，运行结果如图 6-7 所示。

图 6-7   案例运行结果

2. QueryString 属性的使用方法

QueryString 用于检索 URL 查询字符串中变量的值。传递变量的名和值由"？"后的内容指定，例如：

网址：http://....../TargetPage.aspx?username="admin"

"？"前面的部分为要访问的网页的 URL。

"？"后面为相应的 QueryString 变量。

username 表示变量的名字，"admin" 为其数值，表示向 TargetPage.aspx 页面传递一个名为 username 的变量，值为 "admin"，用户可以通过 "request.querystring["username"];" 获得该数值。

注意："？"后面可以有多个变量，各个变量之间使用 "&" 连接。

任务实施与测试

1. 用户信息传递功能实现

（1）在【Libary】网站中以 MasterPage.master 为母版添加一个名为"ChatRoom.aspx"的内容页和一个名为"TargePage.aspx"的网页。

（2）将 ChatRoom.aspx 切换到"设计"视图，将相关控件拖入页面的 ContentPlaceHolder1 控件内。表 6-4 所示为相关控件的选用及设置。图 6-8 所示为案例界面设计结果。

表 6-4　相关控件的选用及设置

功能	控件类型	主要属性设置
面板 1	Panel1	默认属性
姓名	TextBox	id="txtName" AutoPostBack= "True"（放在 Panel1 中）
密码	TextBox	id="txtPwd" TextMode="Password"（放在 Panel1 中）
记住密码	CheckBox	id="ckbPwd"（放在 Panel1 中）
登录	Button	id="btnSubmit" Text=" 登录 "（放在 Panel1 中）
面板 2	Pane2	默认属性
信息显示	Label	默认属性（放在 Panel2 中）

图 6-8　案例界面设计结果

（3）双击 Button 控件，并添加如下代码。

```
protected void Button1_Click(object sender, EventArgs e)
    {
        string strURL;
         strURL= "TargetPage.aspx?userName="+txtName.Text+"&Pwd="+txtPwd.
Text;
        Response.Redirect(strURL);
    }
```

（4）在 TargetPage.aspx 页面的 Page_Load 中添加如下代码。

```
protected void Page_Load(object sender, EventArgs e)
    {
        string UserNm;
        UserNm= Request.QueryString["userName"];
        Response.Write("欢迎" + UserNm + "<br>" );
        Response.Write( "您的密码是: " + Request.QueryString["Pwd"]);
    }
```

2. 测试

程序运行结果如图 6-9 所示，输入相应的信息后单击【登录】按钮，即可出现图 6-10 所示的结果。

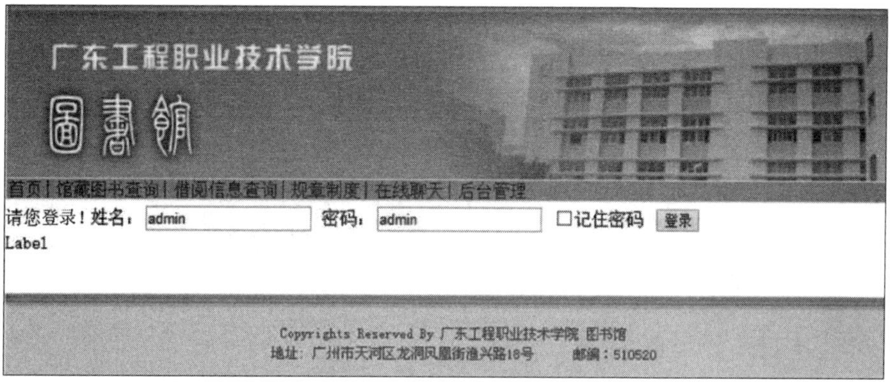

图 6-9　程序运行结果 1

localhost:65106/website6/C ×　　**localhost:65106/website6/T** ×

欢迎 admin
您的密码是：admin

图 6-10　程序运行结果 2

任务拓展

【案例 6-6】利用 Request 对象获取客户端浏览器的能力信息。

通过访问 Request 对象的 Browser 数据集合，可以容易地查询浏览器的能力。例如，如下代码可以获取并输出浏览器描述、版本、是否支持 Cookie、DOM 版本号、是否安装 CLR、客户端操作系统等信息。

（1）在【Website 6】网站中添加一个名为 "Browser.aspx" 的页面。

（2）在页面的 Page_load 事件中添加如下代码。

```
protected void Page_Load(object sender, EventArgs e)
    {
        Response.Write("浏览器:" + Request.Browser.Browser);
        Response.Write("<br>版本:" + Request.Browser.Version);
        Response.Write("<br>支持 Cookie:" + Request.Browser.Cookies);
        Response.Write("<br>微软 DOM 版本号:" + Request.Browser.MSDomVersion.
ToString());
        Response.Write("<br>W3C DOM 版本号:" + Request.Browser.W3CDomVersion.
ToString());
        Response.Write("<br>安装 CLR:" + Request.Browser.ClrVersion.ToString());
        Response.Write("<br>客户端操作系统:" + Request.Browser.Platform);
    }
```

运行结果如图 6-11 所示。

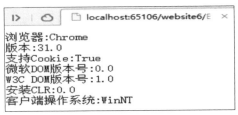

图 6-11　案例运行结果

任务 6.2　统计在线人数

任务描述

同一个网站可以由许多用户访问，可以用 Application 对象记录整个网站的信息，实现统计在线人数的功能。

知识准备

6.2.1　Application 对象概述

Application 对象是公共对象，主要用于在所有用户间共享信息，所有用户都可以访问该对象中的信息并对信息进行修改。该对象多用于创建网站计数器和聊天室。

定义一个 Application 对象的语法格式如下：

```
Application["属性名"]=值;
```

例如：

```
Application["online"] = 0;//在线人数
```

Application 对象的常用属性和方法如表 6-5 所示。

表 6-5　Application 对象的常用属性和方法

名称	属性/方法	说明
Count	属性	获取 HttpApplicationState 集合中的对象的个数
Item	属性	获取对 HttpApplicationState 集合中的对象的访问
Add	方法	将新对象添加到 HttpApplicationState 集合中
Remove	方法	从 HttpApplicationState 集合中移除命名对象
Clear	方法	从 HttpApplicationState 集合中移除所有对象
GetKey	方法	通过索引获取 HttpApplicationState 的对象名
Lock	方法	锁定对 HttpApplicationState 变量的访问以促进访问同步
UnLock	方法	解锁对 HttpApplicationState 变量的访问以促进访问同步

其中 Lock 和 UnLock 方法是比较常用的两个方法，用于处理多个用户同时向 Application 对象写入数据时可能存在的写入数据不一致的问题。先用 Lock 方法将 Application 对象锁定，阻止其他用户修改，确保同一时刻只有一个用户对该对象的信息进行修改。当用户完成修改信息后，必须使用 UnLock 方法对 Application 对象进行解锁，下一个用户才能对 Application 对象进行修改。例如，在线人数统计使用 Lock 方法和 UnLock 方法实现锁定和解锁。

```
Application.Lock();
Application["online"] = int.Parse(Application["online"].ToString()) + 1;
Application.UnLock();
```

2．Application 对象的事件

Application 对象有如下 4 个事件。

（1）OnStart 事件：在整个 ASP.NET 应用程序启动时首先被触发的事件，即在一个虚拟目录中第一个 ASP.NET 程序执行时触发。该事件在程序的生命周期中仅被触发一次。

（2）OnEnd 事件：与 OnStart 事件正好相反，在整个应用停止时被触发，通常发生在服务器被重启/关机时，或 IIS 被停止时。该事件在程序的生命周期中仅被触发一次。

（3）OnBeginRequest 事件：在每一个 ASP.NET 程序被请求时就发生，即客户每访问一个 ASP.NET 程序时，就触发一次该事件。

（4）OnEndRequest 事件：ASP.NET 程序结束时，触发该事件。

这些事件属于全局事件，放在一个固定的文件 Global.asax 中，添加的方法如下：在网站的【解决方案资源管理器】中选中网站，单击鼠标右键，在弹出的右键菜单中选择【添加(D)】|【添加新项(W)…】，如图 6-12 所示，在弹出的对话框中选择【全局应用程序类】，可以看到此文件的默认名称为"Global.asax"，如图 6-13 所示，单击【添加(A)】按钮即可。打开 Global.asax 可以看到并编写全局事件。

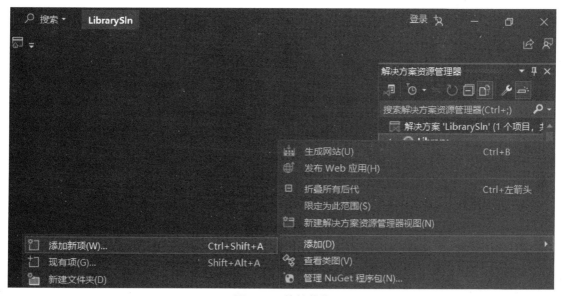

图 6-12　快捷菜单

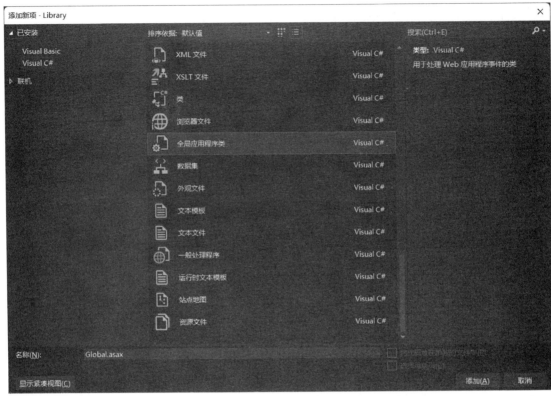

图 6-13　【添加新项】对话框

任务实施与测试

1. 统计在线人数功能实现

（1）修改 Global.asax 文件的 Application_Start 和 Application_End 事件。

```csharp
void Application_Start(object sender, EventArgs e)
{
    //在应用程序启动时运行的代码
    Application.Lock();
    Application["online"] = 0;//在线人数
    Application.UnLock();
}
void Application_End(object sender, EventArgs e)
{
    //在应用程序关闭时运行的代码
    Application.RemoveAll();
}
```

（2）在上一个任务建立的 ChatRoom.aspx.cs 页面中进行修改，双击 Button 控件，修改为如下代码。

```csharp
protected void Button1_Click(object sender, EventArgs e)
{
```

```
            Panel1.Visible = false;
            Panel2.Visible = true;
            Label1.Text = txtName.Text + ", 您好! " + "<br>";
            Application.Lock();
                Application["online"] = int.Parse(Application["online"].
ToString()) + 1;//在线人数加 1
            Application.UnLock();
    Label1.Text= Label1.Text+ "当前在线人数为：" +
Application["online"].ToString() + "人";
        }
```

（3）在 ChatRoom.aspx 页面的 Page_Load 中添加如下代码。

```
protected void Page_Load(object sender, EventArgs e)
{
    Panel2.Visible = false;
}
```

2. 测试

程序运行结果如图 6-14 所示，输入相应的信息后单击【登录】按钮，即可出现如图 6-15 所示的结果。

图 6-14　程序运行结果

图 6-15　程序运行结果

任务拓展

实现图书馆管理系统网站的访问人数统计功能。

任务 6.3　在线留言

任务描述

主要利用 Application 对象实现在线留言功能，游客可以查看聊天内容，用户必须输入用户名和密码登录后才能进行留言，未登录进行留言者将被强制登录。

知识准备

6.3.1　Session 对象概述

Session 对象的功能和 Application 对象的功能类似，都被用来存储跨网页程序的变量和对象，但与 Application 对象不同的是，Session 对象为某一用户私有。这意味着，在线的用户 A 不能访问同时在线的用户 B 的 Seesion 对象。

Session 对象也有其生命周期。在默认的情况下，如果浏览器在 20 分钟内没有再访问网站中的任何网页，则该网站为其建立的 Session 对象将自动释放。而 Application 对象的生命周期终止于停止 IIS 服务。

设置 Session 变量的方法如下：

```
Session["属性名"]=值
```

1. Session 常用的属性和方法

Session 常用的属性和方法如表 6-6 所示。

表 6-6　Session 常用的属性和方法

名称	方法/属性	描述
Count	属性	获取 Contents 集合中的变量数
Item({name,index})	属性	从 Contents 集合内获取名称为 name 或下标为 index 的变量值
Timeout	属性	获取或设置 Session 对象的失效时间，单位为分钟，默认为 20 分钟
Clear	方法	清除 Contents 集合中的所有变量
Remove(name)	方法	从 Contentes 集合中删除名为 name 的变量
RemoveAll	方法	清除 Contents 集合中的所有变量
Add(name,value)	方法	向 Contents 集合中添加名为 name、值为 value 的变量

2. Session 对象事件

Session 对象有如下两个事件。

（1）OnStart 事件：当用户第一次访问 ASP.NET 应用程序时将创建 Session 对象，并触发 OnStart 事件。对同一用户该事件只发生一次，除非发生 OnEnd 事件，否则不会再触发该事件。

（2）OnEnd 事件：在 Timeout 属性所设置的时间内没有再访问网页，或者调用了 Abandon 方法都会触发此事件。该事件通常用于用户会话结束的处理，如将数据写入文件或数据库等。

> **注意**：仅当会话状态 mode 被设置为 InProc 时，才会引发 OnEnd 事件。

Session 对象的生命周期始于用户第一次连接到应用程序的任何网页，在如下情况之一发生时结束：

（1）断开与服务器的连接。

（2）浏览者在 Timeout 属性规定的时间内未与服务器联系。

【案例 6-7】利用 Session 对象准确统计在线人数。

在任务 6.2 中，无论用户是首次访问还是刷新网页，计数器都会加 1，这样就产生了重复计数。可以利用 Session 对象来区分是首次访问还是刷新网页，避免重复统计在线人数。打开 ChatRoom.aspx 页面，修改 Button1_Click 部分代码如下：

```
if (Session.IsNewSession)
    {
    Application.Lock();
    Application["online"]=int.Parse(Application["online"].ToString()) +
1;
    Application.UnLock();
    }
```

【案例 6-8】利用 Session 强制登录。

很多网站是有访问限制的，有些网页只允许已登录的用户访问，为了防止未登录用户跳过登录页而直接访问受保护的页面，可以利用 Session 对象来判断用户的登录状态，若未登录则将其转到登录状态，从而起到了保护资源的目的。

例如，未登录的用户不能查看聊天内容代码如下。

```
string user="";
if (Session["username"] == "")
    Response.Redirect("login.aspx");
else
    user = Session["username"].ToString();
```

3．Timeout 属性

在很多网站中，用户登录之后，如果一段时间内不进行任何操作，则用户就会处于"超时"状态，此时，如果用户进行操作，则网站会跳转到登录界面，需要用户重新登录。该功能就是通过设置 Session 对象的会话时间来实现的。

【案例 6-9】将 Session 对象的 Timeout 属性设置为 1 分钟，超时之后单击【刷新】按钮，程序会自动跳转到聊天登录页面。

```
Session.Timeout = 1;
```

> **注意**：Session 对象的 Timeout 属性是以分钟为单位的，不超过 626600 分钟（1 年）的值，可以在应用程序的 Web.Config 文件中，使用 sessionState 配置元素的 timeout 属性来设置 Timeout 属性。例如，在 Web.Config 文件中设置 Session 对象的有效时间为 30 分钟，代码如下：

```
<sessionState mode="InProc" timeout="30">
```

6.3.2　Cookie 对象

Cookie 对象是 Web 服务器保存在用户硬盘上的一段文本。Cookie 允许一个 Web 站点在用户的计算机上保存信息并且随后再取回它。信息的片段以"键 / 值"对的形式存储。

Cookie 对象用于保存客户端的访问信息。当用户第一次访问一个网站时，网站发送给用户的除了请求页面外，还有一个包含访问日期和时间的 Cookie。用户接收网页的同时，将服务器发来的 Cookie 保存在客户端硬盘上的某个文件夹中。以后用户再访问这个网站时，服务器会自动去硬盘上查找与之相关联的 Cookie，并将该 Cookie 与访问请求一起发送到站点。

Cookie 存储的数据量受限制，大多数浏览器支持的最大容量为 4 096 字节。

> **注意**：虽然 Application、Session 与 Cookie 都用于保存信息，但前两者将信息保存到服务器的内存中，后者将信息存放在客户端的硬盘上。也就是说，无论何时用户连接到服务器，Web 站点都可以访问 Cookie 信息，既方便用户的使用，又方便网站对用户的管理。

1. Cookie 变量的存取

要存储一个 Cookie 变量，其语法格式为：

```
Response.Cookie["变量名"].Value=值;
```

例如：

```
Response.Cookie["username"].Value="admin";//创建 Cookie 变量保存用户名
```

如果要取回 Cookie，使用 Request 对象的 Cookies 集合，将指定的 Cookie 返回，语法格式为：

```
变量=Request.Cookies["变量名"].Value
```

例如：

```
Request.Write(Request.Cookies["username"].Value);//输出用户名
```

2. Cookie 的常用属性和方法

Cookie 的常用属性和方法如表 6-7 所示。

表 6-7　Cookie 的常用属性和方法

名称	属性/方法	描述
Name	属性	获取或设置 Cookie 变量的名称
Value	属性	获取或设置 Cookie 变量的数值
Items	属性	按对象的索引编号或名称获取 Cookie 集合中的对象
Expires	属性	获取或设置 Cookie 的过期时间，应为 DateTime 类型的数据
Add	方法	新增一个 Cookie 变量
Clear	方法	清除 Cookie 集合中的变量

续表

名称	属性/方法	描述
Get	方法	通过变量名或索引得到 Cookie 的变量值
GetKey	方法	以索引值来获取 Cookie 的变量名称
Remove	方法	通过 Cookie 变量名来删除 Cookie 变量

【**案例 6-10**】运用 Cookie 实现密码记忆功能。当用户第一次登录输入用户名和密码，并勾选【记住密码】复选框后，程序会将用户的用户名和密码存储到 Cookie 中。下次登录时，当用户输入用户名后，程序会查找 Cookie 中是否存在该用户名，并获取相应的密码。程序运行结果如图 6-16 所示。

图 6-16　程序运行结果

案例代码如下：

```
    protected void Page_Load(object sender, EventArgs e)
{
    string username = this.txtUserName.Text;//用户名
    string password = this.txtPassword.Text;//密码
    if (CheckBox1.Checked)
    {
        //判断客户端浏览器是否存在该 Cookie，存在就先清除
            if (Request.Cookies["username"] != null && Request.
Cookies["password"] != null)
        {
                Response.Cookies["username"].Expires = System.DateTime.
Now.AddSeconds(-1);//Expires 过期时间
                Response.Cookies["password"].Expires = System.DateTime.
Now.AddSeconds(-1);
            }
            else
            {
            //向客户端浏览器加入 Cookie （用户名和密码 最好使用 MD6 加密）
            HttpCookie hcUserName1 = new HttpCookie("username");
            hcUserName1.Expires = System.DateTime.Now.AddDays(7);
            hcUserName1.Value = username;
            HttpCookie hcPassword1 = new HttpCookie("password");
            hcPassword1.Expires = System.DateTime.Now.AddDays(7);
            hcPassword1.Value = password;
            Response.Cookies.Add(hcPassword1);
        }
    }
}
```

```
protected void Button1_Click(object sender, EventArgs e)
{

}
protected void TextBox1_TextChanged(object sender, EventArgs e)
{
    if (Request.Cookies["username"] != null)
    {
        if (Request.Cookies["username"].Value.Equals(txtUserName.Text.
Trim()))
        {
                txtPassword.Attributes["value"] = Request.Cookies
["username"].Value;
        }
    }
}
```

任务实施与测试

1. 在线留言功能实现

（1）完善界面设计，在 ChatRoom.aspx 中添加如表 6-8 所示的控件并设置相应的属性。

表 6-8　控件及其属性设置

功能	控件	属性
留言显示	TextBox	ID="txtChat" TextMode="MultiLine"
留言发表	TextBox	ID="txtSend"
提交	Button	ID="btnSubmitChat "
退出	Button	退出

（2）修改 Gloal.asax 文件的 Application_Start、Session_Start 和 Session_End 事件。

```
void Application_Start(object sender, EventArgs e)
{
        //在应用程序启动时运行的代码
        Application.Lock();
        Application["online"] = 0;//在线人数
        Application["content"] = "";//聊天内容
        Application.UnLock();
}
        void Session_Start(object sender, EventArgs e)
{
        ////在新会话启动时运行的代码
        Session["username"] = "";//建立一个 Session, 用于保存用户名
        Session.Timeout = 1;
        Application.Lock();
        Application["online"] = int.Parse(Application["online"].ToString()) +
1;//在线人数加 1
```

```
                Application.UnLock();
        }
        void Session_End(object sender, EventArgs e)
        {
            Application.Lock();
                Application["online"] = int.Parse(Application["online"].
ToString()) - 1;//在线人数减 1
            Application.UnLock();
        }
```

（3）在上一个任务建立的 ChatRoom.aspx.cs 页面中进行修改，修改后的代码如下。

```
    protected void Page_Load(object sender, EventArgs e)
    {
        if (Session["username"].ToString() == "")
            Panel2.Visible = false;
            txtChat.Text = Application["content"].ToString();
    }
    protected void btnSubmit_Click(object sender, EventArgs e)
    {
        Panel1.Visible = false;
        Panel2.Visible = true;
        Label1.Text = txtName.Text + ", 您好! " + "<br>";
        if (Session.IsNewSession)
        {
            Application.Lock();
                Application["online"] = int.Parse(Application["online"].
ToString()) + 1;//在线人数加 1
            Application.UnLock();
        }
        Label1.Text = Label1.Text + "当前在线人数为: "+
Application["online"].ToString() + "人";
        Session["username"] = txtName.Text;
        string username = this.txtName.Text;//用户名
        string password = this.txtPwd.Text;//密码

        if (ckbPwd.Checked)
        {
            //判断客户端浏览器是否存在该 Cookie，存在就先清除
                if (Request.Cookies["username"] != null && Request.
Cookies["password"] != null)
            {
                    Response.Cookies["username"].Expires = System.DateTime.
Now.AddSeconds(-1);//Expires 过期时间
                    Response.Cookies["password"].Expires = System.DateTime.
Now.AddSeconds(-1);
            }
            else
            {
                //向客户端浏览器加入 Cookie（用户名和密码，最好使用 MD6 加密）
                HttpCookie hcUserName1 = new HttpCookie("username");
                hcUserName1.Expires = System.DateTime.Now.AddDays(7);
```

```
            hcUserName1.Value = username;
            HttpCookie hcPassword1 = new HttpCookie("password");
            hcPassword1.Expires = System.DateTime.Now.AddDays(7);
            hcPassword1.Value = password;
            Response.Cookies.Add(hcUserName1);
            Response.Cookies.Add(hcPassword1);
        }
    }
}
protected void Button2_Click(object sender, EventArgs e)
{
    if (Session["username"].ToString() != "")
    {
        Session["username"] = "";
        Response.Redirect("ChatRoom.aspx");
    }
}
protected void btnSumbitChat_Click(object sender, EventArgs e)
{
    string user="";
    if (Session["username"] == "")
        Response.Write("ChatRoom.aspx");
    else
    {
        user = Session["username"].ToString();
        string msg = "\n" + user + "说:" + txtSend.Text.ToString() + "\n"; ;
        Application.Lock();
        Application["content"] = (string)Application["content"] + msg;
        Application.UnLock();
        txtChat.Text = (string)Application["content"];
    }
}
protected void txtName_TextChanged(object sender, EventArgs e)
{
    if (Request.Cookies["username"] != null)
    {
        if (Request.Cookies["username"].Value.Equals(txtName.Text.Trim()))
        {
            txtPwd.Attributes["value"] = Request.Cookies["username"].Value;
        }

    }
}
```

（4）ChatRoom.aspx 生成的代码如下。

```
<%@ Page Title="" Language="C#" MasterPageFile="~/MasterPage.master"
AutoEventWireup="true" CodeFile="ChatRoom.aspx.cs" Inherits="Default2" %>

<asp:Content ID="Content1" ContentPlaceHolderID="head" Runat="Server">
</asp:Content>
```

```
    <asp:Content ID="Content2" ContentPlaceHolderID="ContentPlaceHolder1"
Runat="Server">
        <asp:Panel ID="Panel1" runat="server">
            请您登录！姓名：< asp: Text Box ID=" txt Name" runat=" server"
AutoPostBack="True"
            ontextchanged="txtName_TextChanged"></asp:TextBox>
            密码：< a s p : T e x t B o x I D = " t x t P w d " r u n a t = " s e r v e r "
TextMode="Password"></asp:TextBox>
            <asp:CheckBox ID="ckbPwd" runat="server" Checked="True" Text="记住密码"
            AutoPostBack="True" />
            <asp:Button ID="btnSubmit" runat="server" onclick="btnSubmit_
Click" Text="登录" style="width: 60px" /> </asp:Panel>
        <asp:Panel ID="Panel2" runat="server">
                <asp:Label ID="Label1" runat="server" Text="Label"></
asp:Label>
            <br />
        </asp:Panel>
        <asp:TextBox ID="txtChat" runat="server" Height="100px" Width="826px"
            ontextchanged="txtChat_TextChanged" TextMode="MultiLine"></
asp:TextBox>
        <br />
        请您发言：<asp:TextBox ID="txtSend" runat="server" Height="63px"
Width="424px"></asp:TextBox>
        <asp:Button ID="btnSumbitChat" runat="server" onclick="btnSumbitChat_Click"
            Text="提交" />
                <asp:Button ID="Button2" runat="server" onclick="Button2_Click"
            Text="退出" />
        </asp:Content>
```

（5）运行结果如图 6-17 所示。

图 6-17 程序运行结果（1）

（6）输入姓名和密码，勾选【记住密码】复选框，单击【登录】按钮后打开如图 6-18 所示的界面，显示了当前的在线人数。

图 6-18　程序运行结果（2）

（7）在【请您发言】文本框中输入想要发表的文字，单击【提交】按钮打开如图 6-19 所示的界面。

图 6-19　程序运行结果（3）

任务拓展

查阅资料，利用 Cookie 实现"您最喜欢的书籍"在线投票功能。

项目重现

完成网上购物系统的留言板

1. 项目目标

完成本项目后，读者能够：
- 完成网上购物系统的留言板。
- 统计网上购物系统的在线人数、网站访问量。
- 实现网上购物系统用户登录的密码记忆功能以及强制登录功能。

2. 知识目标

完成本项目后，读者应该：
- 掌握用 Response 和 Request 对象进行页面传值的方法。
- 掌握用 Request 对象获取客户端浏览器的信息的方法。
- 掌握用 Application 对象统计在线人数、实现消息发送的方法。
- 掌握用 Session 对象精确统计在线人数、实现强制登录的方法。
- 掌握用 Cookie 实现密码记忆功能的方法。

3. 项目介绍

网上购物系统通常具有在线留言、登录密码记忆、统计在线人数、网站访问量以及对具有访问权限的页面进行强制登录的功能。

4. 项目内容

（1）在网上购物系统各页面之间进行传值。
（2）为用户显示客户端浏览器的信息。
（3）统计在线人数，实现在线聊天，强制登录。
（4）实现网上购物系统登录时密码记忆功能。

项目 7　实现用户管理功能

学习目标

在前面内容的学习中，我们已能够运用各种控件进行界面的设计，本项目开始将主要讲解如何利用 ADO.NET 技术实现对数据库的操作。学习的重点侧重于理解 ADO.NET 对象模型以及能够利用 ADO.NET 的模型实现对数据库的查询与修改等相关操作。

知识目标

● 掌握 ADO.NET 数据访问技术：Connection 对象、Command 对象、DataReader 对象、DataAdaper 对象和 DataSet 对象。
● 代码编写规范。

技能目标

● 会熟练运用 ADO.NET 技术实现对数据库的访问。
● 掌握数据库连接信息存取及配置文件 Web.config。

素质目标

● 培养严谨扎实的工作作风。　　　● 培养模块化思维能力。
● 培养自主学习的能力。

项目背景

任何网站都必须进行维护，为此后台管理功能必不可少，而后台管理功能中最基本的功能则是用户管理功能。

项目成果

本项目将划分为三个任务，用户登录、修改用户信息以及查询用户信息功能，下面分别进行详细讲解。

任务 7.1　用户登录

任务描述

在后台登录页面，输入用户名和密码，单击【登录】按钮，首先判断用户名和密码是否正确，如果错误则显示相应的提示信息；如果正确则要区分用户类型是管理员还是普通用户；如果是管理员则跳转到后台管理首页；如果是普通用户则跳转至用户个人主页，同时将用户名存入 Session，以便显示欢迎信息。

知识准备

7.1.1　ADO.NET 概述

ADO.NET 是一个包含在 Microsoft .NET Framework 框架中为编程人员提供数据访问服务的对象模型。

ADO.NET 包含.NET Framework 数据提供程序，用于连接各种数据源、执行查询命令以及存储和更新数据操作，如图 7-1 所示。为了简单起见，图 7-1 中只有一个数据源，在实际情况中可能有多个数据源。

图 7-1　ADO.NET

> **注意**：按照数据库术语，数据源是数据、访问该数据所需的信息和该数据源所处位置的特定集合，其中的数据源所处位置可通过数据源名称描述。例如，数据源可以是通过网络在 Microsoft SQL Server 上运行的远程数据库，也可以是本地目录中的 Microsoft Access 文件以及相应的数据库连接字符串，包括用户、密码和连接方式等。

7.1.2　ADO.NET 对象模型

ADO.NET 同 Microsoft .NET Framework 的其他组件一样，也由一整套.NET 对象组成。它分为两部分：数据提供程序（Data Provider）和数据集（Data Set）。前者用于和真实数据进行沟通，后者用于表示真实数据，它们相互协作以提供所需的功能。图 7-2 所示为 ADO.NET 对象模型之间的关系。

ADO.NET 提供如下两种数据访问模型。

1）连接的模型

在本模型下，能够使用数据库提供的程序连接到数据库并对数据库运行 SQL 命令。在命令运行过程中，数据库连接保持打开状态，命令运行结束后将关闭和数据库之间的连接。例如使用 Command 对象读取、写入和更新数据时的操作。

2）断开连接的模型

在本模型下，能为来自数据源的数据创建内存中的缓存，创建好缓存后便可与数据源断开连接，然后对数据的查看、修改或删除等操作只需在该缓存中进行即可，当与数据源再次建立连接时便可将更改的内容合并至数据源。例如使用 DataSet 对象对数据源的操作。

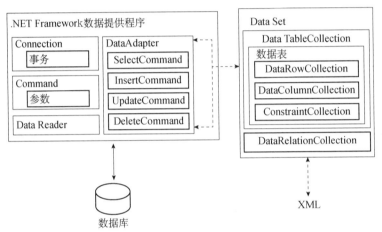

图 7-2 ADO.NET 对象模型之间的关系

7.1.3 数据提供程序

数据提供程序是一组用于访问特定数据库，执行 SQL 命令并获取值的 ADO.NET 类，简单地说，数据提供程序是连接应用程序与各种数据源之间的一座桥梁。

.NET Framework 有 4 个数据提供程序，如表 7-1 所示。

表 7-1 .NET Framework 数据提供程序及其描述

.NET Framework 数据提供程序	描述
SQL Server 数据提供程序	提供对 SQL Server 7.0 及更高版本和 Microsoft Data Engine（MSDE）的优化访问，该数据提供程序的类位于 System.Data.SqlClient 命名空间
OLE DB 数据提供程序	提供对有 OLE DB 驱动的任意数据源的访问，该数据提供程序的类位于 System. Data.OleDb 命名空间
Oracle 数据提供程序	提供对 Oracle 数据库（8i 及其后续版本）的优化访问，该数据提供程序的类位于 System.Data.OracleClient 命名空间
ODBC 数据提供程序	提供对由 ODBC 驱动的任意数据源的访问，该数据提供程序的类位于 System. Data.Odbc 命名空间

注意： 针对其他数据库平台还有一些相应的数据提供程序。查找数据提供程序的最佳方法是访问数据库供应商的 Web 站点或开发人员论坛。

此外，不同的数据提供程序所实现的对象具有各自的属性、方法和事件。例如，上述 4 种数据提供程序中的 Microsoft SQL Server .NET Framework 数据提供程序实现如下 4 种对象：SqlConnection 对象、SqlCommand 对象、SqlDataReader 对象和 SqlDataAdapter 对象。不同类别的数据提供程序的对象名前缀会有所不同。

1）SqlConnection 对象

SqlConnection 对象用来建立与特定数据源的连接。在对数据源执行任何操作（包括读取、删除、新增或更新数据）前都必须建立数据库连接，下面以对 SQL Server 数据库的操作为例（注：在本书未显式说明处均指以 SQL Server 数据库作为数据源）来介绍通过编程创建 SqlConnection 对象（注：使用 SqlConnection 时需引入 System.Data.SqlClient 命名空间）的两种方法：一种方法是创建 SqlConnection 对象后并设置其 ConnectionString 属性，另一种方法是利用 SqlConnection 对象的构造方法创建。这两种创建方法的语法分别如下。

方法 1：

```
SqlConnection testConnection=new SqlConnection ();
string testconnectionString = "Data Source=localhost;Initial Catalog=library;
  User ID=lib;Password=123456;Integrated Security=sspi";
testConnection.ConnectionString= testconnectionString;
```

其中字符串 testconnectionString 也可以用如下方式声明：

```
string testconnectionString = "Server=localhost;Database=library;
  User ID=lib;Password=123456; Integrated Security=true";
```

方法 2：

```
string testconnectionString = "Data Source=localhost;Initial Catalog=library;
  User ID=lib;Password=123456;Integrated Security=sspi";
SqlConnection testConnection=new SqlConnection (testconnectionString);
```

上述代码的作用是声明一个将通过 Windows 身份验证打开通往本地计算机上的 SQL Server 的数据库连接，其连接到的数据库名为"library"。

其中 ConnectionString 属性是 SqlConnection 对象最重要的属性。它包含建立连接所需的信息，而且是以字符串的形式提供的，所以也称为"连接字符串"。根据所使用的 Microsoft .NET Framework 数据提供程序的不同，包含在连接字符串中的值也会有所不同。表 7-2 所示为连接字符串的常用参数及其描述，该表只包含部分参数列表，并非所有数据提供程序都支持这些参数。

表 7-2　连接字符串的常用参数及其描述

参数	描述	默认值
Provider	设置或返回连接的 OLE DB 数据提供程序（仅 OLE DB .NET Framework 数据提供程序）	（空）
Connection Timeout	在数据源终止尝试和返回错误之前，连接到服务器所需等待的时间	15s
Data Source 或 Server	要连接到的数据源的名称，对于本地计算机上的 SQL Server 数据库，其可识别的值有"localhost"、"(local)"、"127.0.0.1"或英文的"."；对于远程计算机上的 SQL Server 数据库则只能使用计算机的 IP 地址加数据源名称的形式，例如，"192.168.1.100\数据源名称"	（空）
Initial Catalog 或 Database	连接后要打开的数据库的名称	（空）

续表

参数	描述	默认值
Integrated Security 或 Truste_Connection	如果此参数的值为 false，则必须指定其中的 User ID 与 Password ；如该参数值设置为 true，则数据源使用当前身份验证的 Microsoft Windows 账户凭证，User ID 与 Password 不起作用并可以忽略不写。 其可识别的值有 "true"、"false"、"yes"、"no" 以及 "sspi"（强烈推荐），sspi 等价于 true	false
User ID 或 UID	如果 Integrated Security 的值为 false，则参数 User ID 为连接到数据源时使用的登录账户	
Password 或 Pwd	如果 Integrated Security 的值为 false，则参数 Password 为连接到数据源时使用的登录账户密码	
Persist Security Info	如果此参数的值为 false，且数据源处于打开连接状态时，数据源将不返回安全敏感信息，例如密码	false

注意：所有的 ConnectionString 都遵循相同的基本格式，它们由一系列通过分号来分隔的关键字和值组成。整个字符串通过单引号或双引号来划分：

```
"Keyword=value; Keyword=value; Keyword=value"
```

关键字不区分字母大小写，但根据数据源的不同，其值可能会区分字母大小写。若要包含有分号、单引号或双引号的值，则该值必须用双引号括起来。例如，如果数据库的名称是 "Tom's Data"，则 ConnectionString 必须用"Database= Tom's Data"表示这种意思。如果使用 'Database= Tom's Data'则会导致错误。如果多次使用相同的关键字，则最后的那个实例有效。例如，ConnectionString 设置为"Database= Tom's Data; Database= library"，则数据库名称设置为 library。另外只能在 SqlConnection 对象关闭时才设置 SqlConnectionString 属性，此时 SqlConnection 对象检查字符串的语法。如果发现语法错误，就会产生一个异常。

创建数据库连接后，管理连接就很简单了——只要简单地使用 Open()方法和 Close()方法。Open()方法的功能是使用 ConnectionString 所指定的属性设置打开数据库连接，Close()方法的功能是关闭与数据库的连接。

【案例 7-1】数据库连接测试。

（1）启动 Visual Studio 2022，单击【创建新项目(N)】，如图 7-3 所示，进入创建新项目界面，选择【空白解决方案】，单击【下一步(N)】按钮，如图 7-4 所示，填写【解决方案名称】为 "TestLibrary"，【位置】为 "D:\图书馆管理系统"，单击【创建(C)】按钮即可创建该解决方案，如图 7-5 所示。

（2）在 "TestLibrary" 的解决方案名称上单击右键，在弹出的右键菜单中选择【添加(D)】|【新项目(N)】，在【添加新项目】界面中选择【ASP.NET 空网站】并单击【下一步(N)】按钮（注意：为了快速查找所需要的模板，可以在上面搜索栏中输入关键字进行搜索，如 "ASP.NET"），如图 7-6 所示，空网站命名为 "TestWebSite"，【位置】为 "D:\图书馆管理系统\TestLibrary"，单击【创建(C)】按钮即可创建空白网站，如图 7-7 所示。

图 7-3　单击【创新新项目(N)】

图 7-4　选择【空白解决方案】

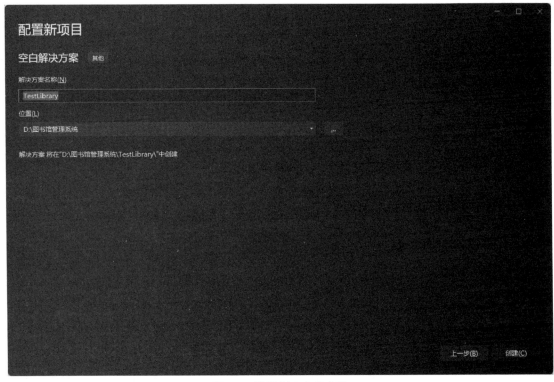

图 7-5　填写解决方案名称

图 7-6　在解决方案中选择【ASP.NET 空网站】

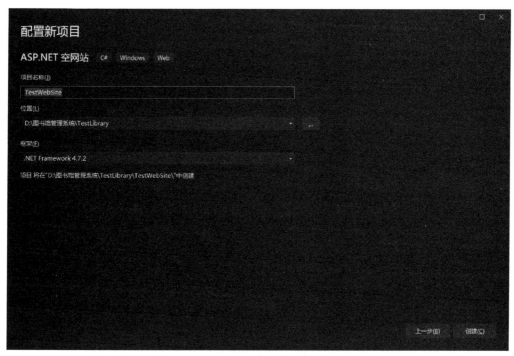

图 7-7　设置"ASP.NET 空网站"

（3）在"TestWebSite"名称上单击右键，在弹出的右键菜单中选择【添加(D)】|【添加新项(W)】，在"添加新项"界面中选择【Web 窗体】，将窗体名称命名为"TestConnection.aspx"，最后单击【添加(A)】按钮即可创建窗体，如图 7-8 所示。

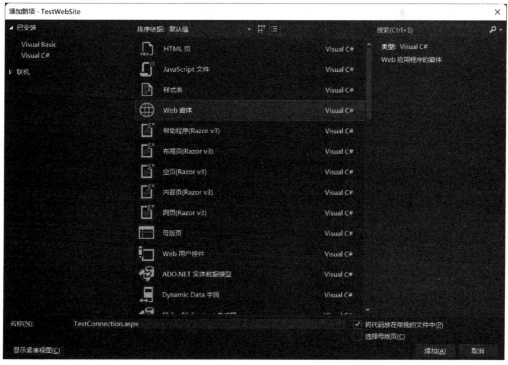

图 7-8　创建 Web 窗体

（4）将 TestConnection.aspx 页面代码编写如下，如代码 7-1 所示。

代码 7-1　TestConnection.aspx 页面代码

```
<%@ Page Language="C#" AutoEventWireup="true" CodeFile="TestConnection.aspx.cs"
Inherits="TestConnection" %>

<!DOCTYPE html>

<html xmlns="http://www.w3.org/1999/xhtml">
<head runat="server">
<meta http-equiv="Content-Type" content="text/html; charset=utf-8"/>
    <title>测试数据库连接状态</title>
</head>
<body>
    <form id="form1" runat="server">
        <div>
            <asp:Label ID="lblInfo" runat="server"></asp:Label>
        </div>
    </form>
</body>
</html>
```

（5）在 TestConnection.aspx 的后台代码页的 Page_Load 事件中编写如代码7-2 所示的代码。

代码 7-2　TestConnection.aspx 后台代码

```
public partial class TestConnection : System.Web.UI.Page
{
    protected void Page_Load(object sender, EventArgs e)
    {
        string testconnectionString = "Data Source=localhost;Initial
Catalog=library;User ID=sa; Password=sasa; Integrated Security=sspi";
        SqlConnection testConnection = new
SqlConnection(testconnectionString);
        try
        {
            testConnection.Open();
            lblInfo.Text = "数据库版本为： " +
testConnection.ServerVersion.ToString(); lblInfo.Text += "<br/>数据库连接的状态
为： " + testConnection.State.ToString(); testConnection.Close();
            lblInfo.Text += "<br/>现在数据库连接的状态为： " +
testConnection.State.ToString();
        }
        catch (SqlException ex)
        {
            lblInfo.Text = ex.Message.ToString();
        }
        finally
        {
            testConnection.Close();
        }
    }
}
```

程序运行结果如下。

数据库版本为：15.00.2000

数据库连接的状态为：Open

现在数据库连接的状态为：Closed

> **注意**：打开数据库连接时，将面临两个可能的异常。如果连接字符串缺失了必需的信息或连接已打开，会发生 InvalidOperationException 异常。其他所有问题都会产生 SqlException 异常，包括连接数据库服务器、登录或访问特定数据库的错误。

　　数据库连接是有限的服务器资源。也就是说，连接要尽量晚打开而尽早释放。上述代码示例使用了异常处理程序，它确保即使有未处理的错误发生，连接也能够在 finally 块中关闭。如果不使用这样的设计而发生了未处理的异常，连接将一直保持到垃圾回收器释放 SqlConnection 对象。

　　另一种方法是把数据访问代码放入到 using 块中。using 语句声明在短期内使用一个可释放的对象。using 语句一旦结束，CLR 会立刻通过调用对象的 Dispose()方法释放相应的对象，Dispose()方法与 Close()方法等效。其代码编写如代码 7-3 所示，其运行结果与代码 7-2 一致。

代码 7-3　using 块在数据库连接中的使用

```
protected void Page_Load(object sender, EventArgs e)
{
string testconnectionString = "Data Source=localhost;Initial Catalog= library;
User ID=sa;Password=sasa;Integrated Security=sspi";
SqlConnection testConnection = new SqlConnection(testconnectionString); using
(testConnection)
{
testConnection.Open();
lblInfo.Text = "数据库版本为： " + testConnection.ServerVersion.ToString();
lblInfo.Text += "<br/>数据库连接的状态为:" + testConnection.State.ToString();
}
lblInfo.Text += "<br/>现在数据库连接的状态为: " + testConnection.State.ToString();
}
```

2）SqlCommand 对象

　　SqlCommand 对象用来对数据源执行 SQL 命令或存储过程。使用 SqlCommand 对象执行一条 SQL 语句一般分为四步，第一步是创建 SqlCommand 对象实例并设置其相应的属性，第二步打开数据库连接，第三步是调用 SqlCommand 对象相应的方法执行操作，第四步是关闭数据库连接。

　　创建一个 SqlCommand 对象有两种方法：一种方法是创建一个 SqlCommand 对象并设置其相应的属性（一般设置 CommandType、CommandText 和 Connection 三个属性，其中使用 CommandType 时需引入 System.Data 命令空间），另一种方法是利用 SqlCommand 对象的构造方法。下面以创建一个表示查询的 SqlCommand 对象为例来演示这两种创建方法。

　　方法 1：

```
SqlCommand cmd=new SqlCommand();
cmd.Connection = testConnection; // testConnection 为需使用的 SqlConnection 对象
cmd.CommandType = CommandType.Text;
cmd.CommandText = "SELECT * FROM Book";//需对数据源执行的 SQL 语句或存储过程
```

方法 2:

```
SqlCommand cmd = new SqlCommand("SELECT * FROM Book ", testConnection);
```

其中 CommandType 是一个枚举值，具体取值及其描述如表 7-3 所示。

表 7-3　CommandType 枚举值及其描述

值	描述
CommandType.Text	该命令将执行一条 SQL 语句，该选项为默认值
CommandType.StoredProcedure	该命令将执行数据源中的一个存储过程，通过 CommandText 属性设置存储过程的名称
CommandType.TableDirect	该命令将查询表中的所有记录，CommandText 属性设置要从中读取记录的表的名字

SqlCommand 对象提供了 3 个方法来执行命令。表 7-4 所示为 SqlCommand 方法及其描述。

表 7-4　SqlCommand 方法及其描述

方法	描述
ExecuteNonQuery()	执行非 SELECT 语句，如 INSERT、UPDATE、DELETE 语句，返回值显示命令影响的行数
ExecuteScalar()	执行 SELECT 查询，并返回命令生成的记录集的第一行、第一列的字段值。该方法常用来执行包含 COUNT()、SUM()等聚合函数的 SELECT 语句，用于返回单个值
ExecuteReader()	执行 SELECT 查询，并返回一个封装了只读、只进游标的 DataReader 对象

3）SqlDataReader 对象

SqlDataReader 对象用来从数据源以只进、只读流的方式每次读取一条 SELECT 命令返回的记录，这种方式有时称为流水游标。使用 SqlDataReader 是获得数据最简单的方式，不过它缺乏非连接的 DataSet 所具有的排序等功能，但绑定数据时比使用数据集方式性能要高，因为它是只读的，所以如果要对数据库中的数据进行修改就需要借助其他方法将所做的更改保存到数据库。表 7-5 所示为 SqlDataReader 方法及其描述。

表 7-5　SqlDataReader 方法及其描述

方法	描述
Read()	将行游标前进到流的下一行（SqlDataReader 刚创建时，行游标在第一行之前）。当还有其他行时，Reader()方法返回 true，如果已经是最后一行，则返回 false
GetValue()	返回当前行中指定序号的字段值（第一个字段的序号为 0），返回的数据类型是.NET 中和数据源类型最相似的那一个。如果使用序号访问字段不小心指定了不存在的序号，会得到 IndexOutOfRange -Exception 异常。也可使用 SqlDataReader 的索引字段名称得到字段值（即 myDataReader.GetValue[0]与 myDataReader["UserName"]等效）
GetInt32()、GetChar()、GetDateTime()和 GetXxx()	这些方法返回当前行中指定序号的字段值，返回值的类型和方法名称中的一致。如果试图将返回结果赋给一个错误类型的变量，会得到一个 InvalidCastException 异常。还要注意这些方法不支持空数据类型，如果字段可能包含空值，那么必须在调用这些方法前对其进行检查

方法	描述
NextResult()	如果命令返回的 SqlDataReader 包含多个行集,该方法将游标移动到下一个行集(刚好在第一行以前)
Close()	关闭 Reader。如果原命令执行一个带有输出参数的存储过程,该参数仅在 Reader 关闭后才可读

SqlDataReader 对象不能被直接实例化,必须借助与相关的 SqlCommand 对象来创建其实例,例如,用 SqlCommand 的实例的 ExecuteReader()方法可以创建 SqlDataReader 实例,代码如下:

```
SqlDataReader reader= command.ExecuteReader();
```

因为 SqlDataReader 对象读取数据时需要与数据库保持连接,所以在使用 SqlDataReader 对象读取完数据之后应该立即调用它的 Close()方法关闭,并且还应该关闭与之相关的 SqlConnection 对象。在.NET 类库中提供了一种方法,在关闭 SqlDataReader 对象的同时自动关闭掉与之相关的 SqlConnection 对象,使用这种方法可以为 ExecuteReader()方法指定一个参数,如:

```
SqlDataReader reader =command.ExecuteReader(CommandBehavior.CloseConnection);
```

CommandBehavior 是一个枚举,上面使用了 CommandBehavior 枚举的 CloseConnection 值,它能在关闭 SqlDataReader 时关闭相应的 SqlConnection 对象。

7.1.4 配置文件 Web.config 及设置数据库连接字符串

在项目开发过程中,只要页面与数据库有交互则该页面都要重写一次连接字符串的代码,这不仅显得累赘,而且当该连接字符串有更改时则每个页面都要修改一次,使得代码的可维护性大大降低。为解决这个问题,通常的做法是将数据库连接字符串保存在配置文件 Web.config 中。

Web.config 文件是一个 XML 文本文件,它用来储存 ASP.NET Web 应用程序的配置信息(如最常用的设置 ASP.NET Web 应用程序的身份验证方式),它可以出现在应用程序的每一个目录中。ASP.NET 配置文件的所有内容都嵌套在根元素<configuration>中。这个元素包含一个<system.web>元素,它用于配置各个方面的单独元素,此外还有<appSettings>元素(用于存储自定义设置)和<connectionStrings>元素(用于存储所使用的或其他 ASP.NET 特性依赖的连接到数据库的字符串)。

将数据库连接字符串设置在 Web.config 文件<connectionStrings>元素中的代码如下:

```
<connectionStrings>
    <add name="ConnectionString"  connectionString="Data Source=localhost;
      Initial Catalog=library; User ID=sa;Password=sasa;Integrated
Security=true" providerName="System.Data.SqlClient"/>
</connectionStrings>
```

注意:与所有的 XML 文档一样,Web.config 文件是区分大小写的。每个设置使用驼峰式命名法(当变量名或函数名是由一个或多个单词连结在一起,构成唯一的识别字时,第一个单词以小写字母开始;第二个单词的首字母大写或每一个单词的首字母都采用大写字

母，例如，myFirstName、myLastName）并以小写字母开始，即不能把<system.web>写为
<System.Web>。

在页面后台代码中读取配置文件的数据库连接字符串代码如下：

```
string connectionString = System.Configuration.ConfigurationManager.
  ConnectionStrings["ConnectionString"].ToString();
```

7.1.5 代码编写规范

1. 统一编程风格的意义

● 增加开发过程代码的强壮性、可读性、易维护性。

● 减少有经验和无经验开发人员编程所需的脑力工作。

● 为软件的良好维护性打下好的基础。

● 在项目范围内统一代码风格。

● 通过人为以及自动的方式实现最终软件应用质量标准。

● 使新的开发人员快速适应项目氛围。

● 支持项目资源的复用：允许开发人员从一个项目区域（或子项目团队）移动到另一个，
而不需要重新适应新的子项目团队的氛围。

● 一个优秀而且职业化的开发团队所必需的素质。

2. 变量命名规则

● 前缀（小写字母加下画线）表明变量的作用域，无前缀则表明是局部变量或函数的参数。
  ➢ m_xx：表示是类的成员变量，控件变量例外。
  ➢ g_xx：表示是全局变量，在 C#中，也可以理解为在整个项目中都可能用到的静态变量。
  ➢ c_xx 或者 XX：表示是一个常量。

● 用数据类型全称中的关键字母代表特定的数据类型（一个或多个小写字母），如表 7-6
所示。

表 7-6 常用数据类型缩写

数据类型	常用数据类型缩写	数据类型	常用数据类型缩写
int	i	Panel	pnl
bool	b	GroupBox	gup
string	str	TreeView	tv
char	c	RadioButton	rdo
float	f	ListBox	lb
double	d	ToolBar	tlb
object	ob	DateTime	dt
Label	lbl	Connection	cn
TextBox	txt	Command	cmd
Button	btn	DataSet	ds
ComboBox	cmb	DataAdapter	da

数据类型	常用数据类型缩写	数据类型	常用数据类型缩写
Mainmenu	mnu	DataView	dv
MenuItem	mnuItem	DataTable	dbTable
CheckBox	chk	DataReader	dbReader
DataGrid	grd	Parameter	param
Timer	tm	DataRow	dbRow
Form	frm	DataColumn	dbCol

注意： 如果模块中只有一个类实例对象，则可以只用简写，如 SqlConnection 对象可以用 cn 来命名。

3. 函数命名规则

● 函数名用首字母大写的英文单词组合表示（如用动词+名词的方法），其中至少有一个动词。

● 应该避免的命名方式。

➢ 与继承来的函数名一样。即使函数的参数不一样，也尽量不要这么做，除非想要重载它。

➢ 只由一个动词组成，如 Save、Update，改成 SaveValue、UpdateDataSet 则比较好。

● 函数参数的命名规则。

➢ 函数参数应该具有自我描述性，应该能够做到见其名而知其意。

➢ 用匈牙利命名法命名。

4. 类命名规则

● 类的命名通常以父类的简写开头。例如，FrmXXX 可看出该类从 Form 中继承而来。

● 类名中尽量不要出现下画线。

● 类变量的命名可以参照，如 FrmXXX frmXXX = new FrmXXX()，即首字母小写即可。

5. 常用语句书写规则

常用语句书写规则如表 7-7 所示。

表 7-7   常用语句书写规则

语句	提倡的风格

if	```
	if(condition)
	{
	    statements;
	}
	else
	{
	    statements;
	}
	``

for	```
	for(initialization; condition; update)
	{
	    statements;
	}
	``

续表

语句	提倡的风格

foreach	foreach(something in collection)
	{
	　　statements;
	}

switch	switch(…)
	{
	　case ..:
	　　　break;
	　case …:
	　　　break;
	　default:
	}

while	while(..)
	{
	　　statements;
	}

do-while	do
	{
	　　statements;
	}
	while(condition);

try-catch	try
	{
	　　statements;
	}
	catch(Exception e)
	{
	　　handle exception;
	}

同一代码块内的不同逻辑块之间应空一行	{
	　　do statement1;
	
	　　do statement2;
	}

函数与函数之间至少空一行，但不超三行	

> **注意**：代码列宽尽量控制在 110 字符左右，缩进应该是每行一个 Tab（4 个空格）。当书写的语句或表达式超出或即将超出规定的列宽，则遵循如下规则进行换行：
> （1）在逗号后换行。
> （2）在操作符前换行。
> （3）规则（1）优先于规则（2）。

6. 注释风格

1）文件注释

文件注释要求如下：第一行和最后一行的*号所在的位置为第 70 个字母位，双斜杠后有一个空格，注释的内容有文件名、版权、作者、创建日期、主要内容。编写格式如下：

```
// ***************************************************
// 文件名：BookBorrowDAL.cs
// Copyright (C) 2014-2015 图书管理系统
// 作者：熊国华
// 创建日期：2014-6-1
// 主要内容：提供获取读者已借阅但未归还的数量、借阅图书、
//          获取读者是否已借阅该书、获取已借书数量、
//          获取单本图书的借阅信息、图书归还日期
//          获取已借阅但未归还的图书信息等功能
// ***************************************************
```

2）方法注释

该类注释采用.NET 已定义好的 XML 标签来标记，在声明接口、类方法、属性、字段中都应该使用该类注释，以便代码完成后直接生成代码文档，让别人更好地了解代码的实现和接口。编写格式如下：

```
/// <summary>
/// 获取单本图书的借阅信息
/// </summary>
/// <param name="readerId">读者 ID</param>
/// <param name="bookId">图书 ID</param>
/// <returns>单本图书信息实体</returns>
public static BookBorrow GetSingleBookBorrowInfo(int readerId, string bookId)
{
    //实现代码
}
```

3）单行注释与多行注释

该类注释用于方法内的代码注释，如变量的声明、代码或代码段的解释，编写格式如下：

```
//打开数据库连接
conn.Open();
```

如果注释语句较多，则可以分为多行书写，编写格式如下：

```
/*
*注释语句
*
*/
```

任务实施与测试

（1）在项目解决方案中添加一个名为 login.aspx 的页面，其页面设计如图 7-9 所示。

图 7-9　login.aspx 页面运行效果

代码 7-4　login.aspx 页面代码

```
<%@ Page Language="C#" AutoEventWireup="true" CodeBehind="login.aspx.cs"
    Inherits="Web.login" %>
<%@ Register src="~/Controls/top2.ascx" tagname="usertop" tagprefix="uc1" %>
<%@ Register src="~/Controls/bottom.ascx" tagname="bottom" tagprefix="uc2" %>
<!DOCTYPE html>
<html xmlns="http://www.w3.org/1999/xhtml">
<head id="Head1" runat="server">
    <title>用户登录</title>
    <style type="text/css">
        .style1 { width: 103px; }
        .style2 { width: 356px; }
    </style>
</head>
<body>
    <form id="form1" runat="server">
    <table align="center">
        <tr>
            <td>
                <uc1:usertop ID="usertop1" runat="server" />
                <table align="center">
                    <tr>
                        <td align="center" colspan="2">
                            用户登录
                        </td>
                    </tr>
                    <tr>
                        <td class="style1" align="right">
                            <asp:Label ID="Label1" runat="server" Text="用户
                            名: "></asp:Label>
                        </td>
                        <td class="style2">
                            <asp:TextBox ID="txtname" runat="server"
                            Width="180px">
                            </asp:TextBox>
                        </td>
```

```
                    </tr>
                    <tr>
                        <td class="style1" align="right">
                            <asp:Label ID="Label2" runat="server" Text="密
                            码: ">
                            </asp:Label>
                        </td>
                        <td class="style2">
                                <asp:TextBox ID="txtpassword" runat="server"
                                    Width="180px" TextMode="Password">
                                </asp:TextBox>
                            </td>
                        </tr>
                        <tr>
                            <td align="center" colspan="2">
                                    <asp:Button ID="btnLogin" runat="server"
Text="登录"
                                        OnClick="btnLogin_Click" Width="80px"
/> 
                                    <asp:Button ID="btncancel" runat="server"
Text="取消"
                                        Width="80px" OnClick="btnCancel_Click" />
                            </td>
                        </tr>
                    </table>
                    <uc2:bottom ID="bottom1" runat="server" />
                </td>
            </tr>
        </table>
    </form>
</body>
</html>
```

（2）分别编写【登录】按钮和【取消】按钮的单击事件代码如下。

代码 7-5 【登录】按钮和【取消】按钮的单击事件代码

```
protected void btnLogin_Click(object sender, EventArgs e)
{
    string managername = txtname.Text.Trim();
    string managerpassword = txtpassword.Text.Trim();
    string querySql = "SELECT * FROM Admin WHERE UserName='" + managername
        + "' and UserPassword='" + managerpassword + "'";
//获取数据库连接字符串
string connectionString = System.Configuration.ConfigurationManager.
    ConnectionStrings["ConnectionString"].ToString();
//声明数据库连接
SqlConnection conn = new SqlConnection(connectionString);
SqlCommand cmd = new SqlCommand(querySql, conn);

//打开数据库连接
conn.Open();
//执行 SQL 语句并返回结果
```

```
SqlDataReader reader = cmd.ExecuteReader();
if (reader.Read())
    {
        //将用户名存入 Session 中 Session["managername"] = managername;
        Boolean IsAdmin =Boolean.Parse(reader["IsAdmin"].ToString());
        if (IsAdmin)
        {
            //跳转到管理员页面
            Response.Redirect("Admin/managerindex.aspx");
        }
        else
        {
            //跳转到用户页面
            Response.Redirect("index.aspx");
        }
    }
    else
    {
        //提示出错信息
            Response.Write("<script>alert('用户名或密码错误，登录失败！')</
script>");
    }
    //关闭数据库连接
    conn.Close();
}

protected void btnCancel_Click(object sender, EventArgs e)
{
    txtname.Text =string.Empty;
    txtpassword.Text =string.Empty;
}
```

任务 7.2　修改用户信息

任务描述

用户登录后可以对用户的信息进行修改操作，常用的操作就是修改密码。修改密码的操作过程是首先要求输入正确的当前密码，接着输入新密码及确认新密码，两次输入的密码必须一致且不能与当前密码相同才能进行保存。

知识准备

7.2.1　在客户端输出提示脚本信息

在开发过程中有时经常需要在客户端弹出一些提示信息对话框，常用的方法是利用

Page.RegisterStartupScript 方法实现，该方法允许 ASP.NET 服务器控件在 Page 对象的<form runat=server>元素的结束标记之前发出客户端脚本块，方法定义如下：

```
public virtual void RegisterStartupScript(string key, string script);
```

其中参数 key 表示标识脚本块的唯一键，另一参数 script 表示要发送到客户端的脚本的内容。

【案例 7-2】Web 页面经常需要提示用户的操作结果，如提示"修改成功"。

代码 7-6　在客户端输出提示信息

```
protected void Page_Load(object sender, EventArgs e)
{
    Page.RegisterStartupScript("", "<script   Language='Javascript'>
        alert('修改成功');</script>");
}
```

程序运行结果如图 7-10 所示。

7.2.2　在内容页访问母版页中用户控件中的控件

母版页的使用是为了保证网站所有的页面具有相同的设计或布局，如页头、菜单栏、广告条和欢迎信息栏等。例如，为了在欢迎信息栏中显示当前登录的用户名，就必须涉及访问母版页中的控件。

图 7-10　程序运行结果

访问母版页中的控件最常用的方法是在页面的 Page_Load 事件中利用内容页 Page 对象的 Master 公共属性，进而使用母版页的 FindControl 方法来实现对母版页控件的访问。

例如，在内容页访问母版页中 ID 为 top1 的用户控件可以用如下方法：

```
usertop tp = Page.Master.FindControl("usertop1") as usertop;
```

【案例 7-3】在内容页访问母版页中用户控件中的控件。

代码 7-7　设置母版页中用户控件中的控件的属性

```
protected void Page_Load(object sender, EventArgs e)
{
    usertop tp = Page.Master.FindControl("usertop1") as usertop;
    Label lblLoginUser = tp.FindControl("lblLoginUser") as Label;
    if (Session["managername"] != null)
        lblLoginUser.Text = Session["managername"].ToString();
}
```

任务实施与测试

（1）首先创建一个密码修改页面 ModifyPassword.aspx，运行效果如图 7-11 所示。

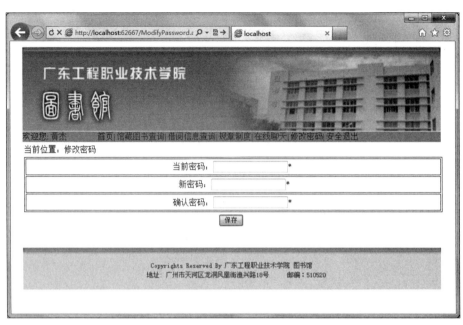

图 7-11 ModifyPassword.aspx 页面运行效果

代码 7-8 ModifyPassword.aspx 页面代码

```
<%@ Page Title="" Language="C#" MasterPageFile="~/UserPage.Master"
 AutoEventWireup="true" CodeBehind="ModifyPassword.aspx.cs"
 Inherits="Web.ModifyPassword" %>
<asp:Content ID="Content1" ContentPlaceHolderID="head" runat="server">
</asp:Content>
<asp:Content   ID="Content2"   ContentPlaceHolderID="ContentPlaceHolder1"
runat="server">
<table style="width:100%;">
    <tr>
        <td class="style2">
            <font color="maroon"size="3">当前位置：修改密码</font></td>
    </tr>
    <tr>
        <td>
            <table border="1" cellpadding="4" width="830px">
                <tr>
                    <td align="center">当前密码：
                        <asp:TextBox ID="txtOldPwd" runat="server"
                            TextMode="Password"></asp:TextBox>
                        <span style="color: #FF0000">*</span>
                    </td>
                </tr>
                <tr>
                    <td align="center">  新密码：
                        <asp:TextBox ID="txtNewPwd" runat="server"
                        TextMode="Password"></asp:TextBox>
                        <span style="color: #FF0000">*</span>
                    </td>
```

```
                                    </tr>
                                <tr>
                                    <td align="center">确认密码:
                                        <asp:TextBox ID="txtConfirmPwd" runat="server"
                                            TextMode="Password"></asp:TextBox>
                                        <span style="color: #FF0000">*</span>
                                    </td>
                                </tr>
                            </table>
                        </td>
                    </tr>
                    <tr>
                        <td align="center">
                            <asp:Button ID="btnSave" runat="server" Text="保存"
                                onclick="btnSave_Click" /> 
                            <asp:Label ID="lblMessage" runat="server"
                                ForeColor="Red"></asp:Label>
                        </td>
                    </tr>
                </table>
</asp:Content>
```

（2）编写 ModifyPassword.aspx 页面后台代码如下。

代码 7-9　ModifyPassword.aspx 页面后台代码

```
public partial class ModifyPassword : System.Web.UI.Page
{
    protected void Page_Load(object sender, EventArgs e)
    {
        usertop tp = Page.Master.FindControl("usertop1") as usertop;
        Label lblLoginUser = tp.FindControl("lblLoginUser") as Label;
        if (Session["managername"] != null)
            lblLoginUser.Text = Session["managername"].ToString();
    }

    protected void btnSave_Click(object sender, EventArgs e)
    {
        string oldPwd = txtOldPwd.Text.Trim();
        string newPwd = txtNewPwd.Text.Trim();
        string confirmPwd = txtConfirmPwd.Text.Trim();
        string connectionString = System.Configuration.ConfigurationManager.
          ConnectionStrings["ConnectionString"].ToString();
        SqlConnection conn = new SqlConnection(connectionString);
        SqlCommand cmd;
        if (oldPwd == string.Empty)
        {
            Page.RegisterStartupScript("", "<script>alert('请输入当前密码！')
</script>");
            return;
        }
```

```
        else
        {
            string selectSql = string.Format("select * from Admin
              where UserName='{0}'", Session["managername"].ToString());
            cmd = new SqlCommand(selectSql, conn);
            conn.Open();
            SqlDataReader reader =cmd.ExecuteReader();
            if (reader.Read())
            {
                string pwd = reader["UserPassword"].ToString();
                reader.Close();
                conn.Close();
                if (oldPwd != pwd)
                {
                        Page.RegisterStartupScript("", "<script>
                          alert('当前密码输入错误! ')</script>");
                        return;
                }
            }
            else
            {
                reader.Close();
                conn.Close();
            }
        }
    if (newPwd == string.Empty)
    {
            Page.RegisterStartupScript("", "<script>alert('请输入新密码! ')
</script>");
        return;
    }
    if (newPwd != confirmPwd)
    {
        Page.RegisterStartupScript("", "<script>
          alert('两次输入的密码不一致! ')</script>");
        return;
    }
    if (newPwd == oldPwd)
    {
        Page.RegisterStartupScript("", "<script>
          alert('新密码不能与旧密码相同! ')</script>");
        return;
    }
    string updateSql = string.Format("update Admin Set UserPassword='{0}'
      where UserName='{1}'", newPwd, Session["managername"].ToString());
    cmd = new SqlCommand(updateSql, conn); conn.Open();
    int result = cmd.ExecuteNonQuery(); conn.Close();
    if (result>0)
    {
        lblMessage.Text = "保存成功! ";
```

```
            this.btnSave.Visible = false;
        }
        else
        {
            lblMessage.Text = "保存失败！";
        }
    }
}
```

任务 7.3　查询用户信息

任务描述

管理员登录后可以对普通用户的信息进行查询操作。

知识准备

7.3.1　DataSet

在 ADO.NET 中，DataSet 提供了独立于数据源的关系编程模型，是断开连接数据访问的核心。DataSet 表示整个数据集，它包含两类最重要的元素：零个或多个表的集合（通过 Tables 属性提供）以及零个或多个关系的集合（通过 Relations 属性提供），关系可以把表连接到一起，如图 7-12 所示为 DataSet 的基本架构。

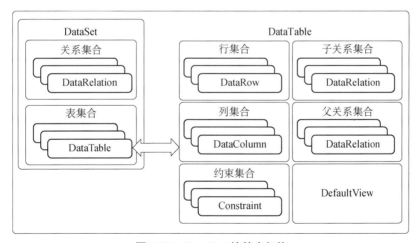

图 7-12　DataSet 的基本架构

从图 7-6 中可以看出，DataSet.Tables 集合中的每一个项目是一个 DataTable。DataTable 又包含自己的集合——DataColumn 对象的 Columns 集合（它描述每个字段的名称和数据类型）以及 DataRow 对象的 Rows 集合（它包含每条记录的真正数据）。

DataTable 中的每条记录由一个 DataRow 对象表示。每个 DataRow 对象表示由数据源取得的表的一条记录。DataRow 是真正字段值的容器，可以通过字段名称访问它们，如 myRow["FieldName"]。

> **注意**：使用 DataSet 对象工作时，根本不会直接影响到数据源中的数据，所有变化只是作用到本地内存中的 DataSet。DataSet 从不保存任何类型的数据源连接。

创建 DataSet 对象的语法如下：

```
DataSet ds=new DataSet();//需引入命令空间 using System.Data;
```

7.3.2　DataAdapter

要将数据源中的记录提取并填入 DataSet 的 Tables 集合中，还需要使用另一个 ADO.NET 对象 DataAdapter。它是提供程序相关的对象，因此每一个提供程序都有一个 DataAdapter 类（如 SqlDataAdapter、OracleDataAdapter 等）。

DataAdapter 对象是 Connection 对象和数据集（DataSet）之间的桥梁，它含有查询和更新数据源所需的全部命令。

为了让 DataAdapter 能够编辑、删除或添加行，需要设定 DataAdapter 对象的 UpdateCommand、DeleteCommand 和 InsertCommand 属性。利用 DataAdapter 填充 DataSet 时，必须使用.NET Framework 数据提供程序的 Connection 对象连接至数据源，并设定 SelectCommand 属性（主要设置 SQL 语句），最后调用 Fill 方法即可。

> **注意**：DataAdapter 仅在调用 Fill 方法填充 DataSet 对象时才使用数据库连接，在完成填充后将释放所有的服务器资源。

DataAdapter 提供了 3 种主要的方法，如表 7-8 所示。

表 7-8　DataAdapter 方法及其描述

方法	描述
Fill()	执行 SelectCommand 中的查询后，向 DataSet 添加一个 DataTable。如果查询返回多个结果集，该方法将一次添加多个 DataTable 对象。还可以用该方法向现有的 DataTable 添加数据
FillSchema()	执行 SelectCommand 中的查询，但只获取架构信息，可以向 DataSet 添加一个 DataTable。该方法并不往 DataTable 添加任何数据。相反，它只利用列名、数据类型、主键和唯一约束等信息预配置 DataTable
Update()	检查 DataTable 中的所有变化并执行适当的 UpdateCommand、DeleteCommand 和 InsertCommand 操作为数据源执行批量更新

填充 DataSet 的示例代码如下：

```
SqlConnection conn = new SqlConnection(connectionString);
string sqlStr = "SELECT [UserName], [UserPassword],[IsAdmin] FROM [Admin]";
SqlDataAdapter da=new SqlDataAdapter(sqlStr,conn);
DataSet ds=new DataSet();
da.Fill(ds, " Admin");
```

7.3.3   GridView 控件

GridView 控件是 ASP.NET 服务器控件中功能最强大、最实用的一个数据绑定控件，通常将 GridView 的 DataSource 设置为 DataSet 中的某个 DataTable，从而以二维表格方式显示该 DataTable 中的数据，有关其使用的详细内容将在项目 8 中讲述。

任务实施与测试

（1）首先在网站根目录下的 Admin 文件夹中创建一个用户查询页面 userSearch.aspx，单击【查找用户】按钮后的运行效果如图 7-13 所示。

图 7-13   userSearch.aspx 用户查询页面运行效果

代码 7-10   userSearch.aspx 页面代码

```
<%@ Page Title="" Language="C#" MasterPageFile="~/Admin/MasterPage.Master"
AutoEventWireup="true" CodeBehind="userSearch.aspx.cs" Inherits="Web.Admin.userSearch" %>
<asp:Content ID="Content1" ContentPlaceHolderID="head" runat="server">
</asp:Content>
<asp:Content ID="Content2" ContentPlaceHolderID="ContentPlaceHolder1" runat="server">
<table style="width:100%;">
    <tr>
        <td class="style2">
            <font color="maroon"size="3">当前位置：用户查询</font></td>
    </tr>
    <tr>
        <td>用户名称：
            <asp:TextBox ID="txtUserName" runat="server"/>  
            <asp:Button ID="btnSearchUser" runat="server" Text="查找用户"
                onclick="btnSearchUser_Click" />
        </td>
    </tr>
    <tr><td><hr style="color:#5D7B9D" /></td></tr>
    <tr>
```

```
                <td>用户信息</td>
            </tr>
            <tr>
                <td>
                    <asp:GridView ID="gvUserInfo" runat="server"
                        AutoGenerateColumns="False" DataKeyNames="UserName"
                        CellPadding="4" ForeColor="#333333" HorizontalAlign="Left"
                        Width="830px"   Height="65px" AllowPaging="false"
                        EmptyDataText="无用户信息！">
                        <RowStyle BackColor="#F7F6F3" ForeColor="#333333" />
                        <Columns>
                            <asp:TemplateField HeaderText="序号"
                                HeaderStyle-Width="40px">
                                <ItemTemplate>
                                    <%#Container.DataItemIndex + 1 %>
                                </ItemTemplate>
                            </asp:TemplateField>
                            <asp:BoundField HeaderText="用户名称"
                                DataField="UserName" />
                            <asp:BoundField HeaderText="密    码"
                                DataField="UserPassword" />
                            <asp:BoundField HeaderText="是否管理员"
                                DataField="IsAdmin" />
                        </Columns>
                        <HeaderStyle BackColor="#5D7B9D" Font-Bold="True"
                        ForeColor="White" />
                    </asp:GridView>
                </td>
            </tr>
        </table>
</asp:Content>
```

（2）编写 userSearch.aspx 页面后台代码如下。

代码 7-11　userSearch.aspx 页面后台代码

```
public partial class userSearch : System.Web.UI.Page
{
    protected void Page_Load(object sender, EventArgs e)
    {
        if (!IsPostBack)
        {
            top tp = Page.Master.FindControl("top1") as top;
            Label lblLoginUser = tp.FindControl("lblLoginUser") as Label;
            if (Session["managername"] != null)
                lblLoginUser.Text = Session["managername"].ToString();
        }
    }

    protected void btnSearchUser_Click(object sender, EventArgs e)
    {
        string connectionString = System.Configuration.ConfigurationManager.
```

```
ConnectionStrings["ConnectionString"].ToString();
          string userName = this.txtUserName.Text.Trim();
       string selectSql = "SELECT UserName,UserPassword,IsAdmin=CASE IsAdmin
        WHEN '1' THEN '是' ELSE '否' END "
        +"FROM Admin WHERE UserName LIKE '%" + userName + "%'";
       SqlConnection conn = new SqlConnection(connectionString);
       SqlDataAdapter da = new SqlDataAdapter(selectSql, conn);
       DataSet ds = new DataSet();
       da.Fill(ds, "Admin");
       this.gvUserInfo.DataSource = ds.Tables["Admin"].DefaultView;
       this.gvUserInfo.DataBind();
    }
  }
```

项目重现

完成网上购物系统的用户管理模块

1. 项目目标

完成本项目后，读者能够：
- 实现网上购物系统用户登录功能。
- 实现网上购物系统用户信息修改功能。
- 实现网上购物系统用户信息查询功能。

2. 知识目标

完成本项目后，读者应该：
- 掌握利用 ADO.NET 数据访问技术（如 Connection 对象、Command 对象、DataReader 对象、DataAdaper 对象、DataSet 对象等）对数据库进行访问操作的方法。
- 掌握通过数据库连接信息存取及配置文件 Web.config 的方法。

3. 项目介绍

对网上购物系统后台用户管理功能的实现。首先是后台登录的验证，其次是用户信息的修改（如密码的修改等）、对用户信息的查询等功能。

4. 项目内容

（1）用户登录功能。即对用户名和密码的合法性进行判断，如果不合法则显示相应的提示信息；如果合法则要区分用户类型是管理员还是普通用户；如果是管理员则跳转到后台管理首页；如果是普通用户则跳转至用户个人主页。

（2）修改用户信息功能。修改用户的相关信息，如登录密码的修改等。

（3）信息查询功能。管理员对所有普通用户的信息进行查询操作。

项目 8　实现图书管理功能

在前面内容的学习中，我们已能够运用 ADO.NET 数据访问技术实现对数据库的查询与修改等相关操作。本项目主要实现对图书的浏览、添加、删除、修改和查询等操作。

知识目标

● 了解数据绑定技术。
● 掌握数据绑定控件：GridView 控件、ListView 控件、FormView 控件、Repeater 控件、DataList 控件、DetailsView 控件。
● 掌握数据源控件：SqlDataSource 控件。

技能目标

● 会使用数据绑定控件进行数据绑定。
● 会使用数据源控件：SqlDataSource 控件。

素质目标

● 培养自主学习的能力。
● 培养创新意识、创新精神，掌握创新方法。
● 培养竞争意识、协作精神、工匠精神。

项目背景

图书管理是图书管理系统中非常重要的功能，主要涉及图书的浏览、查询、添加、修改和删除等功能。

项目成果

本项目将划分为三个任务，实现前台"图书浏览及搜索"功能、后台"图书信息维护"功能和首页"更多图书信息"功能。

任务 8.1   前台 "图书浏览及搜索" 功能

任务描述

在图书管理系统登录页面，输入用户名和密码，单击【登录】按钮，如果用户名和密码都正确且用户类型是普通用户则跳转到图书管理系统首页，在该页面可以对图书进行浏览及搜索。

知识准备

8.1.1   数据绑定技术

数据绑定就是将 UI 元素（界面元素）与底层的数据源（如 DataSet 与 DataReader、各种 DataSource 数据源控件等）连接起来的过程。数据绑定层次结构如图 8-1 所示。

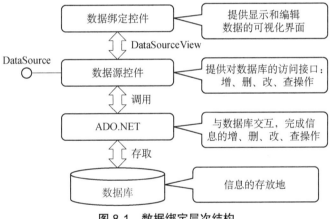

图 8-1   数据绑定层次结构

下面介绍数据绑定的三种实现方式。

（1）自动数据绑定：将数据绑定控件的 DataSourceID 设定为数据源控件，数据绑定控件即可充分利用数据源控件的功能实现对数据进行增、删、改、查操作。ASP.NET 提供的自动数据绑定机制虽然很自动化，几乎不用编码就可以完成许多功能，然而，在实际项目中为了实现严格的分层架构（如三层架构，将在项目 10 中讲述）和保证程序的灵活性与可控性，往往不使用自动绑定，而是使用手工编程实现数据绑定。

（2）手工数据绑定：不使用数据绑定控件的 DataSourceID，而是直接将数据源赋值给数据绑定控件的 DataSource 属性，然后再调用数据绑定控件的 DataBind() 方法实现。

（3）直接在页面中放置绑定表达式，然后在 Page_Load 中调用页面类的 DataBind() 方法实现数据绑定。该绑定方式将在子任务 8.2 中讲解。

8.1.2   数据源控件

数据源控件允许用户使用不同类型的数据源，如数据库、XML 文件或中间层业务对象。

数据源控件连接到数据源，从中检索数据，并使得其他控件可以绑定到数据源而无须代码，并且数据源控件还支持修改数据。ASP.NET 提供的常用的数据源控件名称及描述如表 8-1 所示。

表 8-1　常用的数据源控件名称及描述

控件名称	描述
SqlDataSource	可以连接到 ADO.NET 支持的任何 SQL 数据库
AccessDataSource	连接到使用 Microsoft Office 创建的 Access 数据库
ObjectDataSource	连接到应用程序的 Bin 或 App_Code 目录中的中间层业务对象或数据集
XmlDataSource	连接到 XML 文件
SitemapDataSource	连接到此应用程序的站点导航树（要求应用程序根目录处有一个有效的站点地图文件，默认的文件名为 "Web.sitemap"），站点地图文件其实也是一个 XML 文件
LINQDataSource	.NET 3.0 新增控件，可以访问各种类型的数据，包括数据库和 XML 文件。与 C#/ VB.NET 等.NET 语言直接集成

下面以介绍 SqlDataSource 数据源控件为例，其他数据源控件可参考该控件的使用。

（1）SqlDataSource 数据源控件主要提供如下功能。

● 只需少量代码即可实现数据库操作：查询、插入、更新、删除。

● 以 DataReader 和 DataSet 方式返回查询结果集。

● 提供缓存功能。

● 提供冲突检测功能。

（2）使用 SqlDataSource 的方法有如下两种。

● 通过图形化的方式设置数据源控件的链接字符串和数据提供程序，以及所使用的 SQL 语句和参数。

● 通过编程的方式设置数据源控件的链接字符串和数据提供程序，以及所使用的 SQL 语句和参数。

和普通控件一样，SqlDataSource 控件在.aspx 中也是以一定的标记出现的，如 SqlDataSource 控件出现在网页的.aspx 中的初始标记如下：

```
<asp:SqlDataSource ID="SqlDataSource1" runat="server" ></asp:SqlDataSource>
```

【案例 8-1】图形化设置 SqlDataSource 数据源控件。

（1）在"TestLibrary.sln"解决方案"TestWebSite"应用程序下添加一个名为"SqlDataSource Demo.aspx"的页面，切换到该页面的"设计"视图，从工具箱的【数据】选项卡中将 SqlData Source 控件拖曳到页面上，如图 8-2 所示。

图 8-2　添加 SqlDataSource 控件

（2）在弹出的【SqlDataSource 任务】快捷菜单中选择【配置数据源…】命令则弹出【配置数据源-SqlDataSource1】对话框，如图 8-3 所示。

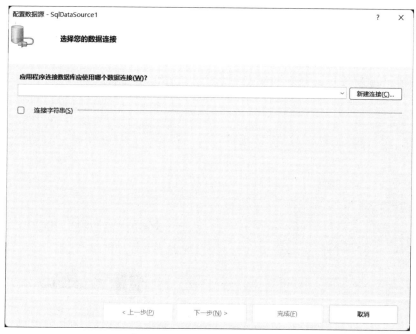

图 8-3 【配置数据源-SqlDataSource1】对话框

（3）单击【新建连接(C)…】按钮，如果打开【选择数据源】对话框，则在【数据源(S):】列表框中选择【Microsoft SQL Server】，然后单击【继续】按钮，如图 8-4 所示。

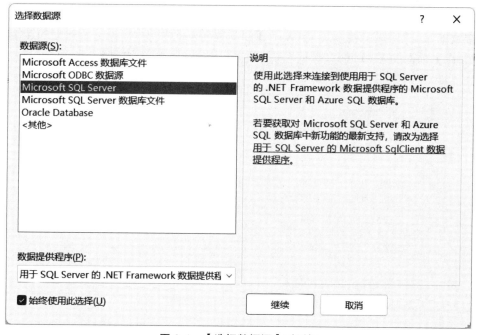

图 8-4 【选择数据源】对话框

（4）打开【添加连接】对话框，单击【更改(C)…】按钮可以选择不同的数据源，在【服务器名(E):】下拉列表框中输入 SQL Server 数据库的名称，对于本机数据库可以输入英文的"."或"(local)"，接着在【登录到服务器】选项组下面输入登录凭据。对于本机数据库则选择【Windows 身份验证】，对于使用 Microsoft Windows 集成安全性的数据库则需输入用户名和密码。在【选择或输入数据库名称(D)：】列表中，选择一个有效数据库的名称，如"library"，如图 8-5 所示。此时可以单击【测试连接】按钮验证该连接是否有效，如数据连接正常则会弹出"测试连接成功"的提示对话框，如图 8-6 所示。

图 8-5　【添加连接】对话框　　　　　　　　　　图 8-6　提示对话框

（5）单击【确定】按钮后则返回【配置数据源-SqlDataSource1】对话框，此时在【应用程序连接数据库应使用哪个数据连接(W)？】的下拉列表框中选中了刚才所建立的连接，单击【连接字符串】前面的【+】可以显示当前的数据库连接字符串，如图 8-7 所示。

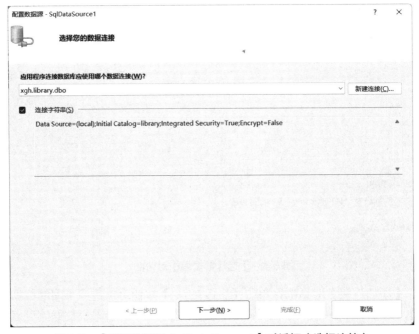

图 8-7　【配置数据源-SqlDataSource1】对话框（选择连接）

　　（6）单击【下一步】按钮，在弹出的对话框中勾选【是，将此连接另存为(Y)：】复选框，输入在应用程序配置文件（即 Web.config 文件）中保存该连接时使用的名称，然后单击【下一步(N)】按钮，如图 8-8 所示。

图 8-8　【配置数据源-SqlDataSource1】对话框（保存连接）

　　（7）选择要从中检索结果的数据库表、视图或存储过程，或指定自定义的 SQL 语句。如选择【Book】数据表中的部分列字段。

　　（8）（可选）单击【WHERE(W)…】按钮提供搜索条件，单击【ORDER BY(R)…】按钮指定排序顺序。

　　（9）（可选）如果想要支持插入、更新和删除操作，则单击【高级】按钮，然后选择为 SqlDataSource 控件生成 INSERT、UPDATE 和 DELETE 语句的选项。还可以指定是否想让命令使用开放式并发检查，以便在执行更新或删除操作之前确定数据是否已被修改，如图 8-9 所示。

　　（10）单击【下一步(N)】按钮，若要测试查询，可以单击【测试查询】按钮，此时会执行前面操作所配置的 SELECT 语句，在预览数据窗口中可以预览所查询的数据，如图 8-10 所示。最后单击【完成】按钮即可完成 SqlDataSource 控件的数据源配置。

　　此时切换到该页面的"源"视图，SqlDataSource 控件的完整标记自动变更为如下：

```
<asp:SqlDataSource ID="SqlDataSource1" runat="server"
ConnectionString="<%$ ConnectionStrings:libraryConnectionString %>"
ProviderName="<%$ ConnectionStrings:libraryConnectionString.ProviderName %>"
SelectCommand="SELECT [BookID], [BookName], [BookTypeID], [Press] FROM
[Book]">
</asp:SqlDataSource>
```

图 8-9　【配置数据源-SqlDataSource1】对话框（配置 SELECT 语句）

图 8-10　配置数据源-SqlDataSource1 之测试查询对话框

其中 ConnectionString 属性用于设置数据库链接字符串（该数据库字符串已自动生成在 Web.config 文件 connectionStrings 配置中）；SelectCommand 属性用于获取或设置 SqlDataSource 控件查询数据库数据所用的 SQL 命令。

打开 Web.config 文件，系统自动添加的数据库链接字符串如下：

```
<connectionStrings>
```

```
    <add name="libraryConnectionString" connectionString="Data
Source=(local);Initial Catalog=library;Integrated
Security=True;Encrypt=False" providerName="System.Data.SqlClient" />
</connectionStrings>
```

【**案例 8-2**】编程使用 SqlDataSource 数据源控件。

（1）在 TestLibrary.sln 解决方案 Web 应用程序下添加一个名为 SqlDataSourceDemo2.aspx 的页面，切换到该页面的"设计"视图，从工具箱的【数据】选项卡中将 SqlDataSource 控件拖曳到页面上。

（2）打开 SqlDataSourceDemo2.aspx 页面的后台代码，在 Page_Load()方法中添加如下代码。

代码 8-1　SqlDataSourceDemo2.aspx 页面后台代码

```
public partial class SqlDataSourceDemo2 : System.Web.UI.Page
{
    protected void Page_Load(object sender, EventArgs e)
    {
        SqlDataSource1.ConnectionString = ConfigurationManager.
         ConnectionStrings["libraryConnectionString"].ConnectionString;
        SqlDataSource1.SelectCommand = "SELECT [BookID], [BookName],
         [BookTypeID], [Press] FROM [Book]";
    }
}
```

按上述两种方法虽然将 SqlDataSource 控件已经配置好了数据源，但页面运行起来是看不到数据的，因为页面还缺乏一个展示数据的控件。下面介绍 ASP.NET 常用的数据绑定控件。

8.1.3　数据绑定控件

数据绑定控件主要是指与数据源控件进行连接，然后将数据呈现出来，ASP.NET 常用的数据绑定控件如表 8-2 所示。

表 8-2　常用的数据绑定控件

控件名称	描述
GridView	GridView 是显示大型表数据的全能网络控件，支持选择、编辑、排序和分页
DetailsView	DetailsView 是每次显示、编辑、插入或删除一条记录的理想控件，它显示为一个表格，每行对应一个字段
FormView	FormView 控件与 DetailsView 控件相似，一次也只能显示或编辑一条记录。FormView 需要给其设定一个模板
DataList	DataList 控件可以用某种用户指定的格式来显示数据（比如分列显示），这种格式由模板和样式进行定义
Repeater	Repeater 控件没有包含内置的布局或样式，需要由 Web 开发者指定所有的用于显示数据的内部控件和显示样式
ListView	ASP.NET 3.5 新增控件，以嵌套容器模板和占位符的方式提供灵活的数据显示模式

GridView 控件是一个以二维表格方式显示数据的控件，每列表示一个字段，每行表示一条记录。该控件是 ASP.NET 服务器控件中功能最强大、最实用的一个控件。其常用属性与其

列的类型分别如表 8-3 和表 8-4 所示。

表 8-3　GridView 控件常用属性

属性名称	描述
AllowPaging	指示是否启用分页功能
AllowSorting	指示是否启用排序功能
AutoGenerateColumns	指示是否为数据源中的每个字段自动创建绑定字段
AutoGenerateDeleteButton	指示每个数据行是否添加【删除】按钮
AutoGenerateEditButton	指示每个数据行是否添加【编辑】按钮
AutoGenerateSelectButton	指示每个数据行是否添加【选择】按钮
EditIndex	获取或设置要编辑行的索引
DataKeyNames	获取或设置 GridView 控件中的主键字段的名称。多个主键字段间，以逗号隔开
DataSource	获取或设置对象，数据绑定控件从该对象中检索其数据项列表
DataMember	当数据源有多个数据项列表时，获取或设置数据绑定控件绑定到的数据列表的名称
DataSourceID	获取或设置控件的 ID，数据绑定控件从该控件中检索其数据项列表
PageCount	获取在 GridView 控件中显示数据源记录所需的页数
PageIndex	获取或设置当前显示页的索引
PageSize	获取或设置每页显示的记录数
SortDirection	获取正在排序列的排序方向
SortExpression	获取与正在排序的列关联的排序表达式

表 8-4　GridView 控件列的类型

列字段类型	描述
BoundField	直接与数据源中某个字段绑定，以文本形式显示其值，是 GridView 控件的默认列类型
ButtonField	为 GridView 控件中的每一项显示一个命令按钮。这样可以创建一列自定义按钮
CheckBoxField	为 GridView 控件中的每一项显示一个复选框。这种列字段类型一般用于显示带布尔值的字段
CommandField	显示用来执行选择、编辑或删除操作的命令按钮
HyperLinkField	将数据源中一个字段的值显示为超链接。这个列字段类型可以把另一个字段绑定到超链接的 URL 上
ImageField	为 GridView 控件中的每一项显示一个二进制字段的图像数据
TemplateField	这种列允许用户用自定义模板指定多个字段、自定义控件以及任意的 HTML

其中 BoundField 字段的常用属性如表 8-5 所示。

表 8-5 BoundField 字段的常用属性

属性	描述
DataField	指定列将要绑定字段的名称,如果是数据表则为数据表的字段,如果是对象,则为该对象的属性
DataFormatString	用于格式化 DataField 显示的格式化字符串。例如,如果需要指定四位小数,则格式化字符串为{0:F4};如果需要指定为日期,则格式字符串为{0:d}
ApplyFormatInEditMode	是否将 DataFormatString 设置的格式应用到编辑模式
HeaderText、FooterText 和 HeaderImageUrl	前两个用于设置列头和列尾区显示的文本。HeaderText 属性通常用于显示列名称。列尾可以显示一些统计信息
ReadOnly	列是否只读。默认情况下,主键字段是只读的,只读字段将不能进入编辑模式
Visible	列是否可见。如果设置为 false,则不产生任何 HTML 输出
SortExpression	指定一个用于排序的表达式
HtmlEncode	默认值为 true,指定是否对显示的文本内容进行 HTML 编码
NullDisplayText	当列为空值时,将显示的文本
ConvertEmptyStringToNull	如果设置为 true,则当提交编辑时,所有的空字符将被转换为 null
ControlStyle、HeaderStyle、FooterStyle 和 ItemStyle	用于设置列的呈现样式

GridView 控件和普通控件一样,在.aspx 中也以一定的标记出现,如其在网页的.aspx 中的初始标记如下:

```
<asp:GridView ID="GridView1" runat="server"></asp:GridView>
```

同 SqlDataSource 控件一样,可以采用图形化方式或编程方式将 GridView 控件与 SqlDataSource 数据源控件进行绑定。

【案例 8-3】用图形化方式配置 GridView 控件。

(1)在案例 8-1 的基础上从工具箱的【数据】选项卡中将 GridView 控件拖曳到 SqlDataSource Demo.aspx 页面的"设计"视图上,单击 GridView 控件右上角的智能标记(见图 8-11),在弹出的【GridView 任务】快捷菜单中,在【选择数据源:】下拉列表框中选择已配置好的数据源 SqlDataSource1 后则使得 GridView 控件与 SqlDataSource 数据源控件进行了绑定,此时 GridView 控件变换为图 8-12 所示样式。

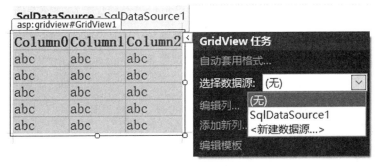

图 8-11 添加 GridView 控件

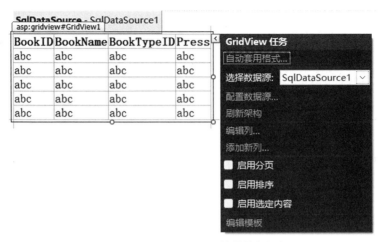

图 8-12　配置 GridView 控件的数据源

（2）按"Ctrl+F5"组合键运行 SqlDataSourceDemo.aspx 页面，数据已能够显示，运行后的效果如图 8-13 所示。

BookID	BookName	BookTypeID	Press
A01-09	你是最好的自己	2001	湖南文艺出版社
A01-25	极品萌卫	2001	现代出版社
A03-23	再青春	2001	百花洲文艺出版社
A03-58	深海里的星星1	2001	花山文艺出版社
A04-21	你好，有故事的人	2001	译林出版社
A04-22	华山	2001	清华
B05-69	越努力，越幸福	2002	现代出版社
B05-78	总有一次流泪，让你瞬间长大	2002	湖南文艺出版社
B06-58	世界上最伟大的推销员	2002	世界知识出版社
B06-69	女人不能太单纯	2002	中国华侨出版社
B06-78	我不是叫你诈	2002	文化艺术出版社
C10-12	我们台湾这些年	2003	重庆出版社
C10-25	邓小平时代	2003	生活.读书.新知三联书店
C10-57	益往直前	2003	长江文艺出版社
C11-23	毛泽东选集 (全四册)	2003	人民出版社
C11-51	文明的冲突与世界秩序的重建（修订版）	2003	新华出版社
D18-11	如何阅读一本书	2004	商务印书馆
D18-20	自由在高处	2004	新星出版社
D18-21	乡土中国—人民文库丛书	2004	人民出版社
D18-53	大手笔是怎样炼成的	2004	长江文艺出版社
D19-23	爱弥儿（上下卷）	2005	商务印书馆
D19-25	中国教育史	2005	华东师范大学出版社
D19-56	给教师的建议(全一册)	2005	教育科学出版社
D20-23	玩转组合折纸 七彩花球	2009	河南科学技术出版社

图 8-13　GridView 控件和 SqlDataSource 控件结合展示数据效果图

（3）图 8-13 中的数据虽然正确显示，但并不理想，因为表格的列名默认显示为数据源中 Book 表的字段名，所以有必要做一下修改，切换至 SqlDataSourceDemo.aspx 页面的"源"视图，其源代码如下。

代码 8-2　SqlDataSourceDemo.aspx 页面代码

```
<%@ Page Language="C#" AutoEventWireup="true"
    CodeBehind="SqlDataSourceDemo.aspx.cs"
    Inherits="Web.SqlDataSourceDemo" %>
```

```
<!DOCTYPE html PUBLIC "-//W3C//DTD XHTML 1.0 Transitional//EN"
"http://www.w3.org/TR/xhtml1/DTD/xhtml1-transitional.dtd">
<html xmlns="http://www.w3.org/1999/xhtml">
<head runat="server">
    <title>图形化设置 SqlDataSource </title>
</head>
<body>
    <form id="form1" runat="server">
    <div>
        <asp:SqlDataSource ID="SqlDataSource1" runat="server"
        ConnectionString="<%$ ConnectionStrings:libraryConnectionString %>"
            SelectCommand="SELECT [BookID], [BookName], [BookTypeID], [Press]
            FROM [Book]">
        </asp:SqlDataSource>
        <br />
        <asp:GridView ID="GridView1" runat="server" AutoGenerateColumns="False"
        DataKeyNames="BookID" DataSourceID="SqlDataSource1">
            <Columns>
                <asp:BoundField DataField="BookID" HeaderText="BookID"
                  ReadOnly="True" SortExpression="BookID" />
                <asp:BoundField DataField="BookName" HeaderText="BookName"
                  SortExpression="BookName" />
                <asp:BoundField DataField="BookTypeID" HeaderText="BookTypeID"
                  SortExpression="BookTypeID" />
                <asp:BoundField DataField="Press" HeaderText="Press"
                  SortExpression="Press" />
            </Columns>
        </asp:GridView>
    </div>
    </form>
</body>
</html>
```

将 GridView 控件中每列 BoundField 中的 HeaderText 属性的值改为中文名称即可，修改后的 GridView 页面源代码如下。

代码 8-3   GridView 控件修改后的页面代码

```
<asp:GridView ID="GridView1" runat="server" AutoGenerateColumns="False"
DataKeyNames="BookID"  DataSourceID="SqlDataSource1">
    <Columns>
        <asp:BoundField DataField="BookID" HeaderText="图书 ID"
          ReadOnly="True" SortExpression="BookID" />
        <asp:BoundField DataField="BookName" HeaderText="图书名称"
          SortExpression="BookName" />
        <asp:BoundField DataField="BookTypeID" HeaderText="图书类型 ID"
          SortExpression="BookTypeID" />
        <asp:BoundField DataField="Press" HeaderText="出版社"
          SortExpression="Press" />
    </Columns>
</asp:GridView>
```

（4）按"Ctrl+F5"组合键重新运行 SqlDataSourceDemo.aspx 页面，运行效果如图 8-14 所示。

图书ID	图书名称	图书类型ID	出版社
A01-09	你是最好的自己	2001	湖南文艺出版社
A01-25	极品萌卫	2001	现代出版社
A03-23	再青春	2001	百花洲文艺出版社
A03-58	深海里的星星1	2001	花山文艺出版社
A04-21	你好，有故事的人	2001	译林出版社
A04-22	华山	2001	清华
B05-69	越努力，越幸福	2002	现代出版社
B05-78	总有一次流泪，让你瞬间长大	2002	湖南文艺出版社
B06-58	世界上最伟大的推销员	2002	世界知识出版社
B06-69	女人不能太单纯	2002	中国华侨出版社
B06-78	我不是叫你诈	2002	文化艺术出版社
C10-12	我们台湾这些年	2003	重庆出版社
C10-25	邓小平时代	2003	生活·读书·新知三联书店
C10-57	益往直前	2003	长江文艺出版社
C11-23	毛泽东选集 (全四册)	2003	人民出版社
C11-51	文明的冲突与世界秩序的重建（修订版）	2003	新华出版社
D18-11	如何阅读一本书	2004	商务印书馆
D18-20	自由在高处	2004	新星出版社
D18-21	乡土中国—人民文库丛书	2004	人民出版社
D18-53	大手笔是怎样炼成的	2004	长江文艺出版社
D19-23	爱弥儿（上下卷）	2005	商务印书馆
D19-25	中国教育史	2005	华东师范大学出版社
D19-56	给教师的建议(全一册)	2005	教育科学出版社
D20-23	玩转组合折纸 七彩花球	2009	河南科学技术出版社

图 8-14　GridView 控件和 SqlDataSource 控件结合展示数据最终效果图

【案例 8-4】通过编程使用 GridView 控件。

（1）在案例 8-2 的基础上从工具箱的【数据】选项卡中将 GridView 控件拖曳到 SqlDataSource Demo2.aspx 页面的"设计"视图。

（2）打开 SqlDataSourceDemo2.aspx 页面的后台代码，在 Page_Load()方法中添加如下代码。

代码 8-4　SqlDataSourceDemo2.aspx 页面后台代码

```
public partial class SqlDataSourceDemo2 : System.Web.UI.Page
{
    protected void Page_Load(object sender, EventArgs e)
    {
        SqlDataSource1.ConnectionString = ConfigurationManager.
        ConnectionStrings["libraryConnectionString"].ConnectionString;
        SqlDataSource1.SelectCommand = "SELECT [BookID], [BookName],
        [BookTypeID], [Press] FROM [Book]";
        GridView1.DataSource = SqlDataSource1;
        GridView1.DataBind();
    }
}
```

（3）按"Ctrl+F5"组合键运行 SqlDataSourceDemo2.aspx 页面，最终运行效果图如图 8-14 所示。

任务实施与测试

图书浏览及搜索页面的运行效果如图 8-15 所示，可以根据图书 ISBN、图书名称、图书作者或出版社进行模糊查询。

图 8-15   图书浏览及搜索页面的运行效果

（1）在项目解决方案中添加一个名为 index.aspx 的页面，即图书浏览及搜索页面，切换到页面的 "设计" 视图，从工具箱【数据】选项卡中分别将 GridView 控件和 SqlDataSource 控件拖曳到页面上，并对页面进行简单设计，页面代码如下。

代码 8-5   login.aspx 页面初始代码

```
<%@ Page Title="" Language="C#" MasterPageFile="~/MasterPage.Master"
AutoEventWireup="true" CodeBehind="index.aspx.cs" Inherits="Web.index" %>
<asp:Content ID="Content1" ContentPlaceHolderID="head" runat="server">
</asp:Content>
<asp:Content   ID="Content2"   ContentPlaceHolderID="ContentPlaceHolder1"
runat="server">
    <table width="830px" border="0">
        <tr>
            <td class="style2" colspan="3">
                <font color="maroon"size="3">当前位置：首页</font></td>
        </tr>
        <tr>
            <td>图书 ISBN:<asp:TextBox ID="txtBookIsbn" runat="server"/></td>
            <td>图书名称：<asp:TextBox ID="txtBookName" runat="server"/></td>
            <td align="center">
              <asp:Button ID="btnSearchBook" runat="server" Text="查询" />
            </td>
        </tr>
```

```
<tr>
    <td>图书作者:<asp:TextBox ID="txtAuthor" runat="server"/></td>
    <td> 出版社:<asp:TextBox ID="txtPress" runat="server"/></td>
    <td align="center">
        <asp:Button ID="btnReset" runat="server" Text="重置"
          onclick="btnReset_Click" />
        </td>
</tr>
<tr><td colspan="3"><hr style="color:#5D7B9D" /></td></tr>
<tr>
    <td colspan="2">图书列表</td>
</tr>
<tr>
    <td colspan="3">
      <asp:GridView ID="GridView1" runat="server"></asp:GridView>
      <asp:SqlDataSource ID="SqlDataSource1"
        runat="server"></asp:SqlDataSource>
    </td>
</tr>
    </table>
</asp:Content>
```

（2）先按案例 8-1 所讲方法对 SqlDataSource 数据源控件进行配置，注意选择 Book 表的所有字段，如图 8-16 所示。

图 8-16　配置数据源的 SELECT 语句

（3）接下来为 SqlDataSource 数据源控件设置查询参数，单击【WHERE(W)...】按钮，打开如图 8-17 所示的界面。

图 8-17　配置数据源之【添加 WHERE 子句】对话框

首先添加按"图书 ISBN"进行模糊查询的操作，在其中【列(C):】选项组中选择 BookIsbn，在【运算符(P):】选项组中选择 LIKE（此处用于模糊查询），【源(S):】选项组与【参数属性】选项组具有关联性，当在【源(S):】选项组中选择"Control"（指参数来源于控件）时，【参数属性】选项组要求选择关联的控件 ID，此处选择"txtBookIsbn"，【默认值】设置为"%"，然后单击【添加(A)】按钮将上面设置好的参数加入到下面的【WHERE 子句（W）】选项组中。

按照上述同样的方法再添加图书名称、图书作者和出版社的查询参数，操作结果如图 8-18 所示。

图 8-18　配置数据源之 WHERE 子句设置

（4）当 4 个查询参数都添加完后，单击【确定】按钮，则返回如图 8-19 所示的界面。

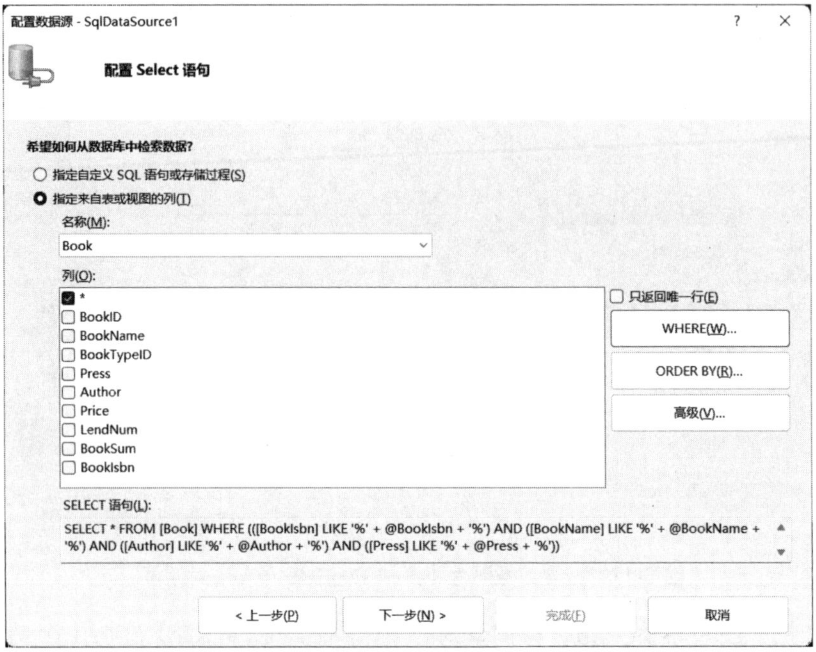

图 8-19　配置数据源之 WHERE 子句配置结果图

（5）接着单击【下一步(N)>】按钮，出现测试查询界面，直接单击【完成(F)】按钮即可完成对 SqlDataSource 控件的查询参数设置，然后按前面所讲的方法，将 GridView 控件的数据源设置为 SqlDataSource1，最后切换至"源"视图，适当修改 GridView 控件每列 BoundField 中的 HeaderText，页面的最终源代码如下。

代码 8-6　index.aspx 页面最终源代码

```
<%@ Page Title="" Language="C#" MasterPageFile="~/MasterPage.Master"
AutoEventWireup="true" CodeBehind="index.aspx.cs" Inherits="Web.index" %>
<asp:Content ID="Content1" ContentPlaceHolderID="head" runat="server">
</asp:Content>
<asp:Content   ID="Content2"   ContentPlaceHolderID="ContentPlaceHolder1"
runat="server">
    <table  width="830px" border="0">
        <tr>
            <td class="style2" colspan="3">
                <font color="maroon"size="3">当前位置：首页</font></td>
        </tr>
        <tr>
            <td>图书 ISBN: <asp:TextBox ID="txtBookIsbn" runat="server"/></td>
            <td>图书名称: <asp:TextBox ID="txtBookName" runat="server"/></td>
            <td align="center">
                <asp:Button ID="btnSearchBook" runat="server" Text="查询" />
            </td>
        </tr>
        <tr>
            <td>图书作者:<asp:TextBox ID="txtAuthor" runat="server"/></td>
```

```html
        <td> 出版社: <asp:TextBox ID="txtPress" runat="server"/></td>
        <td align="center">
            <asp:Button ID="btnReset" runat="server" Text="重置"
            onclick="btnReset_Click" />
        </td>
</tr>
<tr><td colspan="3"><hr style="color:#5D7B9D" /></td></tr>
<tr>
    <td colspan="2">图书列表</td>
</tr>
<tr>
    <td colspan="3">
        <asp:GridView ID="GridView1" runat="server"
        AutoGenerateColumns="False"
        DataKeyNames="BookID" DataSourceID="SqlDataSource1">
            <Columns>
                <asp:BoundField DataField="BookID" HeaderText="图书ID"
                    ReadOnly="True" SortExpression="BookID" />
                <asp:BoundField DataField="BookName" HeaderText="
                    图书名称" SortExpression="BookName" />
                <asp:BoundField DataField="BookTypeID" HeaderText="
                    图书类型ID" SortExpression="BookTypeID" />
                <asp:BoundField DataField="Press" HeaderText="出版社"
                    SortExpression="Press" />
                <asp:BoundField DataField="Author" HeaderText="作者"
                    SortExpression="Author" />
                <asp:BoundField DataField="Price" HeaderText="价格"
                    SortExpression="Price" />
                <asp:BoundField DataField="LendNum" HeaderText="借
                    出数量" SortExpression="LendNum" />
                <asp:BoundField DataField="BookSum" HeaderText="图
                    书数量" SortExpression="BookSum" />
                <asp:BoundField DataField="BookIsbn" HeaderText="
                    图书ISBN" SortExpression="BookIsbn" />
            </Columns>
        </asp:GridView>
        <asp:SqlDataSource ID="SqlDataSource1" runat="server"
            ConnectionString="<%$ ConnectionStrings:ConnectionString %>"
            SelectCommand="SELECT * FROM [Book]
                WHERE (([BookIsbn] LIKE '%' + @BookIsbn + '%') AND
                ([BookName] LIKE '%' + @BookName + '%') AND
                ([Author] LIKE '%' + @Author + '%') AND
                ([Press] LIKE '%' + @Press + '%'))">
            <SelectParameters>
                <asp:ControlParameter ControlID="txtBookIsbn"
                    DefaultValue="%" Name="BookIsbn"
                    PropertyName="Text" Type="String" />
                <asp:ControlParameter ControlID="txtBookName"
                    DefaultValue="%" Name="BookName"
                    PropertyName="Text" Type="String" />
                <asp:ControlParameter ControlID="txtAuthor"
```

```
                                    DefaultValue="%" Name="Author"
                                    PropertyName="Text" Type="String" />
                            <asp:ControlParameter ControlID="txtPress" DefaultValue="%"
                                Name="Press" PropertyName="Text" Type="String" />
                        </SelectParameters>
                    </asp:SqlDataSource>
                </td>
            </tr>
        </table>
</asp:Content>
```

（6）最后为 index.aspx 页面的【重置】按钮添加后台代码如下。

代码 8-7　index.aspx 页面后台代码

```
public partial class index : System.Web.UI.Page
{
    protected void Page_Load(object sender, EventArgs e)
    {
        usertop tp = Page.Master.FindControl("usertop1") as usertop;
        Label lblLoginUser = tp.FindControl("lblLoginUser") as Label;
        if (Session["managername"] != null)
            lblLoginUser.Text = Session["managername"].ToString();
    }
    protected void btnReset_Click(object sender, EventArgs e)
    {
        this.txtBookIsbn.Text = string.Empty;
        this.txtBookName.Text = string.Empty;
        this.txtAuthor.Text = string.Empty;
        this.txtPress.Text = string.Empty;
    }
}
```

任务 8.2　实现后台 "图书信息维护" 功能

任务描述

当用户类型为管理员时则跳转至后台管理页面，在该页面管理员可以对图书进行添加、修改与删除操作。

知识准备

8.2.1　数据绑定表达式的使用

（1）数据绑定表达式必须包含在<%#和%>字符之间，格式如下：

```
<%# expression %>
```

例如：

```
<%# 8+(2*10) %>
```

　　为了计算这样的数据绑定表达式，必须在代码中调用 Page.DataBind()方法。调用 Page.DataBind()方法时，ASP.NET 检查页面上的所有表达式并用适当的值替换它们。如果忘记调用 Page.DataBind()方法，数据绑定表达式不会被填入值。相反，它们在页面上呈现为 HTML 时会被丢弃。

　　（2）数据绑定表达式的编写位置。数据绑定表达式只能写在扩展名为 aspx 的页面代码中，但编写位置可以放在页面的任何地方，通常在控件标签中将数据绑定表达式赋给属性。

　　（3）数据绑定表达式的类型。数据绑定表达式的类型可以是一个表达式、一个变量、一个方法、一个数组等集合对象。其中方法可以是自定义的方法，还可以用 Eval()方法和 Bind()方法绑定数据库的字段值。

　　【案例 8-5】数据绑定表达式的简单使用。

　　① 在【TestLibrary.sln】解决方案【Web】应用程序下添加一个名为 DataBindExpression Demo1.aspx 的页面，切换到该页面的"源"视图，编写代码如下。

代码 8-8　DataBindExpressionDemo1.aspx 页面代码

```
<%@ Page Language="C#" AutoEventWireup="true"
  CodeBehind="DataBindExpressionDemo1.aspx.cs"
  Inherits="Web.DataBindExpressionDemo1" %>
<!DOCTYPE html PUBLIC "-//W3C//DTD XHTML 1.0 Transitional//EN" "http://
www.w3.org/TR/xhtml1/DTD/xhtml1-transitional.dtd">
<html xmlns="http://www.w3.org/1999/xhtml">
<head runat="server">
    <title>数据绑定表达式的简单使用</title>
</head>
<body>
    <form id="form1" runat="server">
    <div>
    表达式 1（数字运算）：<%# 8+(2*10) %><br /> 表达式 2（字符串连接）：
    <%# "Tom"+" Jerry" %><br /> 表达式 3（获取浏览器属性）：<%#
    Request.Browser.Browser %><br />
    文本框 textbox1: <asp:TextBox ID="textbox1" runat="server"></asp:TextBox><br />
    绑定文本框的 Text 属性：<asp:Label ID="label1" runat="server"
      Text='<%# textbox1.Text %>'></asp:Label><br />
    绑定后台自定义方法：<asp:Label ID="label2" runat="server"
      Text='<%# GetBrowserVersion() %>'></asp:Label><br />
    绑定数组：<asp:ListBox ID="listbox1" runat="server"
      DataSource='<%# BookArray %>'></asp:ListBox><br />
    </div>
    </form>
</body>
</html>
```

　　② 在 DataBindExpressionDemo1.aspx 页面后台代码中编写如下代码。

代码 8-9　DataBindExpressionDemo1.aspx 页面后台代码

```
public partial class DataBindExpressionDemo1 : System.Web.UI.Page
{
    protected void Page_Load(object sender, EventArgs e)
    {
        this.DataBind();
    }
    public string[] BookArray
    {
        get { return new string[] { "C语言程序设计", "数据库原理",
        "ASP.NET 程序设计", "网页制作" }; }
    }
    /// <summary>
    /// 返回浏览器版本
    /// </summary>
    public string GetBrowserVersion()
    {
        return Request.Browser.Version;
    }
}
```

③ 按 "Ctrl+F5" 组合键运行 DataBindExpressionDemo1.aspx 页面，运行效果图如图 8-20 所示；当在 textbox1 文本框中输入信息后按 "Enter" 键（回车键）则效果图如图 8-21 所示。

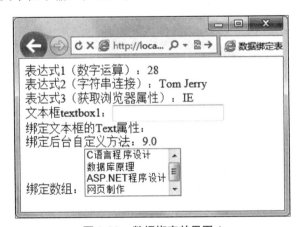

图 8-20　数据绑定效果图 1

（4）Eval()方法和 Bind()方法。Eval()方法是静态单向（只读）方法，可计算数据绑定控件（如 GridView、DetailsView 和 FormView 控件）的模板中的后期绑定数据表达式。在运行时，Eval()方法调用 DataBinder 对象的 Eval()方法，同时引用命名容器的当前数据项。命名容器通常包含完整记录的数据绑定控件的最小组成部分，如 GridView 控件中的一行。因此，只能对数据绑定控件的模板内的绑定使用 Eval()方法。该方法以数据字段的名称作为参数，从数据源的当前记录返回一个包含该字段值的字符串。可以提供第二个参数来指定返回字符串的格式，该参数为可选参数，字符串格式参数使用为 String 类的 Format 方法定义的语法。例如：

```
<%# Eval("BookName")%> //绑定图书名称字段
<%# string.Format("{0:F}", Eval("Price"))%> //绑定图书单价字段并保留两位小数
```

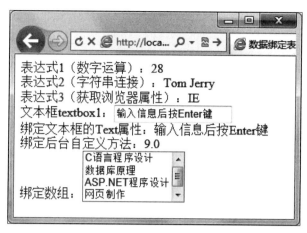

图 8-21　数据绑定效果图 2

Bind()方法与 Eval()方法有一些相似之处，但也存在很大的差异。虽然可以像使用 Eval() 方法一样使用 Bind()方法来检索数据绑定字段的值，但当数据可以被修改时，还是要使用 Bind()方法。也就是说 Bind()方法支持读/写功能，可以检索数据绑定控件的值并将任何更改提交回数据库。在 ASP.NET 中，数据绑定控件（如 GridView、DetailsView 和 FormView 控件）可自动使用数据源控件的更新、删除和插入操作。例如，如果已为数据源控件定义了 SQL SELECT、INSERT、DELETE 和 UPDATE 语句，则通过使用 GridView、DetailsView 或 FormView 控件模板中的 Bind()方法，就可以使控件从模板中的子控件中提取值，并将这些值传递给数据源控件。然后数据源控件将执行适当的数据库命令。出于这个原因，在数据绑定控件的 EditItemTemplate 或 InsertItemTemplate 中要使用 Bind()函数。

其编写格式如下：

```
<%# Bind("字段名") %>
```

（5）实现数据绑定控件的自动编号。当数据绑定控件展示数据时，ASP.NET 提供一个很有用的方法对其数据行实现自动编号，编写格式如下：

```
<%#Container.DataItemIndex + 1 %>
```

其中 Container 即容器，指父控件；DataItemIndex 指父控件所绑定的数据源的当前行，不是字段。

8.2.2　GridView 控件模板列的使用

8.2.1 节讲解了利用 GridView 控件的 BoundField 列实现了在独立的绑定列中分别显示每个字段的数据。如果希望在同一个单元格显示多个值，或者希望在单元格中添加 HTML 标签和服务器控件而获得自定义内容的不受限的能力，就需要使用 TemplateField 模板列。

TemplateField 允许为每一列定义一个完全定制的模板，该模板中包含 6 个子项模板，如表 8-6 所示，可以在子模板中加入控件标签、任意的 HTML 元素及数据绑定表达式。

表 8-6　GridView 控件的模板列

模板	描述
HeaderTemplate	定义表头单元格的外观和内容
ItemTemplate	定义数据单元格的外观和内容（如果同时定义了 AlternatingItemTemplate 则只定义奇数行单元格的外观和内容）
EditItemTemplate	定义编辑模式中的外观和使用的控件
FooterTemplate	定义表尾单元格的外观和内容
AlternatingItemTemplate	和 ItemTemplate 一起分别格式化奇数行和偶数行单元格的外观和内容
InsertItemTemplate	定义插入一条新记录时的外观和使用的控件（只有 DetailsView 控件支持该模板）

　　GridView 控件模板列的使用一般采用两种方式，一种是在 Visual Studio 中进行编辑，另一种是直接在页面源代码中编写。

　　【案例 8-6】在 Visual Studio 中编辑模板。

　　（1）本案例的目的是在案例 8-4 的基础上将通过界面配置 GridView 的各列，以及其中的 BookTypeID 列用模板列定义，使其能动态显示其对应的类型名称。首先在【TestLibrary.sln】解决方案 Web 应用程序下添加一个名为 GridViewTemplateDemo.aspx 的页面，切换到该页面的"设计"视图，从工具箱的"数据"选项卡中分别将 GridView 控件和 SqlDataSource 控件拖曳到页面中，单击 GridView 控件右上角的智能标记，在弹出的【GridView 任务】快捷菜单上，单击【编辑列...】按钮弹出如图 8-22 所示的对话框。

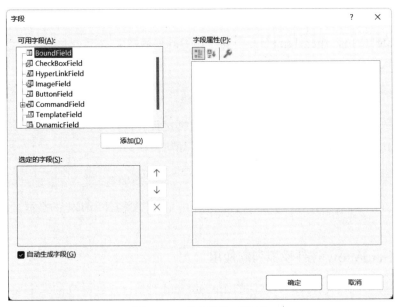

图 8-22　【字段】对话框

　　（2）在【字段】对话框中可以添加自定义列（添加自定义列时必须取消勾选【自动生成字段(G)】复选框），接下来以添加一个【图书 ID】列为例进行设置。首先在【可用字段(A):】选项组中选择列的类型（此处选择【BoundField】列），单击【添加(D)】按钮，则将该列添加至【选定的字段(S):】选项组中，此时【字段属性(P):】选项组会显示所选字段所有的属性，

将【DataField】属性设置为"BookID"，【HeaderText】属性设置为"图书 ID"，如图 8-23
所示（注意：一旦设置【HeaderText】属性后，【选定的字段(S):】选项组中【BoundField】
自动变为【HeaderText】属性值，即会显示为【图书 ID】），操作结果如图 8-23 所示。

（3）按照上述方法再添加两个【BoundField】字段，分别用于【图书名称】和【出版社】
两列，最后添加一个【TemplateField】字段用于【图书类型】列。该模板列只需将【HeaderText】
属性设置为"图书类型"即可，此时可以通过【选定的字段(S):】右侧的调节按钮将【图书类
型】调节至【出版社】列的前面，操作结果如图 8-24 所示。

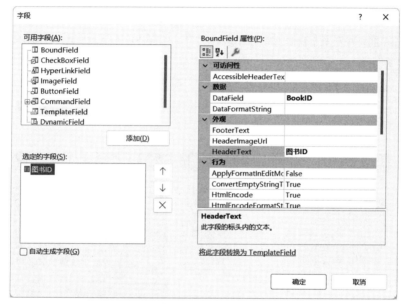

图 8-23　添加 BoundField 字段并设置相应属性

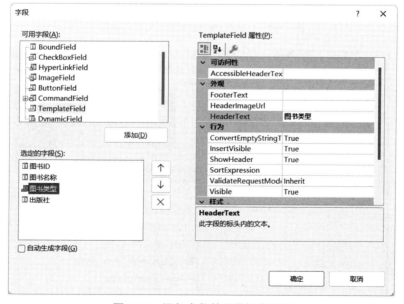

图 8-24　添加字段并设置相应属性

（4）单击【确定】按钮返回页面"设计"视图如图 8-25 所示，由于"图书类型"是模板列，并没有对其进行定义格式或控件，所以未显示"数据绑定"字样，如图 8-25 所示，接下来对该模板列进行编辑。

（5）在图 8-25 中选中【图书类型】列（单击其列名即可），然后单击 GridView 控件右上角的智能标记，在弹出的【GridView 任务】快捷菜单中单击【编辑模板】按钮，弹出【模板编辑模式】界面，选择【图书类型】列下的【ItemTemplate】模板，如图 8-26 所示。从工具箱的【标准】选项卡中将 Literal 控件拖曳到【ItemTemplate】模板中，单击 Literal 右上角的智能标记，在弹出的【Literal 任务】快捷菜单中单击【编辑 DataBindings...】按钮，进入【Literal DataBindings】界面，并对其【Text】属性绑定表达式，如图 8-27 所示（其中 GetBookTypeName() 为后台自定义方法）。

（6）单击【确定】按钮返回模板编辑界面，并单击模板界面右上角的智能标记，在弹出的【GridView 任务】快捷菜单中单击【结束模板编辑】（见图 8-28）即返回页面设计视图。

图 8-25　GridView 控件自定义列的结果

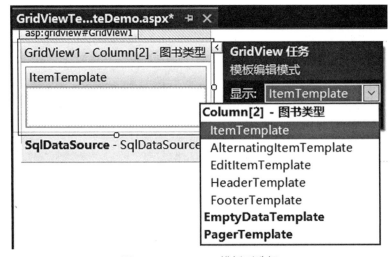

图 8-26　GridView 模板列选择

图 8-27 GridView 模板列之 ItemTemplate 设置

图 8-28 GridView 模板列之结束模板编辑

（7）切换至 GridViewTemplateDemo.aspx 的页面"源"视图，其生成的代码如下。

代码 8-10 GridViewTemplateDemo.aspx 页面代码

```
<%@ Page Language="C#" AutoEventWireup="true"
  CodeBehind="GridViewTemplateDemo.aspx.cs"
  Inherits="Web.GridViewTemplateDemo" %>
<!DOCTYPE html PUBLIC "-//W3C//DTD XHTML 1.0 Transitional//EN" "http://
www.w3.org/TR/xhtml1/DTD/xhtml1-transitional.dtd">
<html xmlns="http://www.w3.org/1999/xhtml">
<head runat="server">
    <title></title>
</head>
<body>
    <form id="form1" runat="server">
    <div>
        <asp:GridView ID="GridView1" runat="server" AutoGenerateColumns="False">
          <Columns>
            <asp:BoundField DataField="BookID" HeaderText="图书 ID" />
            <asp:BoundField DataField="BookName" HeaderText="图书名称" />
```

```
                    <asp:TemplateField HeaderText="图书类型">
                        <ItemTemplate>
                            <asp:Literal ID="Literal1" runat="server"
                              Text='<%# GetBookTypeName(Eval("BookTypeID")) %>'>
                            </asp:Literal>
                        </ItemTemplate>
                    </asp:TemplateField>
                    <asp:BoundField DataField="Press" HeaderText="出版社" />
                </Columns>
            </asp:GridView>
            <asp:SqlDataSource ID="SqlDataSource1" runat="server"></asp:SqlDataSource>
        </div>
        </form>
</body>
</html>
```

（8）打开 GridViewTemplateDemo.aspx 页面的后台代码，编写如下代码。

代码 8-11　GridViewTemplateDemo.aspx 页面后台代码

```
public partial class GridViewTemplateDemo : System.Web.UI.Page
{
    protected void Page_Load(object sender, EventArgs e)
    {
        SqlDataSource1.ConnectionString = ConfigurationManager.
         ConnectionStrings["libraryConnectionString"].ConnectionString;
        SqlDataSource1.SelectCommand = "SELECT [BookID], [BookName],
         [BookTypeID], [Press] FROM [Book]";
        GridView1.DataSource = SqlDataSource1;
         GridView1.DataBind();
    }
    /// <summary>
    /// 根据 BookTypeID 返回对应的 BookTypeName
    /// </summary>
    public string GetBookTypeName(object dataItem)
    {
        string result = string.Empty;
        string sql =string.Format("select BookTypeName from BookType
          where BookTypeID={0}",dataItem.ToString());
        string connectionString = ConfigurationManager.
          ConnectionStrings["libraryConnectionString"].ConnectionString;
        SqlConnection conn = new SqlConnection(connectionString);
        SqlCommand cmd = new SqlCommand(sql, conn);
        conn.Open();
        result=cmd.ExecuteScalar().ToString();
        conn.Close();
        return result;
    }
}
```

（9）按"Ctrl+F5"组合键运行 GridView- TemplateDemo.aspx 页面，最终运行效果图如图 8-29 所示。

图 8-29   GridView 模板列使用效果图

8.2.3   GridView 控件的常用事件

GridView 控件提供很多事件，可以使用这些事件定制 GridView 控件的外观和行为。下面将 GridView 控件的事件分为三大类。

控件呈现事件，在 GridView 显示其数据行时触发，可分为如下几种。

- DataBinding：GridView 绑定到数据源前触发。
- DataBound：GridView 绑定到数据源后触发。
- RowCreated：GridView 中的行被创建后触发。
- RowDataBound：GridView 中的每行绑定数据后触发。

编辑记录事件，分为如下几种。

- RowCommand：单击 GridView 控件内的按钮时触发。
- RowUpdating：在 GridView 更新记录前触发。
- RowUpdated：在 GridView 更新记录后触发。
- RowDeleting：在 GridView 删除记录前触发。
- RowDeleted：在 GridView 删除记录后触发。
- RowCancelingEdit：取消更新记录时触发。

选择、排序、分页事件，分为如下几种。

- PageIndexChanging：在当前页被改变前触发。
- PageIndexChanged：在当前页被改变后触发。
- Sorting：在排序前触发。

● Sorted：在排序后触发。

● SelectedIndexChanging：在行被选择之前触发。

● SelectedIndexChanged：在行被选择后触发。

【案例 8-7】GridView 控件的 RowDataBound 事件。

（1）本案例是对案例 8-5 的改进，即通过 GridView 控件的 RowDataBound 事件替代案例 8-5 中的 GetBookTypeName()方法，实现将其中的 BookTypeID 模板列能动态显示其对应的类型名称。首先在 TestLibrary.sln 解决方案 Web 应用程序下添加一个名为 GridViewTemplateEvent Demo.aspx 的页面，页面设计和数据源的配置等与案例 8-5 一致，只是页面【图书类型】模板列无须对 Literal 控件绑定 Text 属性的值。

（2）切换到该页面的"设计"视图，选择 GridView 控件并打开其属性窗口，在属性窗口事件列表中双击【RowDataBound】事件，则 Visual Studio 自动为该 GridView 控件生成 GridView1_RowDataBound 事件，并切换到 GridViewTemplateEventDemo.aspx 页面后台代码，编写代码如下。

代码 8-12　GridViewTemplateEventDemo.aspx 页面后台代码

```
protected void Page_Load(object sender, EventArgs e)
{
    SqlDataSource1.ConnectionString = ConfigurationManager.
     ConnectionStrings["libraryConnectionString"].ConnectionString;
    SqlDataSource1.SelectCommand = "SELECT [BookID], [BookName],
     [BookTypeID], [Press] FROM [Book]";
    GridView1.DataSource = SqlDataSource1;
    GridView1.DataBind();
}
protected void GridView1_RowDataBound(object sender, GridViewRowEventArgs e)
{
    if (e.Row.RowType == DataControlRowType.DataRow)
    {
     string bookTypeID = ((DataRowView)e.Row.DataItem).Row.ItemArray[2].ToString();
     Literal Literal1 = (Literal)e.Row.FindControl("Literal1");
     string sql = string.Format("select BookTypeName from BookType
       where BookTypeID={0}", bookTypeID);
     string connectionString = ConfigurationManager.
       ConnectionStrings["libraryConnectionString"].ConnectionString;
     SqlConnection conn = new SqlConnection(connectionString);
     SqlCommand cmd = new SqlCommand(sql, conn);
     conn.Open();
     Literal1.Text=cmd.ExecuteScalar().ToString();
     conn.Close();
    }
}
```

RowType 可以确定 GridView 中行的类型，RowType 是枚举变量 DataControlRowType 中的一个值。RowType 可以取值为 DataRow、Footer、Header、EmptyDataRow、Pager、Separator。很多时候，我们需要判断当前是否是数据行，通过如下代码来进行判断：

```
    if (e.Row.RowType == DataControlRowType.DataRow)
```

((DataRowView)e.Row.DataItem).Row.ItemArray[x].ToString()方法用于获取当前数据行的
某列的值。此方法的核心是 e.Row.DataItem，它是 GridView 的行数据集，为 Object 类型，将
其转化为 DataRowView 类型后，可以获得更多的操作方法。此数据集表示数据源当前行的全
部字段列，ItemArray[x]是当前行全部字段列的数组对象，可以通过索引 x 获得任意字段值，
索引从 0 开始。

　　e.Row.Cells[x].FindControl("YourcontrolName")是在单元格内查找某个服务器控件，从而
获得其数据值。这种方式可以操作单元格内的服务器控件。此方法一般用于处理模板列中的
数据或控件。

（3）切换至 GridViewTemplateEventDemo.aspx 的页面"源"视图，其生成的代码如下。

代码 8-13   GridViewTemplateEventDemo.aspx 页面代码

```
<%@ Page Language="C#" AutoEventWireup="true"
 CodeBehind="GridViewTemplateDemo.aspx.cs"
 Inherits="Web.GridViewTemplateDemo" %>
<!DOCTYPE html PUBLIC "-//W3C//DTD XHTML 1.0 Transitional//EN" "http://
www.w3.org/TR/xhtml1/DTD/xhtml1-transitional.dtd">
<html xmlns="http://www.w3.org/1999/xhtml">
<head runat="server">
    <title></title>
</head>
<body>
    <form id="form1" runat="server">
    <div>
        <asp:GridView ID="GridView1" runat="server" AutoGenerateColumns="False"
         onrowdatabound="GridView1_RowDataBound">
          <Columns>
                <asp:BoundField DataField="BookID" HeaderText="图书 ID" />
                <asp:BoundField DataField="BookName" HeaderText="图书名称" />
                <asp:TemplateField HeaderText="图书类型">
                    <ItemTemplate>
                        <asp:Literal ID="Literal1" runat="server"></asp:Literal>
                    </ItemTemplate>
                </asp:TemplateField>
                <asp:BoundField DataField="Press" HeaderText="出版社" />
          </Columns>
        </asp:GridView>
        <asp:SqlDataSource ID="SqlDataSource1" runat="server"></asp:SqlDataSource>
    </div>
    </form>
</body>
</html>
```

（4）按"Ctrl+F5"组合键运行 GridViewTemplateEventDemo.aspx 页面，最终运行效果图
如图 8-29 所示。

任务实施与测试

"图书信息维护"功能包括对图书进行添加、修改与删除操作。

1. 图书添加功能

（1）在项目解决方案中添加一个名为"bookInfoManage.aspx"的页面，即图书管理页面，切换到页面的"设计"视图，从工具箱【数据】选项卡将 GridView 控件拖曳到页面中，切换到"源"视图，编写代码如下。

代码 8-14　bookInfoManage.aspx 页面初始代码

```
<%@ Page Title="" Language="C#" MasterPageFile="~/MasterPage.Master"
  AutoEventWireup="true" CodeBehind="bookInfoManage.aspx.cs"
  Inherits="Web.bookInfoManage" %>
<asp:Content ID="Content1" ContentPlaceHolderID="head" runat="server">
<script type="text/javascript">
    function setPrice(obj) {
        var reg = /^[0-9]+(.[0-9]{1,2})?$/;
        if (!reg.test(obj.value)) {
            alert("请输入正确的单价(两位小数)！");
            obj.value = "";
        }
    }
    function setNumber(obj) {
        var reg = /^\+?[1-9][0-9]*$/;
        if (!reg.test(obj.value)) {
            alert("请输入正确的整数！");
            obj.value = "";
         }
     }
</script>
</asp:Content>
    <asp:Content   ID="Content2"   ContentPlaceHolderID="ContentPlaceHolder1"
runat="server">
        <table style="width:100%;" border="0">
            <tr>
                <td class="style2" colspan="3">
                    <font color="maroon"size="3">当前位置：图书管理</font></td>
            </tr>
            <tr>
                <td>图书 ISBN：<asp:TextBox ID="txtBookIsbn" runat="server"/></td>
                <td>图书名称：<asp:TextBox ID="txtBookName" runat="server"/></td>
                <td align="center">
                  <asp:Button ID="btnSearchBook" runat="server" Text="查询"
                    onclick="btnSearchBook_Click" />
                </td>
            </tr>
            <tr>
                <td>图书作者：<asp:TextBox ID="txtAuthor" runat="server"/></td>
                <td> 出版社：<asp:TextBox ID="txtPress" runat="server"/></td>
```

```
        <td align="center">
          <asp:Button ID="btnReset" runat="server" Text="重置"
          onclick="btnReset_Click" />
        </td>
</tr>
<tr><td colspan="3"><hr style="color:#5D7B9D" /></td></tr>
<tr>
    <td colspan="2">图书列表</td>
    <td align="center">
        <asp:Button ID="btnAdd" runat="server" OnClick="btnAdd_Click"
          Text="新增" />
    </td>
</tr>
<tr>
    <td colspan="3">
        <asp:GridView ID="gvBookInfo" runat="server"
        AutoGenerateColumns="False" DataKeyNames="BookID"
        CellPadding="4" ForeColor="#333333" HorizontalAlign="center"
        Width="830px" Height="65px" AllowPaging="false"
        EmptyDataText="无图书信息！"
        OnRowDataBound="gvBookInfo_RowDataBound">
          <RowStyle BackColor="#F7F6F3" ForeColor="#333333" />
          <Columns>
              <asp:TemplateField HeaderText="序号"
                HeaderStyle-Width="30px">
                  <ItemTemplate>
                    <%#Container.DataItemIndex + 1 %>
                  </ItemTemplate>
              </asp:TemplateField>
              <asp:TemplateField HeaderText="图书ISBN">
                  <ItemTemplate>
                    <%# Eval("BookIsbn")%>
                  </ItemTemplate>
                  <FooterTemplate>
                    <asp:TextBox ID="txtBookIsbn" runat="server"/>
                  </FooterTemplate>
              </asp:TemplateField>
              <asp:TemplateField HeaderText="图书名称">
                  <ItemTemplate>
                    <%# Eval("BookName")%>
                  </ItemTemplate>
                  <FooterTemplate>
                    <asp:TextBox ID="txtBookName" runat="server"/>
                  </FooterTemplate>
              </asp:TemplateField>
              <asp:TemplateField HeaderText="图书类型">
                  <ItemTemplate>
                    <%# Eval("BookTypeName")%>
                  </ItemTemplate>
                  <FooterTemplate>
                    <asp:DropDownList ID="ddlBookType" runat="server"/>
```

```
                        </FooterTemplate>
                    </asp:TemplateField>
                    <asp:TemplateField HeaderText="作者">
                        <ItemTemplate><%# Eval("Author")%></ItemTemplate>
                        <FooterTemplate>
                          <asp:TextBox ID="txtAuthor" runat="server"/>
                        </FooterTemplate>
                    </asp:TemplateField>
                    <asp:TemplateField HeaderText="出版社">
                        <ItemTemplate><%# Eval("Press")%></ItemTemplate>
                        <FooterTemplate>
                          <asp:TextBox ID="txtPress" runat="server"/>
                        </FooterTemplate>
                    </asp:TemplateField>
                    <asp:TemplateField HeaderText="单价">
                        <ItemTemplate>
                          <%# string.Format("{0:F}", Eval("Price"))%>
                        </ItemTemplate>
                        <FooterTemplate>
                          <asp:TextBox ID="txtPrice" runat="server"
                             onchange="setPrice(this)"/>
                        </FooterTemplate>
                    </asp:TemplateField>
                    <asp:TemplateField HeaderText="图书数量">
                        <ItemTemplate>
                          <%# Eval("BookSum")%>
                        </ItemTemplate>
                        <FooterTemplate>
                          <asp:TextBox ID="txtBookSum" runat="server"
                            onchange="setNumber(this)"/>
                        </FooterTemplate>
                    </asp:TemplateField>
                    <asp:TemplateField HeaderText="操作">
                        <FooterTemplate>
                            <asp:LinkButton ID="btnSave" runat="server"
                               Text="保存" OnClick="btnSave_Click" /> 
                            <asp:LinkButton ID="btnCancel" runat="server"
                               Text="取消" OnClick="btnCancel_Click" />
                        </FooterTemplate>
                    </asp:TemplateField>
                </Columns>
                <HeaderStyle BackColor="#5D7B9D" Font-Bold="True"
                   ForeColor="White" />
            </asp:GridView>
        </td>
    </tr>
    </table>
</asp:Content>
```

（2）切换到 bookInfoManage.aspx 的后台代码页面，编写代码如下。

代码 8-15　bookInfoManage.aspx 页面后台代码

```
protected void Page_Load(object sender, EventArgs e)
{
    if (!IsPostBack)
    {
        top tp = Page.Master.FindControl("top1") as top;
        Label lblLoginUser = tp.FindControl("lblLoginUser") as Label;
        if (Session["managername"] != null)
            lblLoginUser.Text = Session["managername"].ToString();
        BindData();
    }
}

private void BindBookType(ListControl control, string defString)
{
    string sql = "select * from BookType";
    control.DataSource = dataOperate.getDataset(sql, "BookType");
    control.DataTextField = "BookTypeName";
    control.DataValueField = "BookTypeID";
    control.DataBind();
    if (!string.IsNullOrEmpty(defString))
        control.Items.Insert(0, new ListItem(defString, ""));
}

private void BindData()
{
    string sql = "SELECT b.BookID,b.BookName,b.BookTypeID,b.Press,b.Author, " +
                    "b.Price,b.BookSum,b.BookIsbn,bt.BookTypeName " +
                    "FROM Book b,BookType bt " +
                    "where b.BookTypeID=bt.BookTypeID";
    if (!string.IsNullOrEmpty(txtBookIsbn.Text.Trim()))
        sql += string.Format(" And BookIsbn Like '%{0}%'", txtBookIsbn.
Text.Trim());
    if (!string.IsNullOrEmpty(txtBookName.Text.Trim()))
        sql += string.Format(" And BookName Like '%{0}%'", txtBookName.
Text.Trim());
    if (!string.IsNullOrEmpty(txtAuthor.Text.Trim()))
        sql += string.Format(" And Author Like '%{0}%'", txtAuthor.Text.Trim());
    if (!string.IsNullOrEmpty(txtPress.Text.Trim()))
        sql += string.Format(" And Press Like '%{0}%'", txtPress.Text.Trim());
    DataTable table = dataOperate.getDataset(sql, "Book").Tables[0];//定义
datatable 对象
    gvBookInfo.DataSource = table.DefaultView;//获取图书信息数据源
    gvBookInfo.DataBind(); //执行绑定
}

protected void btnSearchBook_Click(object sender, EventArgs e)
{
    BindData();
}
```

```
    protected void btnReset_Click(object sender, EventArgs e)
    {
        this.txtBookIsbn.Text = string.Empty;
        this.txtBookName.Text = string.Empty;
        this.txtAuthor.Text = string.Empty;
        this.txtPress.Text = string.Empty; BindData();
    }
    protected void gvBookInfo_RowDataBound(object sender, GridViewRowEventArgs e)
    {
    if (e.Row.RowType == DataControlRowType.DataRow)
        {
            DropDownList ddlBookType = e.Row.FindControl("ddlBookType")
    as DropDownList;
            if (ddlBookType != null)
            {
                BindBookType(ddlBookType, "请选择");
                string BookID = gvBookInfo.DataKeys[e.Row.RowIndex].Value.ToString();
                string sql = string.Format("select * from Book where BookID='{0}'",
BookID);
                SqlDataReader reader = dataOperate.getRow(sql);
                if (reader.Read())
                {
                    if (ddlBookType.Items.FindByValue(reader["BookTypeID"].ToString())
                      != null)
                      ddlBookType.Items.FindByValue(reader["BookTypeID"].
                        ToString()).Selected = true;
                }
                reader.Close();
            }
        }
        if (e.Row.RowType == DataControlRowType.Footer)
        {
            DropDownList ddlBookType = e.Row.FindControl("ddlBookType")
             as DropDownList;
            if (ddlBookType != null)
            {
                BindBookType(ddlBookType, "请选择");
            }
        }
    }

    protected void btnAdd_Click(object sender, EventArgs e)
    {
        gvBookInfo.ShowFooter = true;
        BindData();
    }
    protected void btnSave_Click(object sender, EventArgs e)
    {
    TextBox txtBookIsbn = gvBookInfo.FooterRow.FindControl("txtBookIsbn") as
TextBox;
        TextBox txtBookName = gvBookInfo.FooterRow.FindControl("txtBookName")
```

```
        as TextBox;
    DropDownList ddlBookType = gvBookInfo.FooterRow.FindControl("ddlBookType")
        as DropDownList;
    TextBox txtAuthor = gvBookInfo.FooterRow.FindControl("txtAuthor") as TextBox;
    TextBox txtPress = gvBookInfo.FooterRow.FindControl("txtPress") as TextBox;
    TextBox txtPrice = gvBookInfo.FooterRow.FindControl("txtPrice") as TextBox;
    TextBox txtBookSum = gvBookInfo.FooterRow.FindControl("txtBookSum")
        as TextBox;
    string bookIsbn = txtBookIsbn.Text.Trim();
    string bookName = txtBookName.Text.Trim();
    string bookTypeID = ddlBookType.SelectedValue;
    string author = txtAuthor.Text.Trim();
    string press = txtPress.Text.Trim();
    string price = txtPrice.Text.Trim();
    string bookNum = txtBookSum.Text.Trim();
    if (bookIsbn == string.Empty)
    {
        Page.RegisterStartupScript("", "<script>alert('请输入图书 ISBN
号!')</script>");
        return;
    }
    if (bookName == string.Empty)
    {
        Page.RegisterStartupScript("", "<script>alert('请输入图书名称!')</script>");
        return;
    }
    if (bookTypeID == string.Empty)
    {
        Page.RegisterStartupScript("", "<script>alert('请选择图书类型!')</script>");
        return;
    }
    if (author == string.Empty)
    {
        Page.RegisterStartupScript("", "<script>alert('请输入图书作者!')</script>");
        return;
    }
    if (price == string.Empty)
    {
        Page.RegisterStartupScript("", "<script>alert('请输入图书价格!')</script>");
        return;
    }
    if (bookNum == string.Empty)
    {
        Page.RegisterStartupScript("", "<script>alert('请输入图书数量!')</script>");
        return;
    }
    //生成图书 ID 的思路: 找到该类图书 ID 中后两位最大的数加 1
    string bookID = GenerateBookID(ddlBookType.SelectedValue);
    string insertSql = string.Format("insert into Book
values('{0}','{1}','{2}','{3}','{4}','{5}','{6}','{7}','{8}')",
bookID, bookName, bookTypeID, press, author, price, 0, bookNum, bookIsbn);
```

```
    bool result = dataOperate.execSQL(insertSql);
    if (result)
        Page.RegisterStartupScript("", "<script>alert('保存成功！')</script>");
    else
        Page.RegisterStartupScript("", "<script>alert('保存失败！')</script>");
    gvBookInfo.ShowFooter = false;
    BindData();
}
protected void btnCancel_Click(object sender, EventArgs e)
{
    gvBookInfo.ShowFooter = false;
    BindData();
}

/// <summary>
/// 生成图书 ID
/// </summary>
/// <param name="bookTypeID">图书类型 ID</param>
/// <returns>图书 ID 字符串</returns>
private string GenerateBookID(string bookTypeID)
{
    string bookid = string.Empty;
    string querySql = string.Format("select MAX(bookID) as bookID from Book
      where BookTypeID='{0}'", bookTypeID);
    SqlDataReader reader = dataOperate.getRow(querySql);
    if (reader.Read())
    {
        string[] tmp = reader["bookID"].ToString().Split('-');
        bookid = tmp[0] + "-" + (int.Parse(tmp[1]) + 1).ToString();
        reader.Close();
    }
    return bookid;
}
```

2．图书编辑功能

（1）在 bookInfoManage.aspx 的页面"源"视图中，即利用 EditItemTemplate 模板对需要编辑的字段进行设计并绑定相应数据，同时注册 GridView 控件的 RowEditing、RowUpdating和 RowCancelingEdit 事件，修改后的 GridView 控件代码如下。

代码 8-16　bookInfoManage.aspx 页面代码

```
<asp:GridView ID="gvBookInfo" runat="server" AutoGenerateColumns="False"
  DataKeyNames="BookID" CellPadding="4" ForeColor="#333333"
  HorizontalAlign="center" Width="830px" Height="65px" AllowPaging="false"
  EmptyDataText="无图书信息！" OnRowDataBound="gvBookInfo_RowDataBound"
  OnRowEditing="gvBookInfo_RowEditing"
  OnRowUpdating="gvBookInfo_RowUpdating"
  OnRowCancelingEdit="gvBookInfo_RowCancelingEdit">
  <RowStyle BackColor="#F7F6F3" ForeColor="#333333" />
    <Columns>
        <asp:TemplateField HeaderText="序号" HeaderStyle-Width="30px">
```

```
            <ItemTemplate><%#Container.DataItemIndex + 1 %></ItemTemplate>
    </asp:TemplateField>
    <asp:TemplateField HeaderText="图书 ISBN">
            <ItemTemplate><%# Eval("BookIsbn")%></ItemTemplate>
            <EditItemTemplate><asp:TextBox ID="txtBookIsbn" runat="server"
                Text='<%# Eval("BookIsbn")%>'/></EditItemTemplate>
            <FooterTemplate>
                    <asp:TextBox ID="txtBookIsbn" runat="server"/>
            </FooterTemplate>
    </asp:TemplateField>
    <asp:TemplateField HeaderText="图书名称">
        <ItemTemplate><%# Eval("BookName")%></ItemTemplate>
        <EditItemTemplate><asp:TextBox ID="txtBookName" runat="server"
            Text='<%# Eval("BookName")%>'/></EditItemTemplate>
        <FooterTemplate>
                <asp:TextBox ID="txtBookName" runat="server"/>
        </FooterTemplate>
    </asp:TemplateField>
    <asp:TemplateField HeaderText="图书类型">
        <ItemTemplate><%# Eval("BookTypeName")%></ItemTemplate>
        <EditItemTemplate><asp:DropDownList ID="ddlBookType"
            runat="server"/></EditItemTemplate>
        <FooterTemplate>
                <asp:DropDownList ID="ddlBookType" runat="server"/>
        </FooterTemplate>
    </asp:TemplateField>
    <asp:TemplateField HeaderText="作者">
        <ItemTemplate><%# Eval("Author")%></ItemTemplate>
        <EditItemTemplate><asp:TextBox ID="txtAuthor" runat="server"
            Text='<%# Eval("Author")%>'/></EditItemTemplate>
        <FooterTemplate>
                <asp:TextBox ID="txtAuthor" runat="server"/>
        </FooterTemplate>
    </asp:TemplateField>
    <asp:TemplateField HeaderText="出版社">
            <ItemTemplate><%# Eval("Press")%></ItemTemplate>
            <EditItemTemplate><asp:TextBox ID="txtPress" runat="server"
                Text='<%# Eval("Press")%>'/></EditItemTemplate>
            <FooterTemplate>
                    <asp:TextBox ID="txtPress" runat="server"/>
            </FooterTemplate>
    </asp:TemplateField>
    <asp:TemplateField HeaderText="单价">
        <ItemTemplate>
            <%# string.Format("{0:F}", Eval("Price"))%>
        </ItemTemplate>
        <EditItemTemplate>
            <asp:TextBox ID="txtPrice" runat="server"
                Text='<%# string.Format("{0:F}", Eval("Price"))%>'
                onchange="setPrice(this)"/>
        </EditItemTemplate>
```

```
            <FooterTemplate>
                <asp:TextBox ID="txtPrice" runat="server"
                onchange="setPrice(this)"/>
            </FooterTemplate>
        </asp:TemplateField>
        <asp:TemplateField HeaderText="图书数量">
            <ItemTemplate><%# Eval("BookSum")%></ItemTemplate>
            <EditItemTemplate>
                <asp:TextBox ID="txtBookSum" runat="server"
                Text='<%# Eval("BookSum")%>' onchange="setNumber(this)"/>
            </EditItemTemplate>
            <FooterTemplate>
                <asp:TextBox ID="txtBookSum" runat="server"
                onchange="setNumber(this)"/>
            </FooterTemplate>
        </asp:TemplateField>
        <asp:TemplateField HeaderText="操作">
            <ItemTemplate>
                <asp:LinkButton ID="btnEdit" runat="server"
                CommandName="Edit" Text="编辑" />
            </ItemTemplate>
            <EditItemTemplate>
                <asp:LinkButton ID="btnSave" runat="server"
                CommandName="Update" Text="保存" /> 
                <asp:LinkButton ID="btnCancel" runat="server"
                CommandName="Cancel" Text="取消" />
            </EditItemTemplate>
            <FooterTemplate>
                    <asp:LinkButton ID="btnSave" runat="server"
                     Text="保存" OnClick="btnSave_Click" /> 
                    <asp:LinkButton ID="btnCancel" runat="server"
                     Text="取消" OnClick="btnCancel_Click" />
            </FooterTemplate>
        </asp:TemplateField>
    </Columns>
    <HeaderStyle BackColor="#5D7B9D" Font-Bold="True" ForeColor="White" />
</asp:GridView>
```

（2）切换到 bookInfoManage.aspx 的后台代码页面，编写对应事件的代码如下。

代码 8-17　bookInfoManage.aspx 页面后台代码

```
protected void gvBookInfo_RowEditing(object sender, GridViewEditEventArgs e)
{
    gvBookInfo.EditIndex = e.NewEditIndex;
    BindData();
}

protected void gvBookInfo_RowCancelingEdit(object sender,
GridViewCancelEditEventArgs e)
{
    gvBookInfo.EditIndex = -1;
```

```
        BindData();
    }

    protected void gvBookInfo_RowUpdating(object sender, GridViewUpdateEventArgs e)
    {
        string BookId = gvBookInfo.DataKeys[e.RowIndex].Value.ToString();
        TextBox txtBookIsbn = gvBookInfo.Rows[e.RowIndex].FindControl("txtBookIsbn")
            as TextBox;
        TextBox txtBookName = gvBookInfo.Rows[e.RowIndex].FindControl("txtBookName")
            as TextBox;
        DropDownList ddlBookType =
            gvBookInfo.Rows[e.RowIndex].FindControl("ddlBookType") as DropDownList;
        TextBox txtAuthor = gvBookInfo.Rows[e.RowIndex].FindControl("txtAuthor")
            as TextBox;
        TextBox txtPress = gvBookInfo.Rows[e.RowIndex].FindControl("txtPress")
as TextBox;
        TextBox txtPrice = gvBookInfo.Rows[e.RowIndex].FindControl("txtPrice")
as TextBox;
        TextBox txtBookSum = gvBookInfo.Rows[e.RowIndex].FindControl("txtBookSum")
            as TextBox;
        string bookIsbn = txtBookIsbn.Text.Trim();
        string bookName = txtBookName.Text.Trim();
        string bookTypeID = ddlBookType.SelectedValue;
        string author = txtAuthor.Text.Trim();
        string press = txtPress.Text.Trim();
        string price = txtPrice.Text.Trim();
        string bookNum = txtBookSum.Text.Trim();
        if (bookIsbn == string.Empty)
        {
            Page.RegisterStartupScript("", "<script>alert('请输入图书 ISBN
号！')</script>");
            return;
        }
        if (bookName == string.Empty)
        {
            Page.RegisterStartupScript("", "<script>alert('请输入图书名称！')</script>");
            return;
        }
        if (bookTypeID == string.Empty)
        {
            Page.RegisterStartupScript("", "<script>alert('请选择图书类型！')</script>");
            return;
        }
        if (author == string.Empty)
        {
            Page.RegisterStartupScript("", "<script>alert('请输入图书作者！')</script>");
            return;
        }
        if (price == string.Empty)
        {
            Page.RegisterStartupScript("", "<script>alert('请输入图书价格！')</script>");
```

```
        return;
    }
    if (bookNum == string.Empty)
    {
        Page.RegisterStartupScript("", "<script>alert('请输入图书数量！')</
script>");
        return;
    }

    string updateSql = string.Format("update Book set BookName='{0}',BookTypeID='{1}',
        Press='{2}',Author='{3}',Price={4},BookSum={5},BookIsbn='{6}' where
        BookID='{7}'",bookName,bookTypeID,press,author,price,bookNum,bookIsbn,BookId);
    bool result = dataOperate.execSQL(updateSql);
    if (result)
        Page.RegisterStartupScript("", "<script>alert('保存成功！')</script>");
    else
        Page.RegisterStartupScript("", "<script>alert('保存失败！')</script>");
    gvBookInfo.EditIndex = -1;
    BindData();
}
```

3. 图书删除功能

（1）首先为 GridView 控件添加"全选"功能以方便选择需要删除的图书，即在 GridView 控件的 Columns 集合中添加一个模板列并编写如下代码。

```
<asp:TemplateField>
<HeaderTemplate><input type="checkbox" onclick="checkAll(this)" />
全选</HeaderTemplate>
<ItemTemplate><input type="checkbox" id="chkSel" name="chkSel" runat="server"
value='<%# Eval("BookID") %>' /></ItemTemplate>
</asp:TemplateField>
```

其中 checkAll(this)为 JavaScript 脚本代码，具体代码如下：

```
function checkAll(chkbox)
    { var theBox = chkbox;
    statue = theBox.checked;
    elems=theBox.form.elements;
    for (i = 0; i < elems.length; i++) {
        if (elems[i].type == "checkbox" && elems[i].id != theBox.id)
        { if (elems[i].checked != statue)
        elems[i].click();
    }
    }
}
```

（2）在 bookInfoManage.aspx 页面代码添加一个【删除】按钮，代码如下：

```
<asp:Button ID="btnDel" Text="删除" runat="server" OnClick="btnDel_Click" />
```

同时在该页面后台代码中编写 btnDel_Click 事件代码如下。

代码 8-18 bookInfoManage.aspx 页面后台删除按钮代码

```
protected void btnDel_Click(object sender, EventArgs e)
{
    StringBuilder sbIds = new StringBuilder(); foreach
    (GridViewRow container in gvBookInfo.Rows)
    {
      HtmlInputCheckBox cBox = (HtmlInputCheckBox)container.FindControl("chkSel");
      if (cBox != null && cBox.Checked)
          sbIds.Append(string.Format(",{0}", cBox.Value));
    }
    if (sbIds.Length > 0)
    {
        sbIds = sbIds.Remove(0, 1);
        string[] IdArray = sbIds.ToString().Split(',');
        string Ids = string.Empty;
        foreach (string id in IdArray)
            Ids += string.Format(",'{0}'", id);
        Ids = Ids.Remove(0, 1);
        string delSql = string.Format("delete from Book where BookID in
({0})", Ids);
        bool result = dataOperate.execSQL(delSql);
        if (result)
                Page.RegisterStartupScript("", "<script>alert('删除成功!')</
script>");
        else
                Page.RegisterStartupScript("", "<script>alert('删除失败!')</
script>");
    }
    else
    {
        Page.RegisterStartupScript("", "<script>alert('请选择要删除的图
书!')</script>");
        return;
    }
    BindData();
}
```

任务 8.3 实现首页 "更多图书信息" 功能

任务描述

在任务 8.1 中虽已实现首页图书浏览及搜索功能，但存在一些不足之处，即所有的图书信息全部显示在一个页面上，这样就不方便查看，所以要对图书首页实现分页功能。

知识准备

8.3.1　AspNetPager 概述

分页是 Web 应用程序中最常用到的功能之一，在 ASP.NET 中，虽然自带了一个可以分页的 DataGrid（ASP.NET 1.1）和 GridView（ASP.NET 2.0）控件，但其分页功能并不尽如人意，如可定制性差、无法通过 URL 实现分页功能等，而且有时候需要对 DataList 和 Repeater 甚至自定义数据绑定控件进行分页，手工编写分页代码不但技术难度大、任务烦琐而且代码重用率极低，因此分页已成为许多 ASP.NET 程序员最头疼的问题之一。

AspNetPager 针对 ASP.NET 分页控件的不足，提出了与众不同的解决 ASP.NET 中分页问题的方案，即将分页导航功能与数据显示功能完全独立开来，由用户自己控制数据的获取及显示方式，因此可以被灵活地应用于任何需要实现分页导航功能的地方，如为 GridView、DataList 以及 Repeater 等数据绑定控件实现分页、呈现自定义的分页数据以及制作图片浏览程序等，因为 AspNetPager 控件和数据是独立的，因此要分页的数据可以来自任何数据源，如 SQL Server、Oracle、Access、MySQL、DB2 等数据库以及 XML 文件、内存数据或缓存中的数据、文件系统等。

8.3.2　AspNetPager 的主要功能

（1）支持通过 URL 进行分页：AspNetPager 除提供默认的类似于 DataGrid 和 GridView 的 PostBack 分页方式外，还支持通过 URL 进行分页，同大多数 ASP 程序中的分页一样，URL 分页方式允许用户在浏览器地址栏中输入相应的地址即可直接进入指定页面，也可以使用搜索引擎搜索到所有分页的页面的内容，因此具有用户友好和搜索引擎友好的优点，关于 URL 分页与 PostBack 分页方式的差异，可参考 URL 与 PostBack 分页方式的对比。

（2）支持 URL 分页方式下的 URL 重写（UrlRewrite）功能：URL 重写技术可以使显示给用户的 URL 不同于实际的 URL。URL 重写技术被广泛应用于搜索引擎优化（SEO）、网站重组后重定向页面路径以及提供用户友好的 URL 等方面。AspNetPager 支持 URL 重写技术使用户可以自定义分页导航的 URL 格式，实现 URL 重写。

（3）支持 URL 逆向分页：URL 分页即显示在 URL 中的页索引和实际的页索引互逆，如当前页为第一页时，URL 参数中显示的页索引是最后一页的页索引，而当前页是最后一页时 URL 参数中的页索引则是 1。URL 逆向分页对搜索引擎更加友好，有利于搜索引擎对分页内容的收录。

（4）支持使用用户自定义图片作为导航元素：可以使用自定义的图片文件作为分页控件的导航元素，而不仅仅限于显示文字内容。

（5）功能强大灵活、使用方便、可定制性强：AspNetPager 分页控件的所有导航元素都可以由用户进行单独控制，从 6.0 版起，AspNetPager 支持使用主题（Theme）与皮肤（Skin）统一控件的整体样式，配合 ASP.NET 2.0 中的 DataSource 控件，AspNetPager 只需要编写短短几行代码，甚至无须编写任何代码，只需设置几个属性就可以实现分页功能。

（6）增强的 Visual Studio 设计时支持：增强的 Visual Studio 设计时支持使控件在设计时更加直观，易于使用，开发快捷方便。

（7）兼容 IE 6.0+ 及 FireFox 1.5+ 以及 Chrome、Safari 等所有主流浏览器。

（8）丰富而完整的控件文档和示例项目：控件附带的完整的帮助文档及示例项目能够帮助用户快速上手，熟悉 AspNetPager 控件的使用。用户还可以通过给作者留言以及论坛提问等方式解决控件使用中遇到的问题

【案例 8-8】AspNetPager 控件的基本用法。

（1）下载 AspNetPager 控件。AspNetPager 控件可以在其官方网站相应页面下载。下载后解压缩，里面有一个 AspNetPager.dll 文件，它就是所要使用的控件。另外还有一个 AspNetPager.xml 文件，它是对应的文档，主要有两个作用：一是供开发人员使用控件时在代码智能提示中嵌入使用说明，二是供自动生成文档工具生成文档。将这两个文件一并放到 TestLibrary.sln 解决方案 Web 网站的 Bin 文件下，然后在 Visual Studio 2022 工具箱的【常规】选项上单击鼠标右键，在弹出的右键菜单（见图 8-30）中选择【选择项(I)...】选项，打开【选择工具箱项】对话框，如图 8-31 所示，单击【浏览(B)...】按钮，在打开的对话框中浏览到 AspNetPager.dll 所在位置并单击【打开(O)】即可将其添加到 ".NET Framework 组件" 列表中，如图 8-31 所示。最后单击【选择工具箱项】对话框中的【确定】按钮即可将 AspNetPager 控件添加到【常规】选项中，如图 8-32 所示。

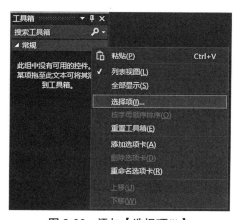

图 8-30　添加【选择项(I)】

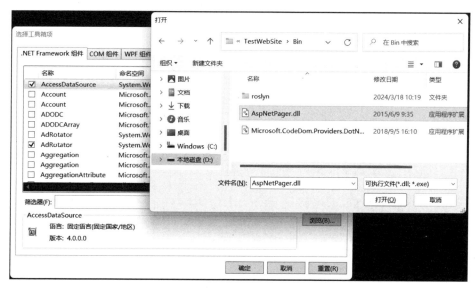

图 8-31　【选择工具箱项】对话框

图 8-32　AspNetPager 添加完成效果图

（2）在【Web】中添加对 AspNetPager.dll 的引用，然后添加一个名为 AspNetPagerDemo. aspx 的页面，切换到该页面的"设计"视图，从工具箱的【数据】选项卡中将 GridView 控件和 AspNetPager 控件拖曳到页面上，并分别设计控件各属性如下。

代码 8-19　AspNetPagerDemo.aspx 页面代码

```
<%@ Page Language="C#" AutoEventWireup="true"
  CodeBehind="AspNetPagerDemo.aspx.cs" Inherits="Web.AspNetPagerDemo" %>

<%@ Register Assembly="AspNetPager" Namespace="Wuqi.Webdiyer"
  TagPrefix="webdiyer" %>

<!DOCTYPE html>

<html xmlns="http://www.w3.org/1999/xhtml">
<head runat="server">
    <title></title>
</head>
<body>
    <form id="form1" runat="server">
    <div>
        <asp:GridView ID="GridView1" runat="server" AutoGenerateColumns="False"
        DataKeyNames="BookID" PageSize="10">
            <Columns>
                <asp:BoundField DataField="BookID" HeaderText="图书
                    ID" ReadOnly="True" SortExpression="BookID" />
                <asp:BoundField DataField="BookName" HeaderText="图书名称"
                  SortExpression="BookName" />
                <asp:BoundField DataField="BookTypeID" HeaderText="图书类型 ID"
                    SortExpression="BookTypeID" />
                 <asp:BoundField DataField="Press" HeaderText="出版社"
                    SortExpression="Press" />
```

```
              </Columns>
          </asp:GridView>
          <webdiyer:AspNetPager ID="AspNetPager1" LayoutType="Table" runat="server"
            AlwaysShow="True" CssClass="pager" UrlPaging="false"
            ShowCustomInfoSection="Left" FirstPageText="首页" LastPageText="尾页"
            PrevPageText="前页" NextPageText="后页"
            OnPageChanged="AspNetPager1_PageChanged" TextAfterPageIndexBox="页"
            TextBeforePageIndexBox="转到" PageIndexBoxType="TextBox"
            ShowPageIndexBox="Always" SubmitButtonText="Go"
            CustomInfoHTML="共%RecordCount%条数据，每页%PageSize%条，
            共%PageCount%页，当前为第%CurrentPageIndex%页">
          </webdiyer:AspNetPager>
      </div>
      </form>
  </body>
  </html>
```

（3）切换到 AspNetPagerDemo.aspx 页面的后台代码，编写代码如下。

代码 8-20   AspNetPagerDemo.aspx 页面后台代码

```
public partial class AspNetPagerDemo : System.Web.UI.Page
{
    protected void Page_Load(object sender, EventArgs e)
    {
        if (!IsPostBack)
        {
            this.AspNetPager1.PageSize = this.GridView1.PageSize;
            BindData();
        }
    }
    private void BindData()
    {
        int RecordCount = 0;
        string totalCount = string.Format(@"SELECT COUNT(*) FROM Book");
        RecordCount = dataOperate.getCount(totalCount);
        string sql = string.Format(@"SELECT * FROM(SELECT ROW_NUMBER()
            over(order by b.BookID asc) as rownum, b.BookID,b.BookName,b.BookTypeID,
            b.Press,b.Author, b.Price,b.LendNum,
            b.BookSum,b.BookIsbn,bt.BookTypeName
            FROM Book b,BookType bt
            where b.BookTypeID=bt.BookTypeID) tmp
            where rownum between ({0}-1)*{1}+1 and {0}*{1} order by BookID asc",
            this.AspNetPager1.CurrentPageIndex, this.AspNetPager1.PageSize);
        GridView1.DataSource = ataOperate.getDataset(sql,"Book").Tables[0].
DefaultView;
        GridView1.DataBind(); //执行绑定
        this.AspNetPager1.RecordCount = RecordCount;
        this.AspNetPager1.Visible = RecordCount > 0;
    }
```

```
    protected void AspNetPager1_PageChanged(object sender, EventArgs e)
    {
        BindData();
    }
}
```

（4）按“Ctrl+F5”组合键运行 AspNetPagerDemo.aspx 页面，数据显现分页方式显示，运行后的效果如图 8-33 所示。

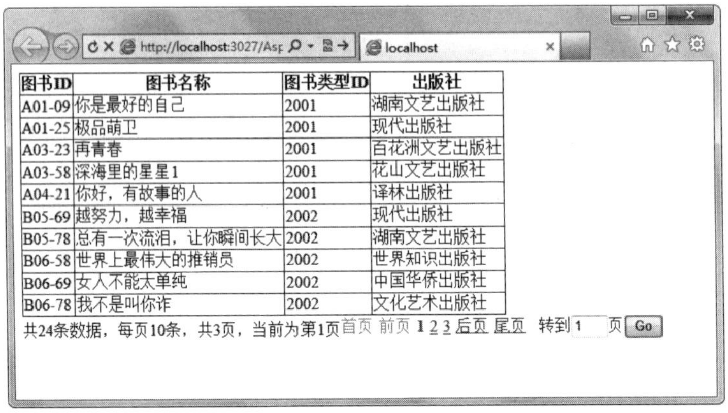

图书ID	图书名称	图书类型ID	出版社
A01-09	你是最好的自己	2001	湖南文艺出版社
A01-25	极品萌卫	2001	现代出版社
A03-23	再青春	2001	百花洲文艺出版社
A03-58	深海里的星星1	2001	花山文艺出版社
A04-21	你好，有故事的人	2001	译林出版社
B05-69	越努力，越幸福	2002	现代出版社
B05-78	总有一次流泪，让你瞬间长大	2002	湖南文艺出版社
B06-58	世界上最伟大的推销员	2002	世界知识出版社
B06-69	女人不能太单纯	2002	中国华侨出版社
B06-78	我不是叫你诈	2002	文化艺术出版社

共24条数据，每页10条，共3页，当前为第1页 首页 前页 1 2 3 后页 尾页 转到 1 页 Go

图 8-33　AspNetPager 分页控件使用效果图

任务实施与测试

“更多图书信息”功能主要实现对图书首页的分页，即对 index.aspx 修改，增加分页功能。

（1）按案例 8-8 的方法在项目解决方案中分别在工具中添加 AspNetPager 控件，并在【Web】中添加对 AspNetPager.dll 的引用，修改 index.aspx 的页面源代码，增加 AspNetPager 分页控件，具体编写代码如下。

代码 8-21　index.aspx 页面代码

```
<%@ Page Title="" Language="C#" MasterPageFile="~/MasterPage.Master"
 AutoEventWireup="true" CodeBehind="index.aspx.cs" Inherits="Web.index" %>
<%@ Register Assembly="AspNetPager" Namespace="Wuqi.Webdiyer"
 TagPrefix="webdiyer" %>
<asp:Content ID="Content1" ContentPlaceHolderID="head" runat="server">
</asp:Content>
<asp:Content ID="Content2" ContentPlaceHolderID="ContentPlaceHolder1" runat="server">
    <table  width="830px" border="0">
            <tr>
               <td class="style2" colspan="3">
                   <font color="maroon"size="3">当前位置：首页</font></td>
            </tr>
            <tr>
                <td>图书 ISBN：<asp:TextBox ID="txtBookIsbn" runat="server"/></td>
                <td>图书名称：<asp:TextBox ID="txtBookName" runat="server"/></td>
                <td align="center">
                    <asp:Button ID="btnSearchBook" runat="server" Text="查询"
```

```
                                    onclick="btnSearchBook_Click" /></td>
                </tr>
                <tr>
                    <td>图书作者: <asp:TextBox ID="txtAuthor" runat="server"/></td>
                    <td> 出版社:<asp:TextBox ID="txtPress" runat="server"/></td>
                    <td align="center">
                        <asp:Button ID="btnReset" runat="server" Text="重置"
                        onclick="btnReset_Click" /></td>
                </tr>
                <tr><td colspan="3"><hr style="color:#5D7B9D" /></td></tr>
                <tr>
                    <td colspan="2">图书列表</td>
                </tr>
                <tr>
                    <td colspan="3">
                    <asp:GridView ID="GridView1" runat="server"
                      AutoGenerateColumns="False" DataKeyNames="BookID"
                      PageSize="10">
                    <Columns>
                      <asp:BoundField DataField="BookID" HeaderText="图书 ID"
                        ReadOnly="True"/>
                      <asp:BoundField DataField="BookName" HeaderText="图书名称" />
                     <asp:BoundField DataField="BookTypeName" HeaderText="图书类型" />
                    <asp:BoundField DataField="Press" HeaderText="出版社" />
                    <asp:BoundField DataField="Author" HeaderText="作者" />
                      <asp:BoundField DataField="Price" HeaderText="价格"
DataFormatString="{0:F2}" />
                      <asp:BoundField DataField="LendNum" HeaderText="借出数量" />
                      <asp:BoundField DataField="BookSum" HeaderText="图书数量" />
                      <asp:BoundField DataField="BookIsbn" HeaderText="图书 ISBN" />
                    </Columns>
                  </asp:GridView>
<webdiyer:AspNetPager ID="AspNetPager1" LayoutType="Table" runat="server"
  AlwaysShow="True" CssClass="pager" UrlPaging="false" ShowCustomInfoSection="Left"
  FirstPageText="首页" LastPageText="尾页" PrevPageText="前页" NextPageText="后页"
  OnPageChanged="AspNetPager1_PageChanged" TextAfterPageIndexBox="页"
  TextBeforePageIndexBox="转到" PageIndexBoxType="TextBox"
  ShowPageIndexBox="Always" SubmitButtonText="Go" CustomInfoHTML="
共%RecordCount%条数据，每页%PageSize%条，共%PageCount%页，  当前为
第%CurrentPageIndex%页">
</webdiyer:AspNetPager>
                    </td>
                </tr>
        </table>
</asp:Content>
```

（2）切换到 index.aspx 的后台代码页面，编写代码如下。

代码 8-22   index.aspx 页面后台代码

```
public partial class index2 : System.Web.UI.Page
{
```

```
    protected void Page_Load(object sender, EventArgs e)
    {
        if (!IsPostBack)
        {
            this.AspNetPager1.PageSize = this.GridView1.PageSize;
            BindData();
        }
    }
    private void BindData()
    {
        int RecordCount = 0;
        string querySql = string.Format(@"SELECT ROW_NUMBER() over (
            order by b.BookID asc) as rownum,
          b.BookID,b.BookName,b.BookTypeID,b.Press,b.Author, b.Price,
          b.LendNum,b.BookSum,b.BookIsbn,bt.BookTypeName
            FROM Book b,BookType bt
          where b.BookTypeID=bt.BookTypeID ");
        if(!string.IsNullOrEmpty(this.txtBookIsbn.Text.Trim()))
            querySql+=string.Format(@" and BookIsbn Like '%{0}%'",
                    this.txtBookIsbn.Text.Trim());
        if (!string.IsNullOrEmpty(this.txtBookName.Text.Trim()))
            querySql += string.Format(@" and BookName Like '%{0}%'",
                    this.txtBookName.Text.Trim());
        if (!string.IsNullOrEmpty(this.txtAuthor.Text.Trim()))
            querySql += string.Format(@" and Author Like '%{0}%'",
                    this.txtAuthor.Text.Trim());
        if (!string.IsNullOrEmpty(this.txtPress.Text.Trim()))
            querySql += string.Format(@" and Press Like '%{0}%'",
                    this.txtPress.Text.Trim());
        string totalCount = string.Format(@"SELECT COUNT(*) FROM ({0}) tmp",
                    querySql);
        RecordCount = dataOperate.getCount(totalCount);
        string sql = string.Format(@"SELECT * FROM({0}) tmp
                where rownum between ({1}-1)*{2}+1 and {1}*{2}
                order by BookID asc",querySql,
                  this.AspNetPager1.CurrentPageIndex, this.AspNetPager1.
PageSize);
        GridView1.DataSource = dataOperate.getDataset(sql,
                    "Book").Tables[0].DefaultView;
        GridView1.DataBind(); //执行绑定
        this.AspNetPager1.RecordCount = RecordCount;
        this.AspNetPager1.Visible = RecordCount > 0;
    }
    protected void AspNetPager1_PageChanged(object sender, EventArgs e)
    {
        BindData();
    }
    protected void btnSearchBook_Click(object sender, EventArgs e)
    {
        AspNetPager1_PageChanged(sender, e);
    }
```

```
protected void btnReset_Click(object sender, EventArgs e)
{
    this.txtBookIsbn.Text = string.Empty;
    this.txtBookName.Text = string.Empty;
    this.txtAuthor.Text = string.Empty;
    this.txtPress.Text = string.Empty;
    BindData();
}
}
```

（3）按"Ctrl+F5"组合键运行 index.aspx 页面，数据显现分页方式显示，运行后的效果如图 8-34 所示。

当前位置：首页

| 图书ISBN: | | 图书名称: | | | 查询 |
| 图书作者: | | 出版社: | | | 重置 |

图书列表

图书ID	图书名称	图书类型	出版社	作者	价格	借出数量	图书数量	图书ISBN
A01-09	你是最好的自己	青春文学	湖南文艺出版社	杨杨	25.00	5	20	978-7-5337-5483-9
A01-25	极品萌卫	青春文学	现代出版社	籽月著	20.00	3	19	978-6-7301-29801-8
A03-23	再青春	青春文学	百花洲文艺出版社	辛夷坞	25.00	7	29	978-7-119-07653-9
A03-58	深海里的星星1	青春文学	花山文艺出版社	独木舟	18.00	4	17	978-9-258-3216-7
A04-21	你好，有故事的人	青春文学	译林出版社	丛平平	19.00	7	50	978-5-635-21564-9
B05-69	越努力，越幸福	管理励志	现代出版社	钟惠	18.00	16	69	978-6-369-25826-9
B05-78	总有一次流泪，让你瞬间长大	管理励志	湖南文艺出版社	末尾曲故事小组	19.30	20	100	978-3-589-25479-6
B06-58	世界上最伟大的推销员	管理励志	世界知识出版社	奥格 曼狄诺	12.50	61	199	978-6-2587-6952-3
B06-69	女人不能太单纯	管理励志	中国华侨出版社	胡南	17.50	11	80	978-2-5879-3968-7
B06-78	我不是叫你诈	管理励志	文化艺术出版社	刘墉	64.00	25	120	978-2-258-25853-9

共24条数据，每页10条，共3页，当前为第1页 首页 前页 1 2 3 后页 尾页 转到1 页 Go

图 8-34   index.aspx 页面分页效果图

项目重现

完成网上购物系统的商品展示模块

1. 项目目标

完成本项目后，读者能够：
● 实现网上购物系统的商品搜索功能。
● 实现网上购物系统的商品添加、删除和修改功能。
● 实现网上购物系统的商品分页效果。

2. 知识目标

完成本项目后，读者应该：
● 掌握数据源控件（如 SqlDataSource 控件）和数据绑定控件（如 GridView 控件）的使用。

● 掌握数据分页控件的使用。

3. 项目介绍

　　商品的搜索、商品分页展示以及商品的维护（即商品的添加、删除和修改）是网上购物系统的必需功能。搜索功能是为了方便客户可以快速找到自己所需要的商品，商品的分页是为了合理组织众多的商品，而商品的维护功能则是为了确保商品得到合理的维护，确保商品信息的正确性。

4. 项目内容

　　（1）商品搜索功能：用户输入商品关键字后，就可查询到相关商品，同时还可以进行高级搜索。

　　（2）商品维护功能：包含商品的添加、删除和修改等操作。

　　（3）商品分页功能：当页面中显示的商品记录到达上限时，其他商品就需要换页显示，一般的处理方式都在页面的底部列出总页数、当前页数、首页、前一页、后一页和尾页等链接功能。

项目 9　实现图书借阅管理功能

学习目标

在前面内容的学习中，我们虽然能够通过直接访问数据库的方式实现模块的基本功能，但在开发一个复杂的大型系统过程中，经常会遇到功能相似的代码需写多次的情况，从而使得程序变得冗长，更不利于维护，一个小小的修改或许会涉及很多页面，经常导致异常现象的产生，从而使程序不能正常运行。最主要的面向对象的思想没有得到丝毫的体现，打着面向对象的幌子却依然走着面向过程的道路。为此，本项目将介绍目前开发.NET 应用程序所使用的十分流行的"三层架构"来搭建"图书馆管理系统"网站的系统框架，并实现图书借阅管理功能。

知识目标

● 理解在 ASP.NET 应用程序中使用三层结构的必要性。
● 理解三层架构。

技能目标

● 能够搭建"图书馆管理系统"网站三层结构系统框架。
● 能够用三层结构实现图书借阅管理功能。

素质目标

● 培养自主学习的能力。
● 培养创新意识、创新精神，掌握创新方法。
● 培养竞争意识、协作精神、工匠精神。

项目背景

在前面项目实现用户登录及浏览图书信息等功能后，接下来就要实现图书馆管理系统最为核心的功能，即图书借阅功能。

图书借阅功能分为三个子功能，即借书、还书和借阅信息查询功能。本项目首先讲解如何搭建"图书馆管理系统"的三层结构系统框架，然后具体讲解这些功能在三层架构下的开发方法。

项目成果

首先搭建"图书馆管理系统"网站的三层架构，然后在该架构下实现图书借阅管理模块功能。图书借阅管理模块包含三个子模块，分别是借阅图书、归还图书和图书借阅管理。其中借阅图书模块用来录入读者信息及所借阅的图书的信息，并实现图书借阅；归还图书模块也是在读者及所借阅的图书信息基础上实现图书归还；图书借阅管理模块用来根据读者编号查询出其所有已借阅但还未归还的图书。

任务 9.1 搭建"图书馆管理系统"网站系统框架

任务描述

搭建"图书馆管理系统"网站三层结构系统框架。

知识准备

9.1.1 三层结构

1）采用分层结构的必要性

首先来看一下项目 7 中用户登录功能的代码片段。

```
protected void btnLogin_Click(object sender, EventArgs e)
{
    string managername = txtname.Text.Trim();
    string managerpassword = txtpassword.Text.Trim();
    string querySql = "SELECT * FROM Admin WHERE UserName='" + managername
      +"' and UserPassword='" + managerpassword + "'";
    //获取数据库连接字符串
    string connectionString = System.Configuration.ConfigurationManager.
      ConnectionStrings["ConnectionString"].ToString();
    //声明数据库连接
    SqlConnection conn = new SqlConnection(connectionString);
    SqlCommand cmd = new SqlCommand(querySql, conn);

    //打开数据库连接
    conn.Open();
    //执行 SQL 语句并返回结果
    SqlDataReader reader = cmd.ExecuteReader();
    if (reader.Read())
    {
        //将用户名存入 Session 中
        Session["managername"] = managername;
        Boolean IsAdmin =Boolean.Parse(reader["IsAdmin"].ToString());
```

```
            if (IsAdmin)
            {
                //跳转到管理员页面
                Response.Redirect("Admin/managerindex.aspx");
            }
            else
            {
                //跳转到用户页面
                Response.Redirect("index.aspx");
            }
        }
        else
        {
            //提示出错信息 Response.Write("<script>alert('用户名或密码错误，登录失败！
            ')</script>");
        }
        //关闭数据库连接
        conn.Close();
    }
    ……
```

通过对上述代码片段的分析可以看出存在如下几个问题：

① 访问数据库的代码与界面代码混合在一起。当项目的数据量不断增加，数据库发生任何改变（如数据库由 Access 变成 SQL Server、数据库表名或字段名称变化等）时，都需要修改页面的后台代码。

② 判断用户是否为合法用户的业务逻辑代码混合在后台代码中，一旦业务逻辑发生改变，也需要修改页面的后台代码。

为了解决上述问题，可以考虑将不同功能的代码放到不同的子项目中去处理。即用户界面子项目只存放涉及用户界面功能的代码；业务逻辑子项目只存放涉及业务逻辑功能的代码；数据访问子项目只负责存放访问数据库所需的相关代码。这样当改变某个子项目时只需修改这一子项目中的代码，而并不会影响其他子项目。例如，当数据库由 Access 变成 SQL Server 时，只需修改数据访问子项目中的代码即可。

将每一个子项目称为层，这样一个完整的系统就被分成了多个层。开发人员可以只关注整个结构中的某一层，很容易地用新的实现来替换原有层次的实现。分层的方案有很多种，其中影响力最大也最成熟的就是三层结构。

2）三层结构的原理

所谓的三层结构就是将系统的整个业务应用划分为 3 个相对独立的层，即表示层（User Interface）、业务逻辑层（Business Logic Layer）和数据访问层 DAL（Data Access Layer），这样有利于系统的开发、维护、部署和扩展。图 9-1 所示为三层架构示意图。

分层实现"高内聚、低耦合"，采用"分而治之"的思想，把问题划分开来解决，易于控制、延展和分配资源。其中将实现人机界面的所有表单和组件放在表示层中，将所在业务规则和逻辑的实现封装在业务逻辑层，将所有和数据库的交互封装在数据访问层中。

① 表示层（User Interface）：负责提供所有与用户进行交互的界面，用于显示与接收用户输入的数据。表示层除根据用户的请求去调用业务逻辑层中的相关方法，将最终返回的结果呈现给用户之外，还需要截获所有的系统异常，并将其解释为友好的错误信息呈现给用户。

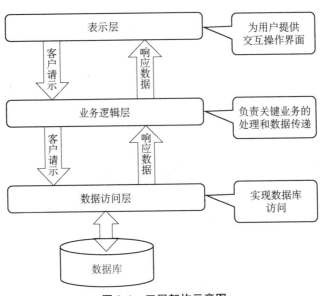

图 9-1　三层架构示意图

② 业务逻辑层（Business Logic Layer）：是系统架构中体现核心价值的部分，是表示层与数据访问层之间通信的桥梁。它的关注点主要集中在业务规则的制定、业务流程的实现等与业务需求有关的系统设计，以更好地保证程序运行的健壮性。例如，完成用户权限的合法性判断、数据格式或数据类型验证等，通过上述诸多判断决定是否将操作继续向后传递给数据访问层，并通过数据访问层实现对数据的访问，再将数据访问层返回的结果返回给表示层。

③ 数据访问层 DAL（Data Access Layer）：有时候也称为持久层，顾名思义，就是用于专门跟数据库进行交互，包括对数据表的新增（CREATE）、修改（UPDATE）、查询（SELECT）和删除（DELETE）操作，而不做任何逻辑判断。它可以访问数据库系统、二进制文件、文本文档或 XML 文档，通过对数据源的访问得到用户请求的结果，并将结果返回给业务逻辑层。

9.1.2　数据实体类

三层之间的数据传递是通过传输数据实体类对象来实现的。数据实体类就是把数据库中的某张表用面向对象的思想抽象成类，使数据作为对象来使用。实体类作为数据的载体，消除了关系数据与类之间的差别，有利于项目的维护与扩展，如图 9-2 所示。

1）在表示层使用数据实体类

当用户在表示层 Web 页面输入信息并提交，页面的后台便开始执行相应的事件处理过程。为了将用户输入的数据封装到实体类对象中，需要首先实例化数据实体类对象，将用户输入的数据作为数据实体类对象的属性，然后再将数据实体类对象传递给业务逻辑层。

当表示层接收到从业务逻辑层返回的数据实体类对象时，只需要将封装在实体类对象中的数据显示在 Web 页面中。

2）在业务逻辑层使用数据实体类

业务逻辑层根据请求或响应的不同，将数据实体类对象传递给数据访问层或表示层。

3）在数据访问层使用数据实体类

当用户的请求是将数据写入数据库时，数据访问层就将封装在数据实体类对象中的数据提取出来并保存到数据库中。当用户的请求是查询数据时，数据访问层需要对数据库进行查询访问。若查询结果是一条记录，需要将这条记录的数据封装在一个数据实体类对象中；若查询的结果是多条记录，需要将每一条记录的数据分别封装在一个数据实体类对象，再将多个数据实体类对象封装为一个集合（例如 List<T>）中。

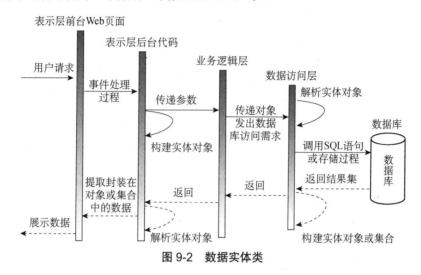

图 9-2 数据实体类

任务实施与测试

搭建"图书馆管理系统"网站三层结构系统框架。

1. 新建空白解决方案

启动 Visual Studio 2022 后单击【创建新项目(N)】，进入创建新项目界面，选择【空白解决方案】，单击【下一步】，填写【解决方案名称】为"LibrarySln"的解决方案，【位置】为"D:\图书馆管理系统"，如图 9-3 所示。

2. 创建表示层

在解决方案 LibrarySln 上单击鼠标右键，在弹出的右键菜单中选择【添加】|【新建项目】选项，出现【添加新项目】对话框。在左侧【已安装的模板】选项组中选择【Web】项，然后在右侧选择【ASP.NET 空 Web 应用程序】（或【ASP.NET Web 应用程序】）。在打开的对话框中将名称改为"Web"（表示层一般以 Web 或 UI 命名，本系统采用 Web 命名），单击【确定】按钮即可，如图 9-4 所示。

3. 创建业务逻辑层

创建业务逻辑层的方法与创建表示层的方法类似，只是在左侧【已安装的模板】选项组中选择【Visual C#】项，然后在右侧选择【类库】，并将名称改为"BLL"（业务逻辑层一般命名为"BLL"或"解决方案名+BLL"，本系统采用"BLL"命名），单击【确定】按钮即可，如图 9-5 所示。

4. 创建数据访问层

创建数据访问层的方法与创建业务逻辑层的方法一致，唯一不同的是要将名称改为

"DAL"（数据访问层一般命名为"DAL"或"解决方案名+DAL"，本系统采用"DAL"命名），单击【确定】按钮即可，如图 9-6 所示。

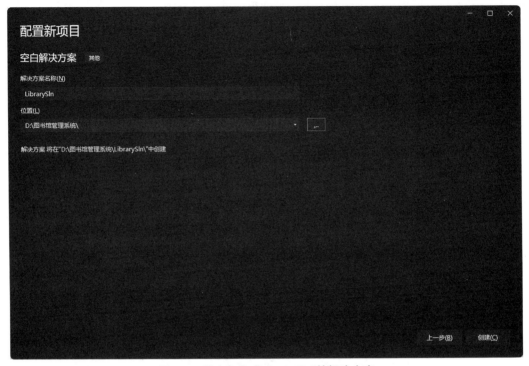

图 9-3　新建名为"LibrarySln"的解决方案

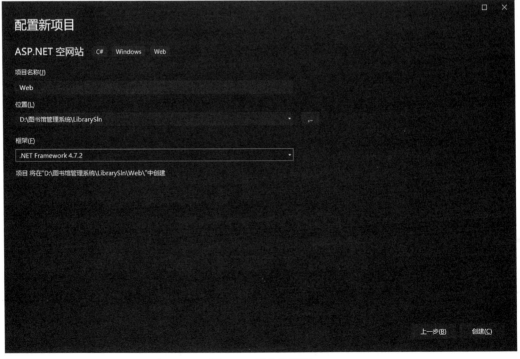

图 9-4　创建表示层

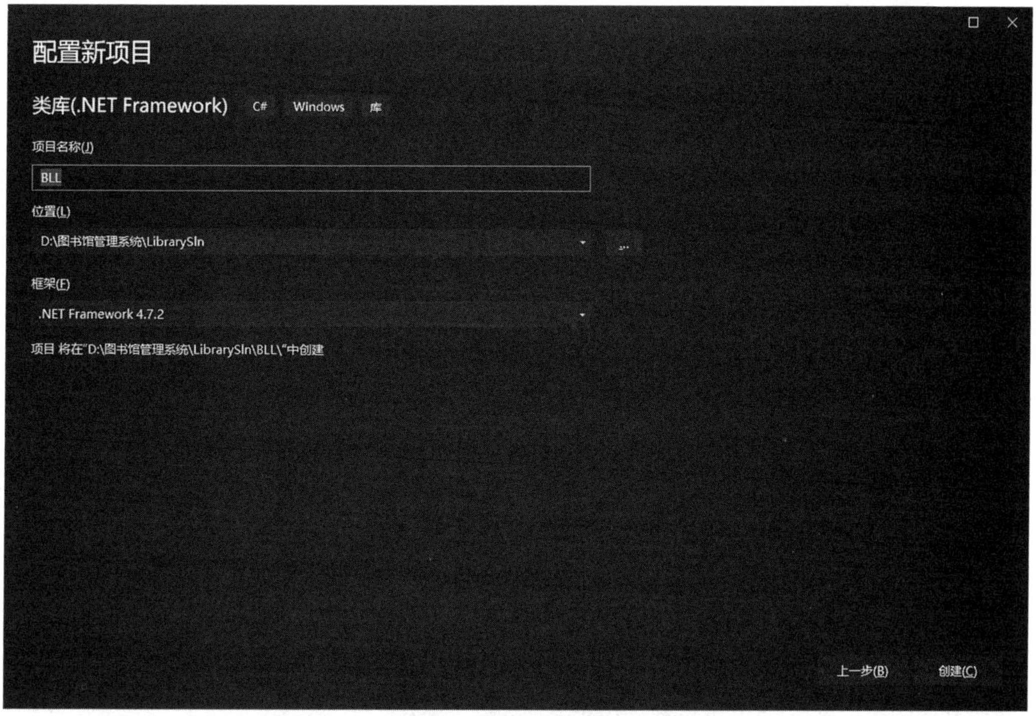

图 9-5　创建业务逻辑层

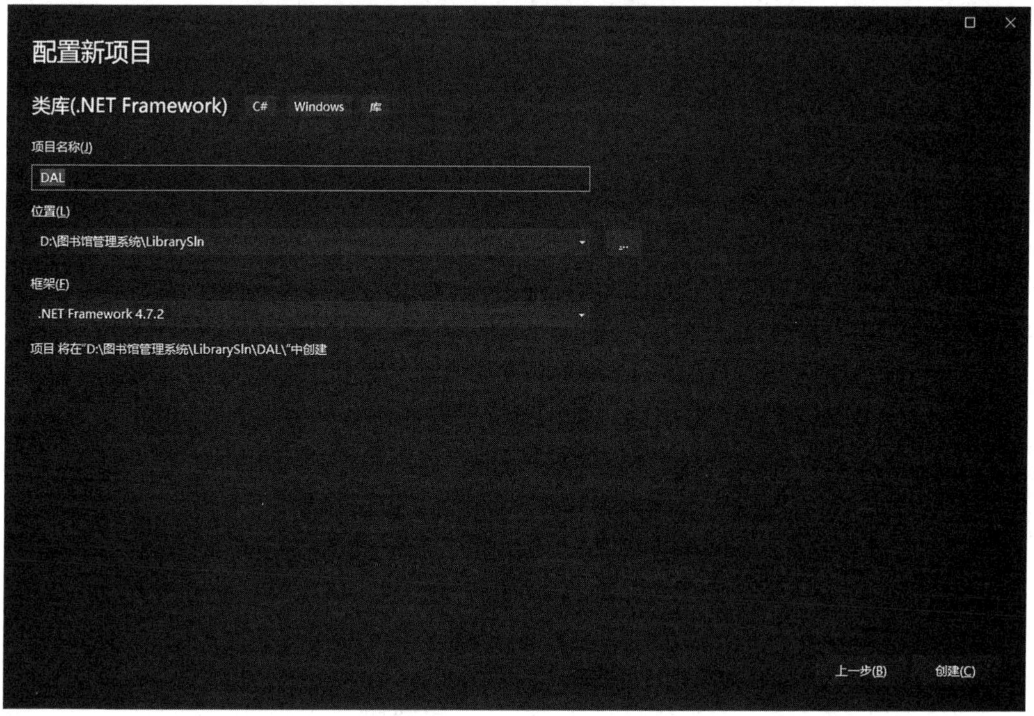

图 9-6　创建数据访问层

5. 创建数据实体类项目

创建数据实体类项目的方法与创建业务逻辑层、数据访问层的方法一致，唯一不同的是要将名称改为"Models"（数据实体类的项目一般命名为"Models"或"解决方案名+Models"，本系统采用"Models"命名），单击【确定】按钮即可，如图 9-7 所示。

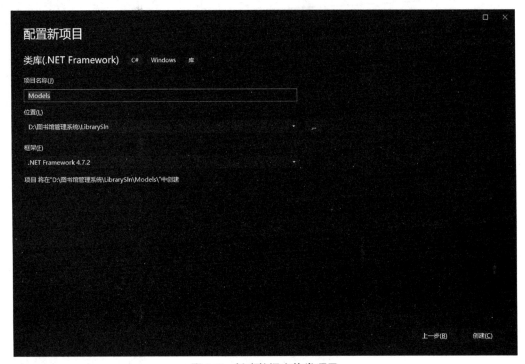

图 9-7　创建数据实体类项目

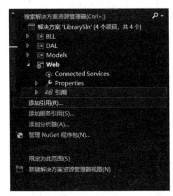

图 9-8　选择【添加引用】选项

6. 设置各层之间的依赖关系

到目前为止，"图书馆管理系统"网站的三层架构已搭建完成，但各个层之间是各自独立的，接下来就需要设置各层的依赖关系。

1）设置表示层对业务逻辑层的依赖

在【解决方案资源管理器】窗口中，展开表示层【Web】，在【引用】上单击鼠标右键，在弹出的右键菜单中选择【添加引用】选项，如图 9-8 所示。在【引用管理器】对话框中选择【项目】选项卡，选择项目名称"BLL"，单击【确定】按钮，如图 9-9 所示。添加引用后，Web 层引用 BLL 层的结果，如图 9-10 所示。

2）设置业务逻辑层对数据访问层的依赖

业务逻辑层对数据访问层的依赖实现过程与表示层对业务逻辑层的依赖实现过程一致。

3）设置各层对数据实体类的依赖

按上述方法，在 Web、BLL、DAL 三层项目中分别添加对数据实体类项目"Models"的引用。到此，"图书馆管理系统"网站三层结构框架搭建完成。

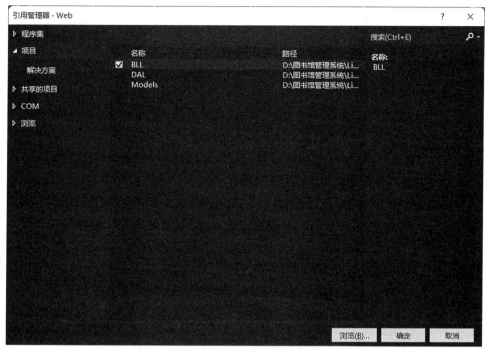

图 9-9 设置各选项

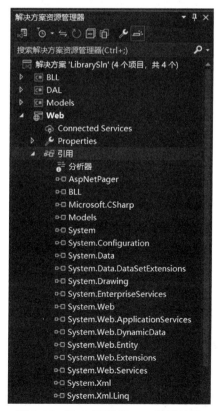

图 9-10 Web 层引用 BLL 层的结果

> **注意**：表示层只允许引用业务逻辑层数据，不允许直接引用数据访问层数据。三层项目之间也不允许出现循环引用，并且都要引用数据实体类。

任务 9.2 借书

任务描述

本任务完成图书借阅功能，其实现过程如图 9-11 所示。

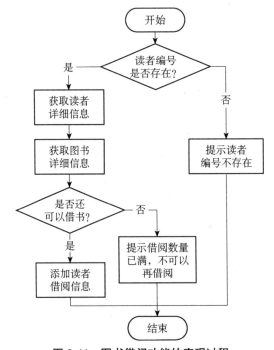

图 9-11 图书借阅功能的实现过程

知识准备

借书功能中所用的创建类的方法、数据访问等操作在前面的章节都有详细讲解，故不再赘述。

任务实施与测试

1. 创建实体类

数据实体类的编写较为简单，类名一般与数据库中的表名一一对应（也可以自定义名称，但要注意名称的可读性），然后根据数据表中的字段编写对应的变量和属性即可。除构造方法之外，实体类一般没有其他方法。

　　由于实现图书借阅功能涉及的表有图书借阅表 BookBorrow、图书信息表 Book、图书类型表 BookType、图书书架表 BookAddress、读者信息表 Reader 和读者类型信息表 ReaderType，所以需要创建这 6 个表对应的实体类。

　　（1）在数据实体项目"Models"中添加实体类 BookBorrow。

　　在【解决方案资源管理器】窗口中，在项目【Models】上单击鼠标右键，在弹出的右键菜单中选择【添加】|【新建项】选项，打开【添加新项】对话框，在左侧【已安装的模板】选项组中选择【C#项】，然后在右侧选择【类】，将名称设置为对应的表名"BookBorrow.cs"，单击【添加(A)】按钮便将该实体类添加到数据实体项目【Models】中，具体操作如图 9-12 所示。

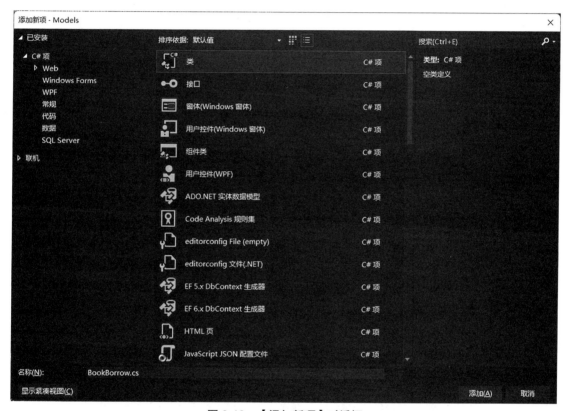

图 9-12　【添加新项】对话框

　　（2）在该实体类中编写"BookBorrow"表的各字段的访问属性代码，具体代码如代码 9-1 所示。

代码 9-1　BookBorrow 实体类代码

```
public class BookBorrow
{
    /// <summary>
    /// 图书编号
    /// </summary>
    private string BookID { get; set; }

    /// <summary>
```

```
/// 借阅日期
/// </summary>
private DateTime BorrowTime { get; set; }

/// <summary>
/// 归还日期
/// </summary>
private DateTime ReturnTime { get; set; }

/// <summary>
/// 读者编号
/// </summary>
private string ReaderID { get; set; }

/// <summary>
/// 是否归还
/// </summary>
private int isReturn { get; set; }

/// <summary>
/// 罚款
/// </summary>
private decimal BookFines { get; set; }
}
```

其他数据表的实体类可以参考 BookBorrow 实体类编写即可。

2. 借书页面 bookBorrow.aspx 设计

bookBorrow.aspx 页面要分别实现读者查询、图书查询及图书借阅的功能，因此界面设计如图 9-13 所示，其页面代码如代码 9-2 所示。

图 9-13　界面设计

代码 9-2　bookBorrow.aspx 页面代码

```
<%@ Page Title="" Language="C#" MasterPageFile="~/MasterPage.Master"
  AutoEventWireup="true" CodeBehind="bookBorrow.aspx.cs"
  Inherits="Web.bookBorrow" %>
<asp:Content ID="Content1" ContentPlaceHolderID="head" runat="server"></asp:Content>
<asp:Content ID="Content2" ContentPlaceHolderID="ContentPlaceHolder1" runat="server">
    <table style="width:100%;">
        <tr>
            <td class="style2">
                <font color="maroon"size="3">当前位置：图书借阅</font>
            </td>
        </tr>
        <tr>
            <td>读者编号：
                <asp:TextBox ID="txtReaderID" runat="server"/>  
                <asp:Button ID="btnSearchReader" runat="server" Text="查找读者"
                    onclick="btnSearchReader_Click" />
            </td>
        </tr>
        <tr>
            <td>
                <table border="1" cellpadding="4" width="816px">
                    <tr align="center" style="color:White;
                        background-color:#5D7B9D; font-weight:bold;" >
                        <td>读者编号</td><td>姓名</td><td>性别</td>
                        <td>读者类型</td><td>可借数量</td><td>借阅天数</td>
                    </tr>
                    <tr align="center">
                      <td>
                        <asp:Label ID="lblReaderID" runat="server"></asp:Label>
                      </td>
                      <td>
                        <asp:Label ID="lblReaderName" runat="server"></asp:Label>
                      </td>
                        <td>
                        <asp:Label ID="lblRsex" runat="server"></asp:Label>
                      </td>
                        <td>
                        <asp:Label ID="lblReaderTypeName"
                            runat="server"></asp:Label>
                      </td>
                        <td>
                            <asp:Label ID="lblBorrowNum" runat="server"></
asp:Label>
                        </td>
                        <td>
                            <asp:Label ID="lblBorrowDay" runat="server"></
asp:Label>
                        </td>
                    </tr>
                </table>
```

```
                        </td>
                    </tr>
                    <tr><td><hr style="color:#5D7B9D" /></td></tr>
                    <tr>
                        <td>图书编号：
                            <asp:TextBox ID="txtBookID" runat="server"/>  
                            <asp:Button ID="btnSearchBook" runat="server" Text="查找图书"
                            onclick="btnSearchBook_Click" />
                        </td>
                    </tr>
                    <tr>
                        <td>
                            <table border="1" cellpadding="4" width="816px">
                                <tr align="center" style="color:White;
                                    background-color:#5D7B9D; font-weight:bold;" >
                                        <td>图书编号</td><td>图书名称</td><td>出版社</td>
                                        <td>作者</td><td>定价</td><td>图书类型</td>
                                        <td>图书书架</td><td>剩余数量</td><td>借阅</td>
                                </tr>
                                <tr align="center">
                                    <td>
                                      <asp:Label ID="lblBookID" runat="server"></asp:Label>
                                    </td>
                                    <td>
                                      <asp:Label ID="lblBookName" runat="server"></asp:Label>
                                    </td>
                                    <td>
                                      <asp:Label ID="lblPress" runat="server"></asp:Label>
                                    </td>
                                    <td>
                                      <asp:Label ID="lblAuthor" runat="server"></asp:Label>
                                    </td>
                                    <td>
                                      <asp:Label ID="lblPrice" runat="server"></asp:Label>
                                    </td>
                                    <td>
                                      <asp:Label ID="lblBookTypeName"
                                        runat="server"></asp:Label>
                                    </td>
                                    <td>
                                      <asp:Label ID="lblBookAddressName"
                                        runat="server"></asp:Label>
                                    </td>
                                    <td>
                                      <asp:Label ID="lblSum" runat="server"></asp:Label>
                                    </td>
                                    <td>
                                      <asp:Button ID="btnBorrow" runat="server" Text="借阅"
                                        Visible="false" onclick="btnBorrow_Click" />
                                    </td>
                                </tr>
```

```
                    </table>
                </td>
            </tr>
            <tr>
                <td>
                     
                </td>
            </tr>
        </table>
</asp:Content>
```

3. 查找读者实现

（1）在借阅页面后台 bookBorrow.aspx.cs 中为【查找读者】按钮编写单击事件代码，如代码 9-3 所示。

代码 9-3　【查找读者】按钮单击事件代码

```
protected void btnSearchReader_Click(object sender, EventArgs e)
{
    string readerID = this.txtReaderID.Text.Trim();
    if (readerID == string.Empty)
    {
        Page.RegisterStartupScript("", "<script>alert('请输入读者编号! ')</script>");
        return;
    }

    //获取读者信息
    Reader reader = ReaderBLL.GetReaderById(int.Parse(readerID));
    if (reader != null)
    {
        //获取读者类型信息
        ReaderType readerType =
            ReaderTypeBLL.GetReaderTypeById(reader.ReaderTypeID);
        //获取已借阅数量
        int alreadyBorrowNum=
            BookBorrowBLL.GetAlreadyBorrowNumbers(reader.ReaderID);
        this.lblReaderID.Text = reader.ReaderID.ToString();
        this.lblReaderName.Text = reader.ReaderName;
        this.lblRsex.Text = reader.Rsex;
        this.lblReaderTypeName.Text = readerType.ReaderTypeName;
        this.lblBorrowNum.Text = (readerType.BorrowNum - alreadyBorrowNum).
            ToString();
        this.lblBorrowDay.Text = readerType.BorrowDay.ToString();
    }
    else
    {
        Page.RegisterStartupScript("", "<script>alert('读者编号不存在! ')</script>");
    }
}
```

（2）由于表示层要调用业务逻辑层中的业务方法获取相应的数据，接下来就要在业务逻辑层中添加各种业务逻辑类。一般一个数据表对应一个业务逻辑类，并且业务逻辑类的常用命名方式为"数据库表名+BLL"或"数据库表名+Manager"，本书采用"数据库表名+BLL"命名方式。

根据功能需求，【查找读者】按钮获取读者信息需用到三个数据表，即 Reader、ReaderType 和 BookBorrow，因此相应地需要创建 ReaderBLL.cs、ReaderTypeBLL.cs 和 BookBorrowBLL.cs 三个业务逻辑类。

因业务逻辑层是表示层与数据访问层之间的通信桥梁，主要负责数据的传递与业务方法处理，其中提供哪些方法是根据实际业务需求来确定的。例如，"查找读者"功能是根据读者编号来获取读者基本信息的，则该业务逻辑层应该就需要创建"GetReaderById"的业务方法。下面以创建业务逻辑类 ReaderBLL.cs 为例，具体操作如下：

① 在业务逻辑层【BLL】上单击鼠标右键，在弹出的右键菜单中选择【添加】|【类】选项，打开【添加新项】对话框，在左侧【已安装的模板】选项组中选择【C#项】，然后在右侧选择【类】，并将名称改为"ReaderBLL.cs"，单击【确定】按钮即可，具体操作如图 9-14 所示。

图 9-14　【添加新项】对话框

② 在 ReaderBLL.cs 类中分别添加对实体类 Models 和数据访问层 DAL 的引用，并添加 GetReaderById 方法，详细代码如代码 9-4 所示。

代码9-4　根据读者ID获取读者信息业务逻辑代码

```
public static partial class ReaderBLL
{
    /// <summary>
    /// 获取读者信息
    /// </summary>
    /// <param name="id">读者ID</param>
    /// <returns>读者实体</returns>
    public static Reader GetReaderById(int id)
    {
        return ReaderDAL.GetReaderById(id);
    }
}
```

按照上述方法添加业务逻辑类 ReaderTypeBLL.cs 和 BookBorrowBLL.cs，并分别添加对应的业务方法，详细代码如代码 9-5、代码 9-6 所示。

代码9-5　根据读者类型ID获取读者类型信息业务逻辑代码

```
public static partial class ReaderTypeBLL
{
    /// <summary>
    /// 获取读者类型信息
    /// </summary>
    /// <param name="id">读者类型ID</param>
    /// <returns>读者类型实体</returns>
    public static ReaderType GetReaderTypeById(int id)
    {
        return ReaderTypeDAL.GetReaderTypeById(id);
    }
}
```

代码9-6　根据读者ID获取已借阅数量业务逻辑代码

```
public static partial class BookBorrowBLL
{
    /// <summary>
    /// 获取已借阅数量
    /// </summary>
    /// <param name="readerId">读者ID</param>
    /// <returns>已借阅数量</returns>
    public static int GetAlreadyBorrowNumbers(int readerId)
    {
        return BookBorrowDAL.GetAlreadyBorrowNumbers(readerId);
    }
}
```

（3）同理，由于业务逻辑层要调用数据访问层中的方法对数据表进行相应的操作，接下来就要在数据访问层中创建数据访问类并实现与之对应的业务逻辑层中的业务方法。一般一个数据表也对应一个数据访问类，并且数据访问类的常用命名方式为"数据库表名+DAL"或"数据库表名+Service"，本书采用"数据库表名+DAL"命名方式。因此需创建 ReaderDAL.cs、

ReaderTypeDAL.cs 和 BookBorrowDAL.cs 三个数据访问类。

下面以创建数据访问类 ReaderDAL.cs 为例进行演示，具体操作如下：

① 在数据访问层【DAL】上单击鼠标右键，在弹出的右键菜单中选择【添加】|【类】选项，打开【添加新项】对话框，在左侧【已安装的模板】选项组中选择【C#项】，然后在右侧选择【类】，并将名称改为"ReaderDAL.cs"，单击【确定】按钮即可，具体操作如图 9-15 所示。

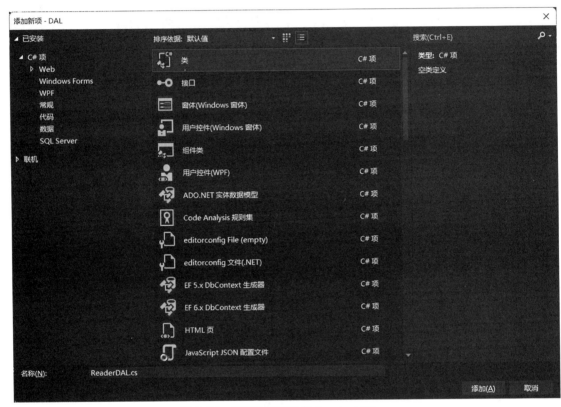

图 9-15　创建数据访问类 Reader DAL.cs

② 在 ReaderDAL.cs 类中添加对实体类 Models 的引用，并实现 GetReaderById 方法，详细代码如代码 9-7 所示。

代码 9-7　根据读者 ID 获取读者信息实现代码

```
public class ReaderDAL
{
    /// <summary>
    /// 获取读者信息
    /// </summary>
    /// <param name="id">读者 ID</param>
    /// <returns>读者实体</returns>
    public static Reader GetReaderById(int id)
    {
        string sql = "SELECT * FROM Reader WHERE ReaderID=@Id";
        using (SqlDataReader reader =
            SQLDBHelper.GetReader(sql, new SqlParameter("@Id", id)))
```

```
        {
            if (reader.Read())
            {
                Reader entity = new Reader();
                entity.ReaderID = (int)reader["ReaderId"];
                entity.ReaderName = (string)reader["ReaderName"];
                entity.Rsex = (string)reader["Rsex"];
                entity.ReaderTypeID = (int)reader["ReaderTypeID"];
                entity.Phone = (string)reader["Phone"];
                entity.Email = (string)reader["Email"];
                entity.DepartNo = (string)reader["DepartNo"];
                entity.ClassNo = (string)reader["ClassNo"];
                reader.Close();
                return entity;
            }
            else
            {
                reader.Close();
                return null;
            }
        }
    }
}
```

按照上述方法添加业务逻辑类 ReaderTypeDAL.cs 和 BookBorrowDAL.cs，并分别实现对应的业务方法，详细代码如代码 9-8、代码 9-9 所示。

代码 9-8　根据读者类型 ID 获取读者类型信息实现代码

```
public static class ReaderTypeDAL
{
    /// <summary>
    /// 获取读者类型信息
    /// </summary>
    /// <param name="id">读者类型 ID</param>
    /// <returns>读者类型实体</returns>
    public static ReaderType GetReaderTypeById(int id)
    {
        string sql = "SELECT * FROM ReaderType WHERE ReaderTypeID=@Id";
        using (SqlDataReader reader =
          SQLDBHelper.GetReader(sql, new SqlParameter("@Id", id)))
        {
            if (reader.Read())
            {
                ReaderType entity = new ReaderType(); entity.ReaderTypeID
                = (int)reader["ReaderTypeID"]; entity.ReaderTypeName =
                (string)reader["ReaderTypeName"]; entity.BorrowNum =
                (int)reader["BorrowNum"];
                entity.BorrowDay = (int)reader["BorrowDay"];
                reader.Close();
                return entity;
            }
```

```
        else
        {
            reader.Close();
            return null;
        }
    }
  }
}
```

代码 9-9　根据读者 ID 获取已借阅数量实现代码

```
public static class BookBorrowDAL
{
    /// <summary>
    /// 获取已借阅数量
    /// </summary>
    /// <param name="readerId">读者 ID</param>
    /// <returns>已借阅数量</returns>
    public static int GetAlreadyBorrowNumbers(int readerId)
    {
        string sql = "SELECT COUNT(*) FROM BookBorrow WHERE IsReturn=0
          and ReaderID=@readerId";
        return SQLDBHelper.GetScalar(sql, new SqlParameter("@readerId", readerId));
    }
}
```

4. 查找图书实现

（1）在借阅页面后台 bookBorrow.aspx.cs 中为【查找图书】按钮添加单击事件代码如代码 9-10 所示。

代码 9-10　【查找图书】按钮单击事件代码

```
protected void btnSearchBook_Click(object sender, EventArgs e)
{
    string bookID = this.txtBookID.Text.Trim();
    if (bookID == string.Empty)
    {
        Page.RegisterStartupScript("", "<script>alert('请输入图书编号! ')</script>");
        return;
    }
    BindBook(bookID);
}

private void BindBook(string bookID)
{
    Book book = BookBLL.GetBookById(bookID);
    if (book != null)
    {
        BookType bookType = BookTypeBLL.GetBookTypeById(book.BookTypeID);
        BookAddress bookAddress =
          BookAddressBLL.GetBookAddressById(bookType.BookAddressID);
        this.lblBookID.Text = book.BookID;
```

```
            this.lblBookName.Text = book.BookName;
            this.lblPress.Text = book.Press;
            this.lblAuthor.Text = book.Author;
            this.lblPrice.Text = book.Price.ToString();
            this.lblBookTypeName.Text = bookType.BookTypeName;
            this.lblBookAddressName.Text = bookAddress.BookAddressName;
            this.lblSum.Text = (book.BookSum - book.LendNum).ToString();//可借数量
            if (int.Parse(this.lblSum.Text) > 0)
            {
                this.btnBorrow.Enabled = true;
                this.btnBorrow.Visible = true;
            }
        }
        else
        {
            Page.RegisterStartupScript("", "<script>alert('图书编号不存在! ')</script>");
        }
    }
}
```

（2）根据功能需求，【查找图书】按钮获取图书信息需用到三个数据表，即 Book、BookType 和 BookAddress，因此根据前面的方法相应地创建 BookBLL.cs、BookTypeBLL.cs 和 Book AddressBLL.cs 三个业务逻辑类，其代码分别如代码 9-11、代码 9-12、代码 9-13 所示。

代码 9-11　根据图书 ID 获取图书信息业务逻辑代码

```
public static partial class BookBLL
{
    /// <summary>
    /// 根据图书编号获取图书信息
    /// </summary>
    /// <param name="id">图书编号</param>
    /// <returns>图书实体</returns>
    public static Book GetBookById(string id)
    {
        return BookDAL.GetBookById(id);
    }
}
```

代码 9-12　根据图书类型 ID 获取图书类型信息业务逻辑代码

```
public static partial class BookTypeBLL
{
    /// <summary>
    /// 获取图书类型信息
    /// </summary>
    /// <param name="id">图书类型 ID</param>
    /// <returns>图书类型实体</returns>
    public static BookType GetBookTypeById(string id)
    {
        return BookTypeDAL.GetBookTypeById(id);
    }
}
```

代码 9-13　根据图书书架 ID 获取图书书架信息业务逻辑代码

```
public static partial class BookAddressBLL
{
    /// <summary>
    /// 根据图书书架 ID 获取书架信息
    /// </summary>
    /// <param name="id">书架 ID</param>
    /// <returns>图书书架信息</returns>
    public static BookAddress GetBookAddressById(string id)
    {
        return BookAddressDAL.GetBookAddressById(id);
    }
}
```

（3）同理需创建 BookDAL.cs、BookTypeDAL.cs 和 BookAddressDAL.cs 三个数据访问类，并实现与其对应的业务逻辑方法，具体代码如代码 9-14、代码 9-15、代码 9-16 所示。

代码 9-14　根据图书 ID 获取图书信息实现代码

```
public static class BookDAL
{
    /// <summary>
    /// 根据图书编号获取图书信息
    /// </summary>
    /// <param name="id">图书编号</param>
    /// <returns>图书实体</returns>
    public static Book GetBookById(string id)
    {
        string sql = "SELECT * FROM Book WHERE BookID=@Id";
        using (SqlDataReader reader = SQLDBHelper.GetReader(sql,
          new SqlParameter("@Id", id)))
        {
            if (reader.Read())
            {
                Book entity = new Book();
                entity.BookID = (string)reader["BookID"];
                entity.BookName = (string)reader["BookName"];
                entity.BookTypeID = (string)reader["BookTypeID"];
                entity.Press = (string)reader["Press"];
                entity.Author = (string)reader["Author"];
                entity.Price = (decimal)reader["Price"];
                entity.LendNum = (int)reader["LendNum"];
                entity.BookSum = (int)reader["BookSum"];
                entity.BookIsbn = (string)reader["BookIsbn"];
                reader.Close();
                return entity;
            }
            else
            {
                reader.Close();
```

```
            return null;
        }
    }
}
```

代码 9-15　根据图书类型 ID 获取图书类型信息实现代码

```
public static class BookTypeDAL
{
    /// <summary>
    /// 获取图书类型信息
    /// </summary>
    /// <param name="id">图书类型 ID</param>
    /// <returns>图书类型实体</returns>
    public static BookType GetBookTypeById(string id)
    {
        string sql = "SELECT * FROM BookType WHERE BookTypeID=@Id";
        using (SqlDataReader reader = SQLDBHelper.GetReader(sql,
          new SqlParameter("@Id", id)))
        {
            if (reader.Read())
            {
                BookType entity = new BookType();
                entity.BookTypeID = (string)reader["BookTypeID"];
                entity.BookTypeName = (string)reader["BookTypeName"];
                entity.BookAddressID = (string)reader["BookAddressID"];
                reader.Close();
                return entity;
            }
            else
            {
                reader.Close();
                return null;
            }
        }
    }
}
```

代码 9-16　根据图书书架 ID 获取图书书架信息实现代码

```
public static class BookAddressDAL
{
    /// <summary>
    /// 根据图书书架 ID 获取书架信息
    /// </summary>
    /// <param name="id">书架 ID</param>
    /// <returns>图书书架信息</returns>
    public static BookAddress GetBookAddressById(string id)
    {
        string sql = "SELECT * FROM BookAddress WHERE BookAddressID=@Id";
```

```
        using (SqlDataReader reader = SQLDBHelper.GetReader(sql,
          new SqlParameter("@Id", id)))
        {
            if (reader.Read())
            {
                BookAddress entity = new BookAddress();
                entity.BookAddressID = (string)reader["BookAddressID"];
                entity.BookAddressName = (string)reader["BookAddressName"];
                reader.Close();
                return entity;
            }
            else
            {
                reader.Close();
                return null;
            }
        }
    }
}
```

5. 借阅实现

（1）在借阅页面后台 bookBorrow.aspx.cs 中为【借阅】按钮添加单击事件代码如代码 9-17 所示。

代码 9-17　【借阅】按钮单击事件代码

```
protected void btnBorrow_Click(object sender, EventArgs e)
{
    if (this.lblReaderID.Text == string.Empty)
    {
        Page.RegisterStartupScript("", "<script>alert('请先获取读者信息！')</
script>");
        return;
    }
    int result = BookBorrowBLL.BorrowBook(int.Parse(this.lblReaderID.Text),
      this.lblBookID.Text);
    if (result==0)
    {
        Page.RegisterStartupScript("", "<script>alert('借阅次数已满，不能再
借！')</script>");
    }
    else if (result == 1)
    {
        //不允许借阅多本一样的书
        Page.RegisterStartupScript("", "<script>alert('不允许借阅多本一样的
书！')</script>");
    }
    else if (result == 2)
    {
        Page.RegisterStartupScript("", "<script>alert('借阅成功！')</script>");
        BindBook(this.lblBookID.Text);//重新绑定图书信息
```

```
        this.btnBorrow.Enabled = false;
    }
    else
    {
        Page.RegisterStartupScript("", "<script>alert('借阅失败! ')</script>");
    }
}
```

（2）在业务逻辑层 BookBorrowBLL.cs 中添加借阅功能的逻辑处理方法，具体代码如代码 9-18 所示。

代码 9-18　借阅方法 BorrowBook 业务逻辑代码

```
/// <summary>
/// 借阅图书
/// </summary>
/// <param name="readerId">读者 ID</param>
/// <param name="bookId">图书 ID</param>
/// <returns>返回 0：借阅数量已满；1：已借阅该书；2：借阅成功
</returns> public static int BorrowBook(int readerId, string
bookId)
{
    //获取读者已借阅但未归还的数量
    int noReturn = BookBorrowDAL.GetNoReturnsByReaderID(readerId);

    //获取读者可借阅数量
    Reader reader = ReaderBLL.GetReaderById(readerId);
    ReaderType readerType = ReaderTypeBLL.GetReaderTypeById(reader.ReaderTypeID);

    //获取读者是否已借阅该书
    int lendBefore = BookBorrowDAL.GetLendBefore(readerId, bookId);

    if (readerType.BorrowNum == noReturn)
    {
        return 0;//借阅数量已满，不能再借
    }

    if (lendBefore == 1)
    {
        return  1;//已借阅过该书但未归还，则提示不允许借阅多本一样的书
    }
    else
    {
        return BookBorrowDAL.BorrowBook(readerId, bookId);
    }
}
```

在该业务逻辑层 BookBorrowBLL.cs 中，需调用数据访问层 BookBorrowDAL 中的三个方法：第一个是获取已借阅但未归还数量的方法 GetNoReturnsByReaderID，以便判断读者的借阅数量是否已满；第二个是获取读者是否已借阅该书的方法 GetLendBefore；第三个是真正实现借阅功能的方法 BorrowBook。这三个方法的具体代码如代码 9-19、代码 9-20、代码 9-21 所示。

代码 9-19　获取已借阅但未归还数量的方法 GetNoReturnsByReaderID 实现代码

```
/// <summary>
/// 获取读者已借阅但未归还的数量
/// </summary>
/// <param name="readerId">读者 ID</param>
/// <returns>未归还数量</returns>
public static int GetNoReturnsByReaderID(int readerId)
{
    string sql = "SELECT COUNT(*) FROM BookBorrow WHERE IsReturn=0
      and ReaderID=@readerId";
    return SQLDBHelper.GetScalar(sql, new SqlParameter("@readerId", readerId));
}
```

代码 9-20　获取读者是否已借阅该书的方法 GetLendBefore 实现代码

```
/// <summary>
/// 获取读者是否已借阅该书
/// </summary>
/// <param name="readerId">读者 ID</param>
/// <param name="bookId">图书 ID</param>
/// <returns>返回 1: 已借阅, 0: 未借阅</returns>
public static int GetLendBefore(int readerId, string bookId)
{
    string sql = "SELECT COUNT(*) FROM BookBorrow WHERE IsReturn=0 and
      BookID=@bookId and ReaderID=@readerId";
    SqlParameter[] param={new SqlParameter("@BookID",bookId),
      new SqlParameter("@readerId", readerId) };
    return SQLDBHelper.GetScalar(sql, param);
}
```

代码 9-21　借阅功能的方法 BorrowBook 实现代码

```
/// <summary>
/// 借阅图书
/// </summary>
/// <param name="readerId">读者 ID</param>
/// <param name="bookId">图书 ID</param>
/// <returns>返回 2: 成功, -1:失败</returns>
public static int BorrowBook(int readerId, string bookId)
{
    int result = -1;
    //获取读者的借阅天数
    Reader reader = ReaderDAL.GetReaderById(readerId);
    ReaderType readerType = ReaderTypeDAL.GetReaderTypeById(reader.ReaderTypeID);
    //BorrowBook 表中新增一条记录
    string insertBookBorrow = "INSERT INTO BookBorrow
VALUES(@bookID,@borrowTime,@returnTime,@readerID,@isReturn,@bookFines)";
    DateTime borrowTime=DateTime.Parse(DateTime.Now.ToShortDateString());
    DateTime returnTime = borrowTime.AddDays(readerType.BorrowDay);
    int isReturn=0;
    decimal bookFines=0;;
    SqlParameter[] insertParam = {
```

```
                              new SqlParameter("@bookID",bookId),
                              new SqlParameter("@borrowTime",borrowTime),
                              new SqlParameter("@returnTime",returnTime),
                              new SqlParameter("@readerID",readerId),
                              new SqlParameter("@isReturn",isReturn),
                              new SqlParameter("@bookFines",bookFines)
                              };
    int insertR = SQLDBHelper.ExecuteCommand(insertBookBorrow, insertParam);
    //对 Book 数减 1
    string updateBook = "UPDATE Book SET
      LendNum=LendNum+1,BookSum=BookSum-1 WHERE BookID=@bookID";
    int updateR = SQLDBHelper.ExecuteCommand(updateBook,
      new SqlParameter("@bookId", bookId));
    if (insertR == 1 && updateR == 1)
    {
        result = 2;
    }
    return result;
}
```

任务 9.3   还书

任务描述

本任务完成归还图书功能，其实现过程如图 9-16 所示。

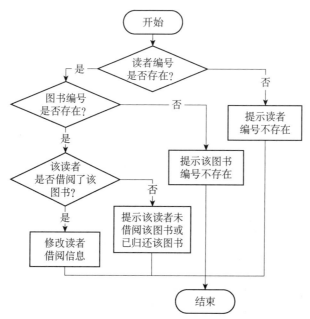

图 9-16   归还图书功能的实现过程

知识准备

还书功能与借书功能类似，用到的基础知识也与借书功能一样，故不再赘述。

任务实施与测试

1. 图书归还页面 bookReturn.aspx 设计

bookReturn.aspx 页面要分别实现读者查询、图书查询及图书归还，其界面与借书界面设计类似，如图 9-17 所示，其页面代码如代码 9-22 所示。

图 9-17　界面设计

代码 9-22　bookReturn.aspx 页面代码

```
<%@ Page Title="" Language="C#" MasterPageFile="~/MasterPage.Master"
AutoEventWireup="true" CodeBehind="bookReturn.aspx.cs" Inherits="Web.
bookReturn" %>
<asp:Content ID="Content1" ContentPlaceHolderID="head" runat="server">
</asp:Content>
<asp:Content ID="Content2" ContentPlaceHolderID="ContentPlaceHolder1"
runat="server">
    <table style="width:100%;">
      <tr>
        <td class="style2">
            <font color="maroon"size="3">当前位置：图书归还</font>
        </td>
      </tr>
    </tr>
```

```
<tr>
    <td>读者编号:
        <asp:TextBox ID="txtReaderID" runat="server"/>  
        <asp:Button ID="btnSearchReader" runat="server" Text="查找读者"
            onclick="btnSearchReader_Click" />
    </td>
</tr>
<tr>
    <td>
        <table border="1" cellpadding="4" width="816px">
        <tr align="center" style="color:White;
          background-color:#5D7B9D; font-weight:bold;" >
            <td>读者编号</td><td>姓名</td><td>性别</td>
            <td>读者类型</td><td>可借数量</td><td>借阅天数</td>
        </tr>
        <tr align="center">
            <td>
              <asp:Label ID="lblReaderID" runat="server"></asp:Label>
            </td>
            <td>
              <asp:Label ID="lblReaderName" runat="server"></asp:Label>
            </td>
            <td>
              <asp:Label ID="lblRsex" runat="server"></asp:Label>
            </td>
            <td>
              <asp:Label ID="lblReaderTypeName"
                runat="server"></asp:Label>
            </td>
            <td>
              <asp:Label ID="lblBorrowNum" runat="server"></asp:Label>
            </td>
            <td>
              <asp:Label ID="lblBorrowDay" runat="server"></asp:Label>
            </td>
        </tr>
        </table>
    </td>
</tr>
<tr><td><hr style="color:#5D7B9D" /></td></tr>
<tr>
    <td>图书编号:
        <asp:TextBox ID="txtBookID" runat="server"/>  
        <asp:Button ID="btnSearchBook" runat="server" Text="查找图书"
            onclick="btnSearchBook_Click" />
    </td>
</tr>
<tr>
    <td>
        <table border="1" cellpadding="4" width="816px">
            <tr align="center" style="color:White;
```

```
                background-color:#5D7B9D; font-weight:bold;" >
                <td>图书编号</td><td>图书名称</td><td>借出时间</td>
                <td>应还时间</td><td>图书类型</td>
                <td>图书书架</td><td>归还</td>
            </tr>
                <tr align="center">
                    <td>
                      <asp:Label ID="lblBookID" runat="server"></asp:Label>
                    </td>
                    <td>
                      <asp:Label ID="lblBookName" runat="server"></asp:Label>
                    </td>
                    <td>
                      <asp:Label ID="lblBorrowTime" runat="server"></asp:Label>
                    </td>
                    <td>
                      <asp:Label ID="lblReturnTime" runat="server"></asp:Label>
                    </td>
                    <td>
                      <asp:Label ID="lblBookTypeName"
                        runat="server"></asp:Label>
                    </td>
                    <td>
                      <asp:Label ID="lblBookAddressName"
                        runat="server"></asp:Label>
                    </td>
                    <td>
                      <asp:Button ID="btnReturn" runat="server" Text="归还"
                        onclick="btnReturn_Click" Visible="false"/>
                    </td>
                </tr>
            </table>
        </td>
    </tr>
    <tr>
        <td>
             
        </td>
    </tr>
    </table>
</asp:Content>
```

由于"查找读者"功能与任务 9.2 一致，故不再赘述，下面只详细介绍"查找图书"及"图书归还"功能。

2. 查找图书实现

（1）在图书归还页面后台 bookReturn.aspx.cs 中为【查找图书】按钮添加单击事件代码如代码 9-23 所示。

代码 9-23　【查找图书】按钮单击事件代码

```csharp
protected void btnSearchBook_Click(object sender, EventArgs e)
{
    string bookID = this.txtBookID.Text.Trim();
    if (this.txtReaderID.Text == string.Empty)
    {
        Page.RegisterStartupScript("", "<script>alert('请先查询读者信息! ')</script>");
        return;
    }
    if (bookID == string.Empty)
    {
        Page.RegisterStartupScript("", "<script>alert('请输入图书编号! ')</script>");
        return;
    }
    BindBook(bookID);
}


private void BindBook(string bookID)
{
    Book book = BookBLL.GetBookById(bookID);
    if (book != null)
    {
        BookBorrow bookBorrow = BookBorrowBLL.
            GetSingleBookBorrowInfo(int.Parse(this.txtReaderID.Text), book.BookID);
        if (bookBorrow != null)
        {
            BookType bookType = BookTypeBLL.
              GetBookTypeById(book.BookTypeID);
            BookAddress bookAddress = BookAddressBLL.
              GetBookAddressById(bookType.BookAddressID);
            this.lblBookID.Text = book.BookID;
            this.lblBookName.Text = book.BookName;
            this.lblBorrowTime.Text = bookBorrow.BorrowTime.ToShortDateString();
            this.lblReturnTime.Text = bookBorrow.ReturnTime.ToShortDateString();
            this.lblBookTypeName.Text = bookType.BookTypeName;
            this.lblBookAddressName.Text = bookAddress.BookAddressName;
            this.btnReturn.Visible = true;
        }
        else
        {
            Page.RegisterStartupScript("", "<script> alert('该读
                者并未借阅该图书或已归还该图书! ')</script>");
        }
    }
    else
    {
        Page.RegisterStartupScript("", "<script>alert('图书编号不存在! ')</script>");
    }
}
```

（2）由于"查找图书"功能基本与任务 9.2 类似，但由于要进行"该读者并未借阅该图书或已归还该图书"的判断，所以"查找图书"功能与任务 9.2 相比需增加一个查询功能 GetSingle BookBorrowInfo，因此需在 BookBorrowBLL.cs 业务逻辑类中增加该方法的实现代码如代码 9-24 所示。

代码 9-24　BookBorrowBLL 类中 GetSingleBookBorrowInfo 方法业务逻辑代码

```
/// <summary>
/// 获取单本图书的借阅信息
/// </summary>
/// <param name="readerId">读者 ID</param>
/// <param name="bookId">图书 ID</param>
/// <returns>单本图书信息实体</returns>
public static BookBorrow GetSingleBookBorrowInfo(int readerId, string bookId)
{
    return BookBorrowDAL.GetSingleBookBorrowInfo(readerId, bookId);
}
```

（3）同理，在 BookBorrowDAL.cs 数据访问类中实现 GetSingleBookBorrowInfo 方法，具体代码如代码 9-25 所示。

代码 9-25　BookBorrowDAL 类中 GetSingleBookBorrowInfo 代码实现

```
/// <summary>
/// 获取单本图书的借阅信息
/// </summary>
/// <param name="readerId">读者 ID</param>
/// <param name="bookId">图书 ID</param>
/// <returns>单本图书信息实体</returns>
public static BookBorrow GetSingleBookBorrowInfo(int readerId, string bookId)
{
    string sql = "SELECT * FROM BookBorrow WHERE IsReturn=0
      and ReaderID=@readerId and BookID=@bookId";
    SqlParameter[] param = { new SqlParameter("@readerId", readerId),
      new SqlParameter("@bookId", bookId) };
    SqlDataReader dr= SQLDBHelper.GetReader(sql, param);
    if (dr.Read())
    {
        BookBorrow entity = new BookBorrow();
        entity.BookID = dr["BookID"].ToString();
        entity.BorrowTime = DateTime.Parse(dr["BorrowTime"].ToString());
        entity.ReturnTime = DateTime.Parse(dr["ReturnTime"].ToString());
        entity.ReaderID = int.Parse(dr["ReaderID"].ToString());
        entity.isReturn = int.Parse(dr["isReturn"].ToString());
        entity.BookFines = decimal.Parse(dr["BookFines"].ToString());
        dr.Close();
        return entity;
    }
    else
    {
```

```
            dr.Close();
            return null;
        }
    }
```

3. 图书归还实现

（1）在图书归还页面后台 bookReturn.aspx.cs 中为【归还】按钮添加单击事件代码如代码
9-26 所示。

代码 9-26　【归还】按钮单击事件代码

```
protected void btnReturn_Click(object sender, EventArgs e)
{
    int result = BookBorrowBLL.ReturnBook(int.Parse(this.lblReaderID.Text),
      this.lblBookID.Text);
    if (result == 1)
    {
        Page.RegisterStartupScript("", "<script>alert('归还成功! ')</script>");
        this.btnReturn.Enabled = false;
    }
    else
    {
        Page.RegisterStartupScript("", "<script>alert('归还失败! ')</script>");
    }
}
```

（2）在业务逻辑层 BookBorrowBLL 中添加图书归还方法 ReturnBook，具体代码如代码
9-27 所示。

代码 9-27　BookBorrowBLL 类中 ReturnBook 方法代码实现

```
/// <summary>
/// 图书归还
/// </summary>
/// <param name="readerId">读者 ID</param>
/// <param name="bookId">图书 ID</param>
/// <returns>成功返回 1, 失败返回-1</returns>
public static int ReturnBook(int readerId, string bookId)
{
    return BookBorrowDAL.ReturnBook(readerId, bookId);
}
```

（3）同理，在 BookBorrowDAL.cs 数据访问类中实现 ReturnBook 方法，具体代码如代
码 9-28 所示。

代码 9-28　BookBorrowDAL 类中 ReturnBook 方法实现代码

```
/// <summary>
/// 图书归还
/// </summary>
/// <param name="readerId">读者 ID</param>
/// <param name="bookId">图书 ID</param>
```

```
/// <returns>成功返回 1，失败返回-1</returns>
public static int ReturnBook(int readerId, string bookId)
{
    int result = -1;
    DateTime returnTime = DateTime.Parse(DateTime.Now.ToShortDateString());
    //更新 BorrowBook 表中归还字段
    string returnBook = "UPDATE BookBorrow SET IsReturn=1,ReturnTime=returnTime
       WHERE ReaderID=@readerId and BookID=@bookId";
    SqlParameter[] updateParam = {
                                    new SqlParameter("@readerId",readerId),
                                    new SqlParameter("@bookId",bookId)
                                    };
    int updateBR = SQLDBHelper.ExecuteCommand(returnBook, updateParam);
    //对 Book 数加 1
    string updateBook = "UPDATE Book SET
      LendNum=LendNum-1,BookSum=BookSum+1 WHERE BookID=@bookID";
    int updateR = SQLDBHelper.ExecuteCommand(updateBook,
      new SqlParameter("@bookId", bookId));
    if (updateBR>0 && updateR>0)
        result = 1;
    return result;
}
```

任务 9.4　借阅信息查询

任务描述

本任务完成读者借阅信息查询功能，其实现过程如图 9-18 所示。

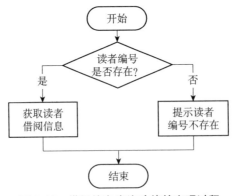

图 9-18　借阅信息查询功能的实现过程

知识准备

借阅信息查询中所用的 GridView 控件在项目 8 中已有详细讲解，故不再赘述。

任务实施与测试

1. 借阅管理页面 borrowManage.aspx 设计

borrowManage.aspx 页面主要实现读者借阅信息查询的功能，其界面设计如图 9-19 所示，其页面代码如代码 9-29 所示。

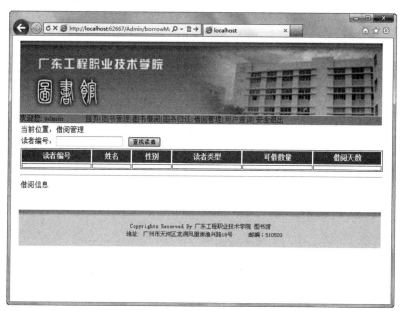

图 9-19 界面设计

代码 9-29 borrowManage.aspx 页面代码

```
<%@ Page Title="" Language="C#" MasterPageFile="~/MasterPage.Master"
 AutoEventWireup="true" CodeBehind="borrowManage.aspx.cs"
 Inherits="Web.borrowManage" %>
<asp:Content ID="Content1" ContentPlaceHolderID="head" runat="server">
</asp:Content>
<asp:Content ID="Content2" ContentPlaceHolderID="ContentPlaceHolder1" runat="server">
    <table style="width:100%;">
      <tr>
        <td class="style2">
            <font color="maroon"size="3">当前位置：借阅管理</font></td>
      </tr>
      <tr>
        <td>读者编号：
            <asp:TextBox ID="txtReaderID" runat="server"/>  
            <asp:Button ID="btnSearchReader" runat="server" Text="查找读者"
                onclick="btnSearchReader_Click" />
        </td>
      </tr>
      <tr>
        <td>
            <table border="1" cellpadding="4" width="830px">
```

```
                        <tr align="center" style="color:White;
                          background-color:#5D7B9D; font-weight:bold;" >
                            <td>读者编号</td><td>姓名</td><td>性别</td>
                            <td>读者类型</td><td>可借数量</td><td>借阅天数</td>
                        </tr>
                        <tr align="center">
                          <td>
                            <asp:Label ID="lblReaderID" runat="server"></asp:Label>
                          </td>
                          <td>
                            <asp:Label ID="lblReaderName" runat="server"></asp:Label>
                          </td>
                          <td>
                            <asp:Label ID="lblRsex" runat="server"></asp:Label>
                          </td>
                          <td>
                            <asp:Label ID="lblReaderTypeName"
                                runat="server"></asp:Label>
                          </td>
                          <td>
                            <asp:Label ID="lblBorrowNum" runat="server"></asp:Label>
                          </td>
                          <td>
                                <asp:Label ID="lblBorrowDay" runat="server"></
asp:Label>
                          </td>
                        </tr>
                    </table>
                </td>
            </tr>
            <tr><td><hr style="color:#5D7B9D" /></td></tr>
            <tr>
                <td>借阅信息</td>
            </tr>
            <tr>
                <td>
                    <asp:GridView ID="gvBookBorrowInfo" runat="server"
                      AutoGenerateColumns="False" DataKeyNames="BookID"
                      CellPadding="4" ForeColor="#333333" HorizontalAlign="Left"
                      Width="830px" Height="65px" AllowPaging="false"
                      EmptyDataText="无借阅信息! ">
                        <RowStyle BackColor="#F7F6F3" ForeColor="#333333" />
                        <Columns>
                            <asp:TemplateField HeaderText="序号"
                                HeaderStyle-Width="40px">
                                  <ItemTemplate>
                                      <%#Container.DataItemIndex + 1 %>
                                  </ItemTemplate>
                            </asp:TemplateField>
                            <asp:BoundField HeaderText="图书名称"
                                DataField="BookName" />
```

```
                        <asp:BoundField HeaderText="图书编号"
                          DataField="BookID" />
                        <asp:BoundField HeaderText="图书类型"
                          DataField="BookTypeName" />
                        <asp:BoundField HeaderText="图书书架"
                          DataField="BookAddressName" />
                        <asp:BoundField HeaderText="借出时间"
                          DataField="BorrowTime"
                          DataFormatString="{0:yyyy-MM-dd}"/>
                        <asp:BoundField HeaderText="应还时间"
                          DataField="ReturnTime"
                          DataFormatString="{0:yyyy-MM-dd}"/>
                    </Columns>
                    <HeaderStyle BackColor="#5D7B9D"
                      Font-Bold="True" ForeColor="White" />
                </asp:GridView>
            </td>
        </tr>
    </table>
</asp:Content>
```

2. 借阅信息查询实现

（1）在借阅管理页面后台 borrowManage.aspx.cs 中为【查找读者】按钮添加单击事件编码如下。

代码 9-30   【查找读者】按钮单击事件代码

```
protected void btnSearchReader_Click(object sender, EventArgs e)
{
    string readerID = this.txtReaderID.Text.Trim();
    if (readerID == string.Empty)
    {
        Page.RegisterStartupScript("", "<script>alert('请输入读者编号！')</script>");
        return;
    }
    Reader reader = ReaderBLL.GetReaderById(int.Parse(readerID));
    if (reader != null)
    {
        ReaderType readerType =
          ReaderTypeBLL.GetReaderTypeById(reader.ReaderTypeID);
        int alreadyBorrowNum = BookBorrowBLL.
          GetAlreadyBorrowNumbers(reader.ReaderID);//获取已借书数量
        this.lblReaderID.Text = reader.ReaderID.ToString();
        this.lblReaderName.Text = reader.ReaderName;
        this.lblRsex.Text = reader.Rsex;
        this.lblReaderTypeName.Text = readerType.ReaderTypeName;
        this.lblBorrowNum.Text = (readerType.BorrowNum - alreadyBorrowNum).
          ToString();
        this.lblBorrowDay.Text = readerType.BorrowDay.ToString();
        BindBorrowData(reader.ReaderID);//绑定借阅信息
    }
    else
    {
```

```
                Page.RegisterStartupScript("", "<script>alert('读者编号不存在! ')</script>");
        }
    }

private void BindBorrowData(int readerId)
{
    this.gvBookBorrowInfo.DataSource = BookBorrowBLL.GetBorrowInfo(readerId);
    this.gvBookBorrowInfo.DataBind();
}
```

（2）获取读者信息方法 GetReaderById 和获取读者类型方法 GetReaderTypeById 与任务 9.3 一样，故此处只介绍获取读者借阅信息方法 GetBorrowInfo 的实现。该方法在 BookBorrowBLL.cs 业务逻辑类中的实现代码如下。

代码 9-31　BookBorrowBLL 类中 GetBorrowInfo 方法业务逻辑代码

```
/// 获取已借阅但未归还的图书信息
/// </summary>
/// <param name="readerId">读者 ID</param>
/// <returns>该读者已借阅但未归还的图书信息集合</returns>
public static DataSet GetBorrowInfo(int readerId)
{
    return BookBorrowDAL.GetBorrowInfo(readerId);
}
```

（3）同理，在 BookBorrowDAL.cs 数据访问类中实现 GetBorrowInfo 方法，具体代码如下。

代码 9-32　BookBorrowDAL 类中 GetBorrowInfo 代码实现

```
/// 获取已借阅但未归还的图书信息
/// </summary>
/// <param name="readerId">读者 ID</param>
/// <returns>该读者已借阅但未归还的图书信息集合</returns>
 public static DataSet GetBorrowInfo(int readerId)
{
    string sql = "SELECT BookBorrow.*,Book.BookName,BookType.BookTypeName, "+
            "BookAddress.BookAddressName "+
            "FROM BookBorrow,Book,BookType,BookAddress "+
            "WHERE IsReturn=0 and ReaderID=@readerId " +
            "and BookBorrow.BookID=Book.BookID "+
            "and Book.BookTypeID=BookType.BookTypeID "+
            "and BookType.BookAddressID=BookAddress.BookAddressID";
    return SQLDBHelper.GetDataSet(sql, new SqlParameter("@readerId", readerId));
}
```

借阅管理实现后的效果如图 9-20 所示。

图 9-20   借阅管理实现后的效果

项目重现

完成网上购物系统的三层架构

1. 项目目标

完成本项目后，读者能够：
● 实现网上购物系统的三层架构。

2. 知识目标

完成本项目后，读者应该：
● 理解在 ASP.NET 应用程序中使用三层架构的必要性。
● 理解表示层、业务逻辑层、数据访问层之间的关系及其构建。

3. 项目介绍

对网上购物系统利用三层架构进行重构，以便使代码得到最大程度的利用，并提升开发效率，同时使得代码的逻辑更清晰、格式更规范。

4. 项目内容

利用三层架构实现网上购物系统。

项目 10　图书馆管理系统项目的发布与部署

进行图书馆管理系统项目的发布与部署。

知识目标

- 了解 IIS 服务器的安装。
- 掌握创建虚拟目录的过程。
- 掌握 Web 应用程序的发布过程。
- 掌握 ASP.NET 应用程序手工安装部署。

技能目标

- 会发布 Web 应用程序。
- 会创建虚拟目录。
- 会手工安装部署 ASP.NET 应用程序。

素质目标

- 培养爱岗敬业的意识。
- 培养正确的劳动观，崇尚劳动、尊重劳动。
- 培养职业认同感、提升职业素养、树立职业自信心。

项目背景

项目完成后，还需安装部署到服务器上，使之能够被网络用户访问。

项目成果

安装 IIS，生成及发布网站，手工部署安装图书馆管理系统。

任务 10.1

任务描述

经过前面的项目开发，图书馆管理系统已经完成，现在需要将网站发布，以及在本机上试运行。

知识准备

10.1.1　IIS 概述

IIS 是 Internet Information Services 的缩写，是一种 Web（网页）服务组件，其中包括 Web 服务器、FTP 服务器、NNTP 服务器和 SMTP 服务器，分别用于网页浏览、文件传输、新闻服务和邮件发送等方面，它使得在网络（包括互联网和局域网）上发布信息成为一件很容易的事。IIS 是 Windows Service 系列服务器操作系统的组件之一，而如果安装的是其他非服务器操作系统，如 Windows 11，则 IIS 默认不开启，需要手动开启。

任务实施与测试

1. 开启 IIS 服务器

Windows 11 操作系统安装完成后，其包含的 IIS 组件程序默认不启用，可以按如下步骤进行启用。

（1）打开【控制面板】窗口，如图 10-1 所示。

图 10-1　【控制面板】窗口

（2）单击【程序和功能】图标，打开【程序和功能】窗口，如图 10-2 所示。

图 10-2　【程序和功能】窗口

（3）单击左侧【启用或关闭 Windows 功能】，打开【Windows 功能】窗口，如图 10-3 所示。

图 10-3　【Windows 功能】窗口

（4）在【Windows 功能】窗口的列表框中将【Web 管理工具】下有关 IIS 的组件全部勾选，最后单击【确定】按钮即可。

（5）IIS 启用成功后，可以在【控制面板】|【所有控制面板项】下的【Windows 工具】界面看到 IIS 管理器，如图 10-4 所示，则表示 IIS 启用成功。

图 10-4　IIS 管理器

（6）在【Internet Information Services（IIS)管理器】上单击右键，在弹出的右键菜单中选择【以管理员身份运行】，打开如图 10-5 所示界面。

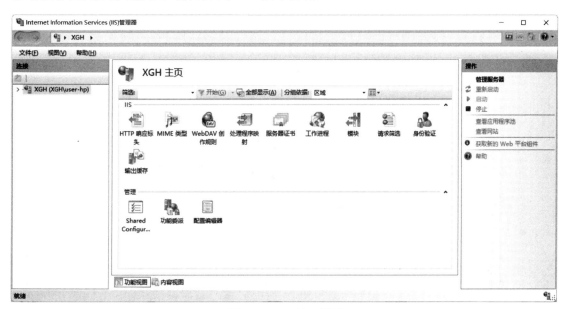

图 10-5　IIS 管理界面

（7）单击左侧服务器名称【"XGH（XGH\user-hp)】，在【网站】上单击右键，在弹出的右键菜单中选择【添加网站...】，如图 10-6 所示。

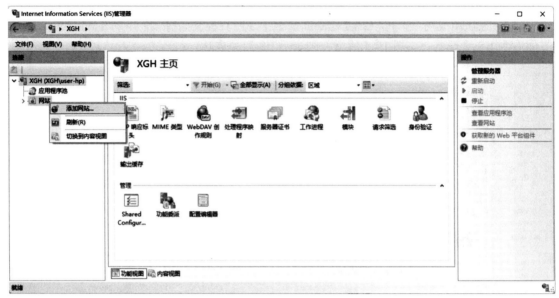

图 10-6 选择【添加网站...】

（8）在【添加网站】对话框中进行【网站名称(S)】、【内容目录】、【主机名(H)】等设置，最后单击【确定】按钮，如图 10-7 所示。

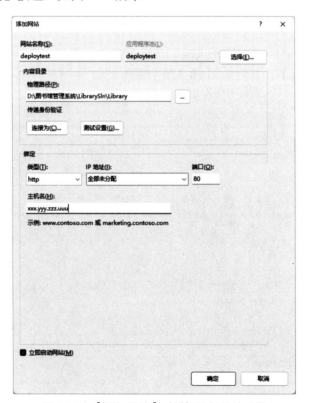

图 10-7 【添加网站】对话框添加网站设置

2. 发布 Web 应用程序

网站开发完成后，通常要发布给用户，这里主要介绍用 Visual Studio 提供的"生成网站"和"发布网站"的功能，完成网站的生成及发布。使用菜单发布网站的具体步骤如下：

（1）在【解决方案资源管理器】中的网站上单击鼠标右键，在弹出的右键菜单中选择【生成网站(U)】，如图 10-6 所示，首先生成网站。

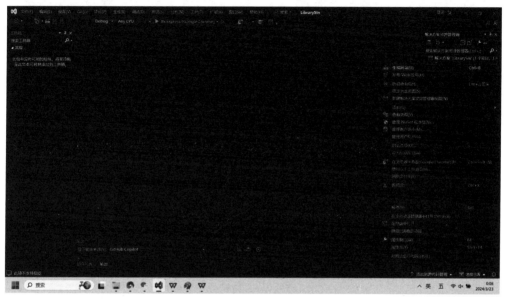

图 10-6　选择【生成网站(U)】

（2）网站生成成功后，再在网站上单击鼠标右键，在弹出的右键菜单中选择【发布 Web 应用(H)】，如图 10-7 所示。

图 10-7　选择【发布 Web 应用(H)】

（3）在打开的【发布】对话框中选择【Web 服务器(IIS)】，如图 10-8 所示，然后单击【下一步(N)】按钮。

图 10-8　发布 Web 应用设置（1）

（4）选择【Web 部署】，如图 10-9 所示，然后单击【下一步(N)】按钮。

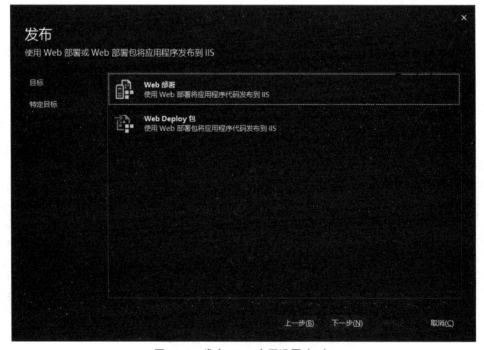

图 10-9　发布 Web 应用设置（2）

（5）填写【服务器】的 IP 地址，【站点名称】设置为"deploytest"，【目标 URL(D)】的设置同【服务器】的 IP 地址，设置系统登录的【用户名】和【密码】，如图 10-10 所示，最后单击【完成(F)】按钮。

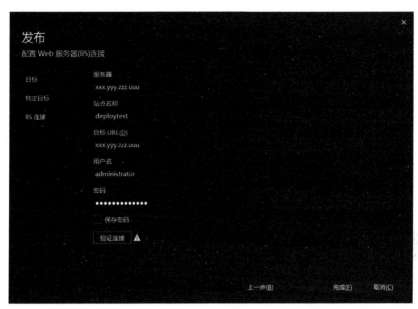

图 10-10　发布 Web 应用设置（3）

3. 创建虚拟目录

IIS 的默认网站的主目录位于 C:\Inetpub\wwwroot 文件夹下。在 IIS 中创建虚拟目录的步骤如下：

（1）打开【Internet Information Services (IIS)管理器】选项，单击左侧服务器名称【"XGH（XGH\user-hp)IIS 】，展开【网站】，在【Default Web Site】上单击右键，在弹出的右键菜单中选择【添加虚拟目录...】，如图 10-11 所示。

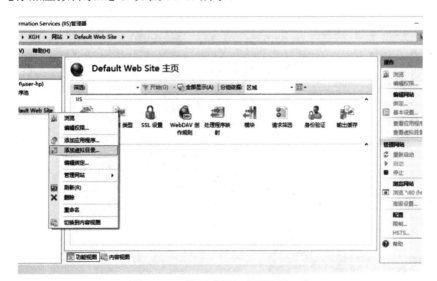

图 10-11　选择【添加虚拟目录...】

（2）在弹出的【添加虚拟目录】对话框中，设置【别名(A)】为"Library"，【物理路径(P)】设置为发布网站的物理路径，例如，"D:\图书馆管理系统\LibrarySln\Library"，最后单击【确定】按钮即完成虚拟目录设置，如图 10-12 所示。

图 10-12　设置虚拟目录

4. 手工安装和部署应用程序

（1）将图书馆管理系统压缩包 Library.rar 解压，将 Library 目录复制到 E 盘根目录下。

（2）附加数据库，启动 SQL Server 2019 管理器，在【数据库】选项上单击鼠标右键，在弹出的右键菜单中选择【附加(A)...】命令，如图 10-13 所示。

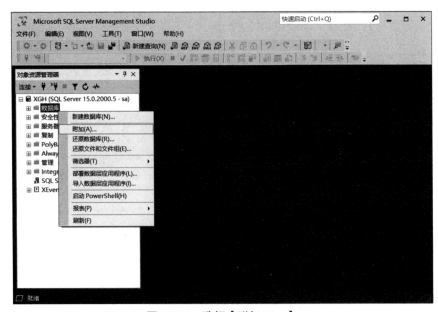

图 10-13　选择【附加(A)...】

（3）在弹出的【附加数据库】对话框中，单击【添加(A)...】按钮，如图 10-14 所示，在弹出的【定位数据文件】对话框中，选择 E:\Libary\Libary.mdf 文件，然后单击【确定】按钮，即可完成附加数据库。

图 10-14　【附加数据库】对话框

（4）创建虚拟目录，与 3.创建虚拟目录类似，此处省略。

（5）在当前的应用设置中设置 SQL Server 2019 参数，SQL Server 2019 的用户名是 sa，密码是 sasa，如果安装用户名和密码与此不同，就要修改 E:\Libary\code 目录下的相关文件。

项目拓展

查阅资料学会手工安装和部署 ASP.NET 应用程序。

项目重现

完成网上购物系统的发布与部署

1. 项目目标

完成本项目后，读者能够：

- 发布网上购物系统。
- 手工安装和部署网上购物系统。

2. 知识目标

完成本项目后，读者应该：

- 掌握网站发布的方法。

● 掌握创建虚拟目录的方法。

● 创建手工安装和部署网上购物系统的方法。

3. 项目介绍

网上购物系统完成后，还需将其安装部署到服务器上，使之能够被网络用户访问。

4. 项目内容

（1）发布网上购物系统。

（2）为网上购物系统创建虚拟目录。

（3）手工安装和部署网上购物系统。

项目 11 ASP.NET MVC 实现网上购物商城

使用 ASP.NET MVC 实现网上购物商城。

知识目标

- 了解 MVC 的基本概念。
- 掌握视图的基本规则
- 掌握 MVC 路由的基本知识。
- 掌握控制器的使用。

技能目标

- 会创建 MVC 应用。
- 会创建控制器。
- 会创建视图。

素质目标

- 培养团结协作的合作精神。
- 培养良好的思想品德和职业道德。
- 培养严谨扎实的工作作风。

在掌握 ASP.NET 的基本语法后，学习 ASP.NET MVC 基本框架以及掌握使用 MVC 搭建网站应用。

使用 ASP.NET MVC 实现网上购物商城应用搭建。

学习 MVC 的基本概念和知识，搭建 MVC 框架实现网上购物商城应用开发。

11.1.1 MVC 基本概念

1. 模型（M-Model）

MVC 应用程序的模型表示应用程序和任何应由其执行的业务逻辑或操作的状态。业务逻辑应与保持应用程序状态的任何实现逻辑一起封装在模型中。强类型视图通常使用 ViewModel 类型，旨在包含要在该视图上显示的数据。控制器从模型创建并填充 ViewModel 实例。

2. 视图（V-View）

视图负责通过用户界面展示内容。它们使用 Razor 视图引擎在 HTML 标记中嵌入.NET 代码。视图中应该有最小逻辑，并且其中的任何逻辑都必须与展示内容相关。如果发现需要在视图文件中执行大量逻辑以显示复杂模型中的数据，请考虑使用 View Component、ViewModel 或视图模板来简化视图。

3. 控制器（C-Controller）

控制器是处理用户交互、使用模型并最终选择要呈现的视图的组件。在 MVC 应用程序中，视图仅显示信息；控制器处理并响应用户输入和交互。在 MVC 模式中，控制器是初始入口点，负责选择要使用的模型类型和要呈现的视图。

11.1.2 路由

ASP.NET Core MVC 路由是建立在 ASP.NET Core 路由之上的，一个强大的 URL 映射组件，它可以构建具有理解和搜索网址的应用程序。这使得我们可以自定义应用程序的 URL 命名形式，使得它在搜索引擎优化（SEO）和链接生成中运行良好，而不用关心 Web 服务器上的文件是怎么组织的。我们可以方便地使用路由模板语法定义路由，路由模板语法支持路由值约束、默认值和可选值。路由一般分为常规路由和特性路由。

1. 常规路由

常规路由可以在终止节点路由 Endpoints 进行配置，以下代码配置的内容就是以/控制器/方法/id 的规则对该站点的 URL 进行定义。

```
public void Configure(IApplicationBuilder app, IWebHostEnvironment env)
{
    if (env.IsDevelopment())
    {
        app.UseDeveloperExceptionPage();
    }

    app.UseRouting();
    //在终止节点添加默认路由
    app.UseEndpoints(endpoints =>
    {
        endpoints.MapControllerRoute(
            name: "default",
            pattern: "{controller=Home}/{action=Index}/{id?}");
    });
}
```

2. 特性路由（属性路由）

使用 Route()属性来定义路由，我们可以在 Controller 类或 Controller()操作方法上应用 Route()属性。

在控制器上添加特性路由，路由配置会在该控制器下生效。

```
[Route("[controller]/[action]")]
[Route("/api/[controller]/[action]")]
public class TestController : Controller
{
    public IActionResult Index()
    {
        return View();
    }
}
```

在方法中添加特性路由，路由配置会在该方法下生效。

```
public class TestController : Controller
{
    [Route("/")]
    [Route("/index")]
    [Route("/home")]
    public IActionResult Index()
    {
        return View();
    }
}
```

11.1.3　静态文件

我们的网站要想搭建起来，JS、CSS、图片这些文件的引入是必不可少的。那么在 MVC 项目中如何引入这些文件呢？

（1）查看自己的 MVC 项目是否有 wwwroot 文件夹，如图 11-1 所示。如果没有则新建一个文件夹，名称为 wwwroot。该文件夹就是我们网站存放静态文件的地方。

（2）然后我们在这个文件夹下新增 3 个文件夹分别为 css、js、img，如图 11-2 所示。

图 11-1　wwwroot 文件夹

图 11-2　创建资源文件夹

（3）在 Startup.cs 的 Configure 方法中添加 app.UseStaticFiles() 代码，让我们网站使用静态文件。

```
public void Configure(IApplicationBuilder app, IWebHostEnvironment env)
{
    if (env.IsDevelopment())
    {
        app.UseDeveloperExceptionPage();
    }
    //使用路由
    app.UseRouting();

    //使用静态文件
    app.UseStaticFiles();

    //使用终止节点添加路由配置
    app.UseEndpoints(endpoints =>
    {
        endpoints.MapControllerRoute(
            name: "default",
            pattern: "{controller=Home}/{action=Index}/{id?}");
    });
}
```

（4）在静态文件夹中添加我们想要引用的资源文件，比如 CSS 文件，如图 11-3 所示。

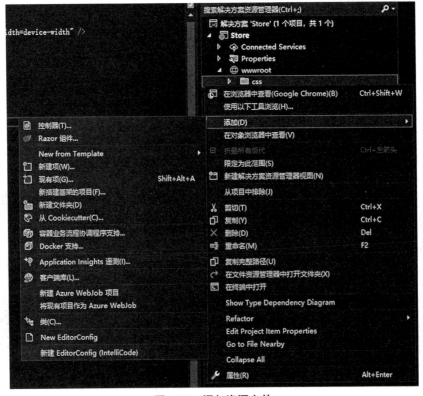

图 11-3　添加资源文件

11.1.4　布局

1. 什么是布局

在一个应用程序中，诸如脚本（Scripts）和样式表（Stylesheets）这样的通用 HTML 结构也频繁地被许多页面使用。所有的这些共享元素可以在 layout 文件中定义，这样应用程序中的任何视图都可以使用它们。布局视图减少了视图中的重复代码，帮助我们遵循"Don't Repeat Yourself（DRY）"原则。网页布局如图 11-4 所示。

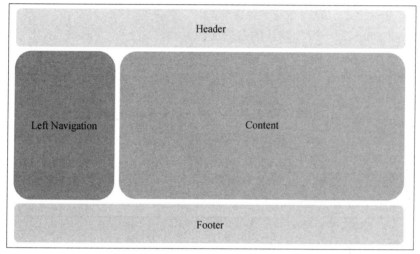

图 11-4　网页布局

2. 常见的 Views 文件夹结构

Views 文件夹结构如图 11-5 所示。

（1）_ViewImports.cshtml：视图可以使用 Razor 指令做许多事情，例如导入命名空间或执行依赖注入。

许多视图共享的指令可以在公共的_ViewImports. cshtml 文件中指定。

_ViewImports.cshtml 文件支持以下指令：@addTag Helper、@removeTagHelper、@tagHelperPrefix、@using、@model、@inherits、@inject。

该文件不支持其他 Razor 特性，如函数和部分定义。

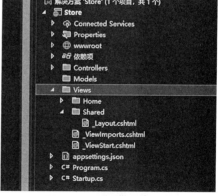

图 11-5　Views 文件结构

_ViewImports.cshtml 文件示例：

```
@using MVCTest
@using MVCTest.Models
@addTagHelper *, Microsoft.AspNetCore.Mvc.TagHelpers
@addTagHelper "MVCTest.TagHelpers.EmailTagHelper,MVCTest"
```

（2）_ViewStart.cshtml：放在 Views 文件夹的根目录，用于指定页面默认的布局文件。指定布局时可以用完整路径（例如，/Views/Shared/_Layout.cshtml）或者部分名称（例如，

_Layout）。当使用部分名称时，Razor 视图引擎将使用它的标准发现流程搜索布局文件，首先是 Controller 相关的文件夹，其次是 Shared 文件夹。这个发现流程和部分视图是完全相同的。

```
@{
    //指定默认的布局文件为_Layout
    Layout = "_Layout";
}
```

（3）shared 文件夹：一般把布局文件存放在该文件夹内。

（4）_Layout.cshtml：一般为默认的布局文件名称，跟上述_ViewStart 所指定的_Layout 相对应。

通常公共的 Razor 视图文件名都以_开头，每个布局页都必须要有一个@RenderBody()

```
<html>
    <head>
        <title>@ViewBag.Title</title>
    </head>
    <body>
        @RenderBody()
    </body>
</html>
```

11.1.5　Section 的定义与加载

1. Section 定义

Section 只有定义在子页面才有效，Section 定义示例：

```
@section test{
    <p>Section Content</p>
}
```

@section：定义 Section 的关键字。test:SectionName，命名规则同 C#变量名一样，以字母或下画线开头，后面可以跟字母、下画线、数字。

2. Section 加载

在母版页中可以通过@RenderSection()方法加载子页面中定义的 Section。

RenderSection 只有在母版页（Layout）中使用才有效。

（1）强制加载。

```
@RenderSection("test")
```

（2）子页面中有定义就加载。

```
@@RenderSection("test", false)
```

（3）子页面中有定义就加载，没有就显示默认内容。

```
@if(IsSectionDefined("test"))
{
    RenderSection("test");
}
else
{
    <p>Layout Content</p>
}
```

任务实施与测试

1. 数据库分析

根据需求分析，系统设计共有 4 张表。

（1）商品分类表：用于存储商品分类的相关信息，如表 11-1 所示。

表 11-1　商品分类表

表名	Categroy（商品分类表）			
列名	数据类型	允许 null 值	主键/索引	中文备注
Id	Int	否	主键	商品分类 Id
CateName	nvarchar(20)	否		商品分类名

（2）商品表：用于存储商品的相关信息，如表 11-2 所示。

表 11-2　商品表

表名	Good（商品表）			
列名	数据类型	允许 null 值	主键/索引	中文备注
Id	int	否	主键	商品编号
Name	nvarchar(50)	否		商品名称
CateId	Int	否		商品分类 Id
Cover	nvarchar(250)			商品封面图
Price	Decimal(18,2)			商品价格
Stock	Int			库存
CreateTime	datetime			创建时间

（3）购物车表：用于存储购物车的相关信息，如表 11-3 所示。

表 11-3 购物车表

表名	Car（购物车表）			
列名	数据类型	允许 null 值	主键/索引	中文备注
Id	int	否	主键	编号
GoodId	int	否		商品 Id
UId	Int	否		用户 Id
Count	Int			数量
CreateTime	datetime			创建时间

（4）用户表：用于存储用户的相关信息，如表 11-4 所示。

表 11-4 用户表

表名	User（用户表）			
列名	数据类型	允许 null 值	主键/索引	中文备注
UserId	int	否	主键	编号
UserName	nvarchar(50)	否		用户名
Password	nvarchar(50)	否		密码
Photo	nvarchar(250)			头像
CreateTime	datetime			创建时间
Desc	nvarchar(250)			描述

2. 创建项目

打开 Visual Studio 2022，创建网上购物商城项目。

（1）选择【文件】|【新建】|【项目】命令。打开如图 11-6 所示的窗口，选择【ASP.NET Core 空】项目模板，单击【下一步(N)】按钮。

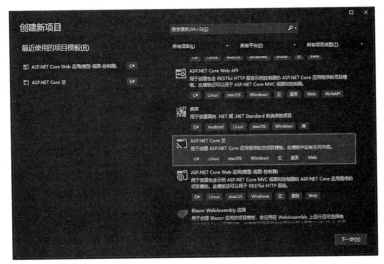

图 11-6 【创建新项目】窗口

（2）在打开的如图 11-7 所示窗口中输入项目的名称，选中项目的保存路径等，单击【下一步(N)】按钮。

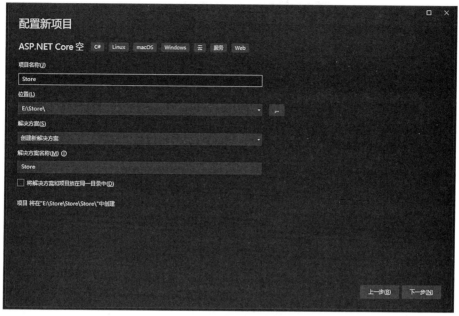

图 11-7　【配置新项目】窗口

（3）在打开的如图 11-8 所示窗口中，【框架】选择 ".NET Core 3.1（不受支持）"，然后单击【创建(C)】按钮。

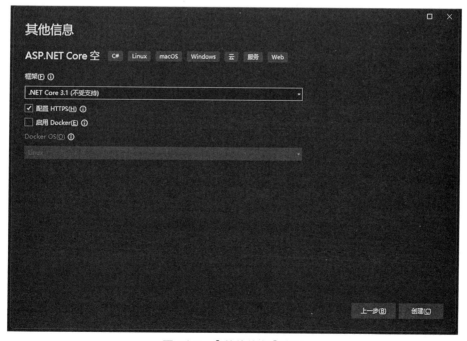

图 11-8　【其他信息】窗口

（4）打开【解决方案资源管理器】窗口可以看到刚刚创建项目的文件，如图 11-9 所示。

图 11-9 【解决方案资源管理器】窗口

3. 搭建 MVC 基本框架

（1）打开 Startup.cs 文件，在 ConfigureServices 方法中添加以下代码。

```
public void ConfigureServices(IServiceCollection services)
{
    services.AddControllersWithViews();//新增该行代码，为程序注入 MVC 服务
}
```

（2）修改路由配置，在 Configure 方法中修改代码。

```
public void Configure(IApplicationBuilder app, IHostingEnvironment env)
{
    app.UseEndpoints(endpoints =>
        {
            /*endpoints.MapGet("/", async context =>
                {
                    await context.Response.WriteAsync("Hello World!");
                });*/
            //把原来这行代码修改为以下代码
            endpoints.MapControllerRoute(
                name: "default",
                pattern: "{controller=Home}/{action=Index}/{id?}");
        });
}
```

（3）创建控制器文件夹，右键单击 Store 项目，分别新建三个文件夹 Controllers、Models、Views，如图 11-10 所示。

（4）右键单击 Controllers 文件夹，选择【添加】|【控制器】命令，如图 11-11 所示。

（5）在打开的界面中选择"MVC 控制器-空"，单击【添加】按钮，如图 11-12 所示。

（6）【名称】输入"HomeController.cs"，单击【添加】按钮。

（7）右键单击 Views 文件夹，选择【添加】|【新建文件夹】，分别添加 Home、Shared 文件夹，如图 11-13、图 11-14 所示。

（8）右键 Shared 文件，选择【添加】|【视图】，如图 11-15 所示。

（9）单击【添加】后，在打开的【添加新项】窗口中选择"Razor 布局"，再单击【添加】按钮，如图 11-16 所示。

图 11-10　【解决方案资源管理器】窗口

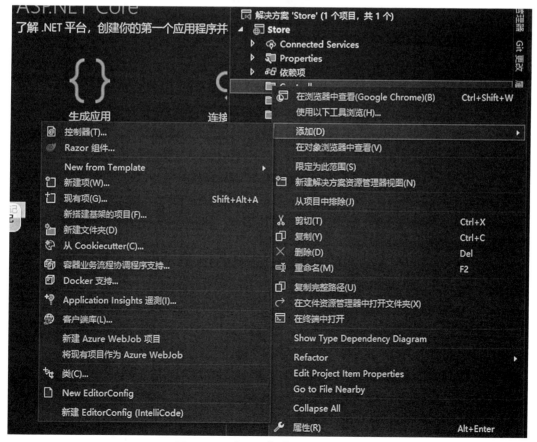

图 11-11　【添加】|【控制器】命令

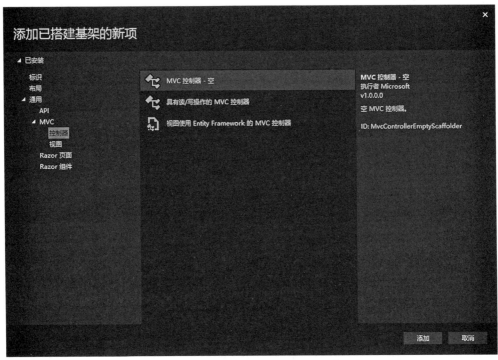

图 11-12　选择【MVC 控制器-空】

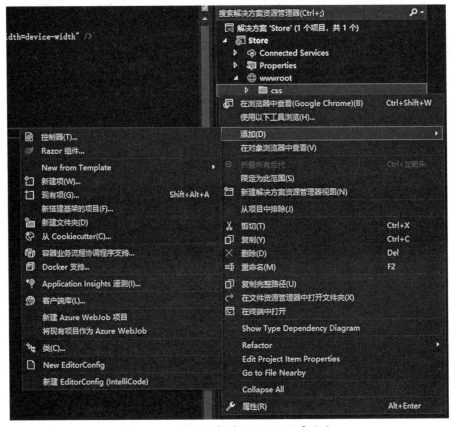

图 11-13　【添加】|【新建文件夹】命令

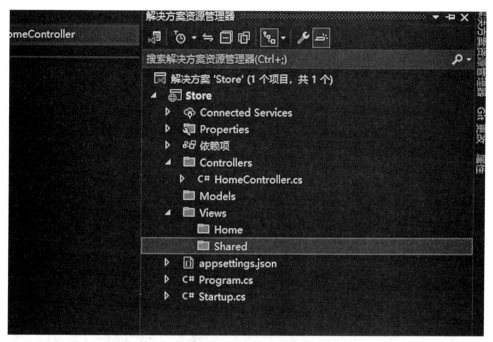

图 11-14　添加的文件夹

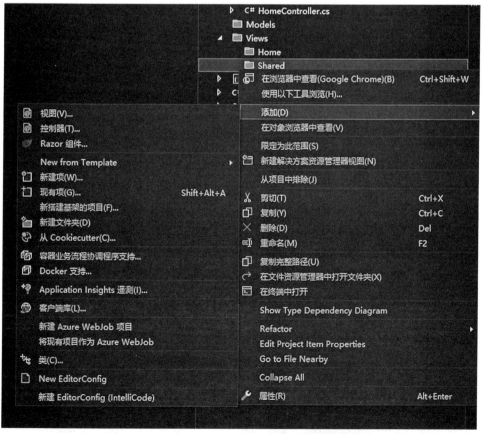

图 11-15　【添加】|【视图】命令

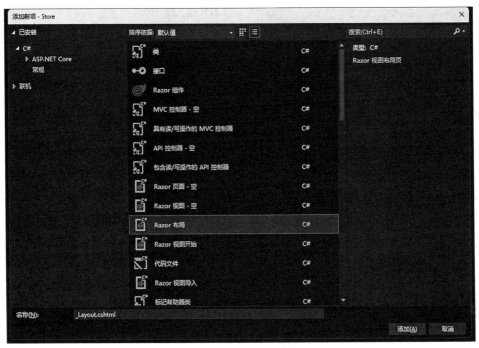

图 11-16　【Razor 布局】窗口

4. 实现网上购物商城项目

（1）右键单击 View/Home 文件夹，选择【添加】|【视图】，在打开的【添加新项】窗口中，选择"Razor 视图-空"，并修改【名称】为"Index.cshtml"，创建商城首页视图页面，如图 11-7 所示。

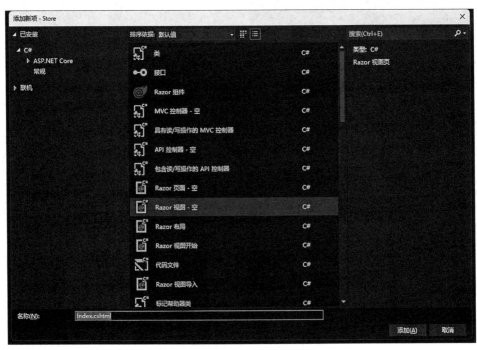

图 11-17　创建商城首页视图页面

（2）采用同样的操作，右键单击 View/Home 文件夹，分别添加"Detail.cshtml"、"About.cshtml"、"Market.cshtml"、"Userinfo.cshtml"等 4 个视图页面，如图 11-18 所示。

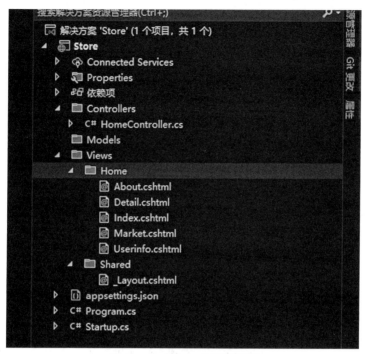

图 11-18　添加 4 个视图页面

（3）打开 HomeController.cs 文件，可以看到在创建控制器文件的时候系统已经默认添加了 Index 的方法，接下来分别添加 Detail、About、Market、Userinfo 等四个方法。

```csharp
using Microsoft.AspNetCore.Mvc;

namespace Store.Controllers
{
    public class HomeController : Controller
    {
        public IActionResult Index()
        {
            return View();
        }
        public IActionResult Detail()
        {
            return View();
        }
        public IActionResult About()
        {
            return View();
        }
        public IActionResult Market()
        {
            return View();
        }
```

```
        public IActionResult Userinfo()
        {
            return View();
        }
    }
}
```

（4）在项目的根目录中创建 wwwroot 文件夹，该文件夹用于网站项目的静态文件存放，如图 11-19 所示。

图 11-19　创建 wwwroot 文件夹

（5）打开 StartUp.cs 文件，在 Configure 方法中添加以下代码启用静态文件。

```
app.UseStaticFiles();
```

（6）然后把提供的静态网站项目的 img 等文件夹都复制进 wwwroot 文件夹中，如图 11-20 所示。

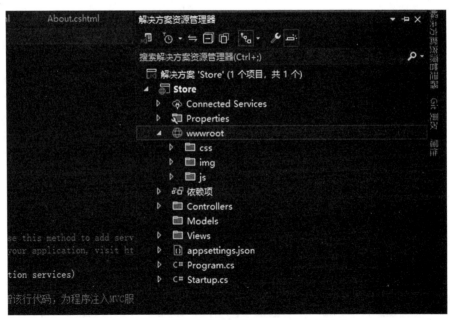

图 11-20　复制 3 个文件夹至 wwwroot 文件夹中

（7）打开_Layout.cshtml 文件，把网站的静态项目公共部分抽取出来，放在布局页面，作为网站的头部和尾部呈现，这样做的好处是，简化修改代码的流程，修改公共部分的代码，不需要每个页面都修改（以下仅展示核心代码，详细见代码文件）。

```html
<!DOCTYPE html
          PUBLIC "-//W3C//DTD XHTML 1.0 Transitional//EN"
"http://www.w3.org/TR/xhtml1/DTD/xhtml1-transitional.dtd">
<html xmlns="http://www.w3.org/1999/xhtml">
<!-- InstanceBegin template="/Templates/home-template.dwt" codeOutsideHTMLIsLocked="false" -->

<head>
    <meta http-equiv="Content-Type" content="text/html; charset=utf-8" />
    <!-- InstanceBeginEditable name="doctitle" -->
    <title>
        导航
    </title>
    <link rel="stylesheet" type="text/css" href="/css/public.css" />
    <link rel="stylesheet" type="text/css" href="/css/home-nav.css" />
    <!-- InstanceEndEditable -->
    <!-- InstanceBeginEditable name="head" -->
    <!-- InstanceEndEditable -->
</head>
<body>
    <div id="main">
        <div class="header-nav nav-bg">
        </div>
        <!-- ajax js -->
        <div class="header-top" style="clear:left">
        </div>
    </div>
    <!-- 意见反馈 -->
    <div class="question white-panel"
    </div>
    <div class="container">
        @*/*内容区域*/*@
        @RenderBody();
    </div>
    <div class="footer">
    </div>
    <script src="/js/public.js" type="text/javascript" charset="utf-8">
    </script>
</body>
<!-- InstanceEnd -->
</html>
```

（8）把除了公共部分的其他代码分别复制到各个视图页面，例如 Index.cshtml（以下仅展示核心代码，详细见代码文件）。

```html
<!-- InstanceBeginEditable name="MainBody" -->
<!-- 导航面板的动态操作 -->
<script type="text/javascript"></script>
```

```
<link rel="stylesheet" type="text/css" href="/css/home.css" />
<div class="xgs-row white-panel" onmouseleave="hiddenPanel('all');">
</div>
<!-- 精品秒杀 -->
<div class="hot-goods xgs-row">
</div>
<!-- /精品秒杀 -->
<!-- 主题市场 -->
<div class="market">
</div>
<!-- /主题市场 -->
<!-- 美丽衣橱 -->
<div class="clothing">
</div>
<!-- /美丽衣橱 -->
<!-- 服务保障 -->
<div class="service">
<!-- /服务保障 -->
<!-- InstanceEndEditable -->
```

（9）把 4 个页面都进行以上处理后，按"F5"键或者单击【启动】按钮启动项目，如图 11-21 所示。

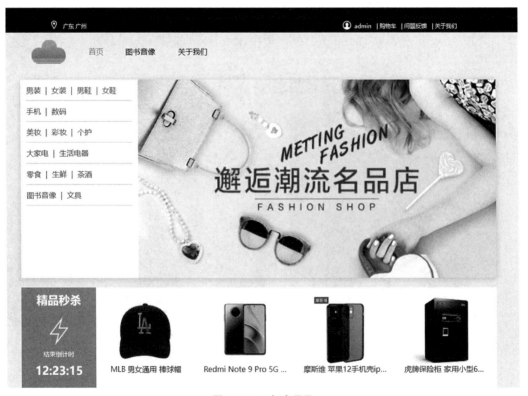

图 11-21　启动项目

参考文献

[1] 王平华. ASP.NET 程序设计项目教程[M]. 北京：中国铁道出版社，2009.

[2] 韩颖. ASP.NET 3.5 动态网站开发实训教程[M]. 北京：清华大学出版社，2011.

[3] 崔宁. ASP.NET 动态网站开发[M]. 北京：北京大学出版社，2012.

[4] 于洋，徐春雨，冷悦. ASP.NET Web 应用案例教程[M]. 北京：北京大学出版社，2012.

[5] 翁健红. ASP.NET 程序设计案例教程[M]. 北京：中国铁道出版社，2010.

[6] 冯涛、梅成才. ASP.NET 动态网页设计案例教程（C#版）[M]. 北京：北京大学出版社，2011.

[7] 徐红. ASP.NET 应用技术案例教程[M]. 北京：中国铁道出版社，2009.

[8] 郑阿奇. ASP.NET3.5 实用教程[M]. 北京：电子工业出版社，2009.

[9] 洪石丹. ASP.NET 范例开发大全[M]. 北京：清华大学出版社，2010.

[10] 孙良军，胡秀娥. HTML+CSS+JavaScript 网页设计与布局实用教程[M]. 北京：清华大学出版社，2011.